校企合作电子信息类专业技能实战系列丛书

互联网+创新型“十四五”精品教材

嵌入式技术及应用

——基于STM32CubeMX

主　编◎李成浩　莫景焕　吴　玲

副主编◎白峰云　付　敏　张　震　杨本商

哈爾濱工程大学出版社

Harbin Engineering University Press

内 容 简 介

本书以项目式展开，分为7个项目，具体内容为：STM32开发初体验、GPIO实验、系统配置及串口应用、时钟、中断及异常、DMA 控制器、模拟－数字转换器等内容。学生通过对本书的学习可以了解嵌入式。

本书结构清晰，语言简洁，既可作为应用型本科院校、职业院校、技工类院校相关专业的教材，也可作为从事嵌入式自动控制相关工作的专业人士的参考用书。

图书在版编目（CIP）数据

嵌入式技术及应用 ： 基于 STM32CubeMX / 李成浩,
莫景焕, 吴玲主编. -- 哈尔滨 : 哈尔滨工程大学出版社,
2025. 5. -- ISBN 978-7-5661-4792-9

Ⅰ. TP332

中国国家版本馆 CIP 数据核字第 2025Y9P155 号

嵌入式技术及应用——基于 STM32CubeMX

QIANRUSHI JISHU JI YINGYONG——JIYU STM32CubeMX

选题策划 张林峰

责任编辑 苏　莉

出版发行　哈尔滨工程大学出版社

社　　址　哈尔滨市南岗区南通大街 145 号

邮政编码　150001

电　　话　0451-82519989

经　　销　新华书店

印　　刷　三河市中晟雅豪印务有限公司

开　　本　787 mm×1 092 mm　1/16

印　　张　14.5

字　　数　371 千字

版　　次　2025 年 5 月第 1 版

印　　次　2025 年 5 月第 1 次印刷

书　　号　ISBN 978-7-5661-4792-9

定　　价　49.80 元

http://www.hrbeupress.com

E-mail:heupress@hrbeu.edu.cn

前　言

党的二十大报告指出，“坚持尊重劳动、尊重知识、尊重人才、尊重创造，实施更加积极、更加开放、更加有效的人才政策”“着力形成人才国际竞争的比较优势，加快建设国家战略人才力量”“深化人才发展体制机制改革……把各方面优秀人才集聚到党和人民事业中来”。

嵌入式系统集成度高、体积小、成本低、省电，能够最大程度地满足不同用户的需求，在社会各个方面都得到了十分广泛的应用。在当前数字信息技术和网络技术高速发展的后 PC 时代，嵌入式系统已经广泛地渗透到科学研究、工程设计、军事技术、各类产业、商业文化艺术及人们的日常生活等。

STM32CubeMX 作为意法半导体（ST）STM32Cube 生态系统中的核心成员，是一款革命性的图形化软件工具，专为 STM32 系列基于 ARM Cortex 核心的 32 位微控制器的配置与初始化而设计。此工具能够根据用户的特定需求，自动生成适用于不同集成开发环境（如 IAR、KEIL、GCC 等）的软件开发项目框架及初始 C 代码，极大地简化了项目启动流程。

本书以由浅入深、循序渐进的方式展开讲解，以合理的结构和经典的范例对最基本和实用的功能进行了详细介绍，具有极高的实用价值。

（1）案例丰富，简单易懂：全书结合大量的嵌入式系统制作与应用实例，详细讲解了嵌入式系统原理与应用知识要点，让学生在学习案例的过程中潜移默化地掌握嵌入式系统制作与应用技巧。

（2）技能与思政教育紧密结合：在讲解嵌入式系统开发专业知识的同时，紧密结合思政教育主旋律，从专业知识角度触类旁通引导学生相关思政品质提升。

（3）项目式教学，实操性强：全书采用项目式教学，把嵌入式开发技术应用知识分解并融入一个个实践操作的训练项目中，增强了本书的实用性。

本书由李成浩（江西冶金职业技术学院）、莫景焕（曲靖工商职业技术学校）、吴玲（黑龙江东方学院）担任主编；由白峰云、付敏（江西冶金职业技术学院），张震（哈尔滨剑桥学院），杨本商（盘州市职业技术学校）担任副主编。本书的相关资料和售后服务可扫封底微信二维码或登录 www.bjzzwh.com 下载获得。

由于编者水平有限，书中难免存在疏漏和不当之处，敬请各位专家及读者批评指正。

编　者

目　录

CONTENTS

项目1　STM32开发初体验

项目导读

嵌入式系统作为微电子与计算机技术的分支，以应用为中心，软硬件可裁剪，适应特定功能需求。STM32CubeMX简化STM32开发，生成项目框架及初始化代码。MDK-ARM集成开发环境支持ARM架构，提供编程、编译、调试等全面支持。ST-LINK/V2为STM8/STM32系列提供高效调试与编程。嵌入式系统广泛应用，其发展与具体应用同步，具有长生命周期。

学习目标

◆ 知识目标

- 理解嵌入式系统的概念、组成及发展过程，为后续学习奠定基础。
- 熟练掌握STM32开发工具的安装、配置与使用方法。

◆ 技能目标

- 能够编写、编译和调试STM32程序，实现基本功能控制。
- 能够实现STM32F0系列微控制器的在线调试与编程，提升硬件操作能力。

◆ 素质目标

- 通过STM32开发实践，激发学生的创新思维和问题解决能力。
- 通过项目开发，提升学生面对技术难题时的分析、解决和应变能力。

思政目标

● 通过学习嵌入式系统的发展和应用，激发学生对国家科技进步的自豪感和爱国情怀。

● 引导学生关注国内嵌入式系统的发展动态，鼓励学生在未来为国家科技事业做出贡献。

任务 1　嵌入式系统概述

任务描述

本任务旨在全面介绍嵌入式系统的基本概念、发展历程、分类及组成。学生将通过此任务的学习，理解嵌入式系统的定义与特点，掌握其发展历程中的重要里程碑，学会从不同角度对嵌入式系统进行分类，并了解嵌入式系统的核心组成部分及其相互之间的关系。

任务分析

要完成此任务，首先，学生需要理解嵌入式系统的定义与概念，明确与其他计算机系统的区别。其次，学生需要梳理嵌入式系统的发展历程，了解各个阶段的标志性特征和主要成果。在掌握基本概念和发展历程的基础上，学生需要学习嵌入式系统的分类方法，理解不同分类标准下的嵌入式系统特点。最后，学生需要深入了解嵌入式系统的组成，包括硬件部分和软件部分，理解各部分的功能及其在系统中的作用。

任务重点与实施

1.1.1　嵌入式系统的概念

STM32 嵌入式单片机应用

美国电气和电子工程师协会(institute of electrical and electronics engineers，IEEE)对嵌入式系统的定义是：“用于控制、监视或者辅助操作机器和设备的装置(原文为：Devices used to control，monitor or assist the operation of equipment，machinery or plants)。”国内普遍认同的嵌入式系统定义为：一个嵌入式系统就是一个具有特定功能或用途的计算机软、硬件集合体。以应用为中心，以计算机技术为基础，软、硬件可裁剪，适应应用系统对功能、可靠性、成本、体积、功耗等严格要求的专用计算机系统。

简单地讲，嵌入式系统就是嵌入到对象体系中的专用计算机系统。它的三要素是嵌入性、专用性和计算机。嵌入性是指嵌入到对象体系中，有对象环境要求；专用性是指软、硬件按对象要求进行裁剪；计算机是指实现对象的智能化功能且以微处理器为核心的系统。

嵌入式系统通常由嵌入式微处理器、相关的硬件支持设备，以及嵌入式软件系统组成，具有以下特点。

(1)可裁剪性。支持开放性和可伸缩性的体系结构。

(2)强实时性。嵌入式操作系统(embedded operation system，EOS)实时性一般较强，可用于各种设备控制中。

(3)统一的接口。提供设备统一的驱动接口。

(4)操作方便、简单，提供友好的图形用户界面和图形界面，追求易学易用。

(5)提供强大的网络功能，支持 TCP/IP 协议及其他协议，提供 TCP/UDP/IP/PPP 协议支持及统一的 MAC 访问层接口，为各种移动计算设备预留接口。

(6)强稳定性，弱交互性。嵌入式系统开始运行不需要用户过多干预，要求负责系统管理的 EOS 具有较强的稳定性。EOS 的用户接口一般不提供操作命令，它通过系统的调用命令向用户程序提供服务。

(7)固化代码。在嵌入式系统中，嵌入式操作系统和应用软件被固化在嵌入式系统计算机的 ROM 中。

(8)具有更好的硬件适应性，即良好的移植性。

(9)嵌入式系统和具体应用有机地结合在一起，其升级换代也是和具体产品同步进行，因此嵌入式系统产品一旦进入市场，具有较长的生命周期。

1.1.2 嵌入式系统的发展

嵌入式开发的发展历史

早在 20 世纪 60 年代，嵌入式系统就被用于对电话交换进行控制，当时被称为“存储式过程控制系统(stored program control system)”。真正意义上的嵌入式系统是在 1970 年出现的，发展至今已有 50 多年的历史。纵观嵌入式技术的发展过程，大致经历了四个阶段。

第一阶段：以单芯片为核心的可编程控制器形式的系统，具有与监测、伺服、指示设备相配合的功能。它应用于一些专业性强的工控系统中，一般没有操作系统的支持，通过汇编语言编程对系统进行直接控制。主要特点是：系统结构和功能单一，处理效率较低，存储容量较小，几乎没有用户接口。以前在国内工业领域应用较为普遍。

第二阶段：以嵌入式 CPU 为基础，以简单操作系统为核心的嵌入式系统。主要特点是：CPU 种类繁多，通用性比较弱；系统开销小、效率高；操作系统达到一定的兼容性和扩展性；应用软件较专业化，用户界面不够友好。

第三阶段：以嵌入式操作系统为标志的嵌入式系统。主要特点是：嵌入式操作系统能运行于各种不同类型的微处理器上，兼容性好；操作系统内核小、效率高，并且具有高度的模块化和扩展性；具备文件和目录管理、多任务、网络支持、图形窗口及用户界面等功能；具有大量的应用程序接口 API，开发应用程序较简单；嵌入式应用软件丰富。

第四阶段：以互联网为标志的嵌入式系统，这是一个正在迅速发展的阶段。目前大多数嵌入式系统还孤立于互联网之外，但随着互联网的发展及其技术与信息家电、工业控制技术结合日益密切，嵌入式设备与互联网的结合将代表嵌入式系统的未来。

嵌入式系统的特点是：集成度高、体积小、成本低、省电，功能可以使不同用户的要求得以满足。因而，嵌入式技术在社会的各个方面得到了十分广泛的应用。在当前数字信息技术和网络技术高速发展的后 PC 时代，嵌入式系统已经广泛地渗透到科学研究、工程设计、军事技术、各类产业、商业文化艺术及人们的日常生活等。随着国内外各种嵌入式产品的进一步开发和推广，嵌入式技术越来越和人们的生活紧密结合。

1.1.3 嵌入式系统的分类

嵌入式系统不等同于嵌入式处理器，因为嵌入式系统是一个嵌入式计算机系统，只有将嵌入式处理器构成一个计算机系统并作为嵌入式应用时，系统才可称作嵌入式系统。嵌入式系统与对象系统密切相关，主要技术发展方向是满足嵌入式应用要求，不断扩展对象系统要求的外围电路，如模数转换器(analog to digital converte，ADC)、数模转换器(clgrtal to analag converte，DAC)、PWM、日历时钟、电源监测、程序运行监测电路等)，形成满足对象系统要求的应用系统。因此，嵌入式系统作为一个专用计算机系统，要不断地向计算机应用系统发展。根据不同的分类标准，嵌入式系统可进行如下分类。

1. 按表现形式即硬件范畴分类

从硬件范畴来讲，只要满足定义中三要素的计算机系统，都可称为嵌入式系统。根据系统组成的硬件可分为以下几种。

(1)芯片级嵌入式系统：在处理器芯片中含有程序或算法。

(2)模块级嵌入式系统：在系统中含有某个核心模块。

(3)系统级嵌入式系统：包含完整系统并有嵌入式软件的全部内容。

2. 按实时性即软件范畴分类

按实时性可分为实时系统和非实时系统。

(1)实时系统：能及时响应外部发生的随机事件，并以足够快的速度完成对事件处理的计算机应用系统。实时系统的缺点是，如果系统逻辑和时序出现偏差，将引起严重后果。实时系统又分为软实时系统和硬实时系统。

(2)非实时系统：用于对外部响应要求不太严格的产品中，如 PAD 等。

1.1.4　嵌入式系统组成

嵌入式计算机系统是整个嵌入式系统的核心，其基本结构如图 1-1 所示。系统分为软件、硬件两个部分。硬件部分包括嵌入式微处理器及其外围电路，在一个嵌入式微处理器基础上添加电源电路、时钟电路、复位电路及内部存储器电路，就构成了一个嵌入式核心控制模块，其中，内存储器包括 SDRAM、ROM、Flash 等，操作系统和应用程序都可以固化在 ROM 中。此外，硬件部分还包括一些人机交互和其他 I/O 接口电路。软件部分由中间层、系统软件层和应用软件层组成。

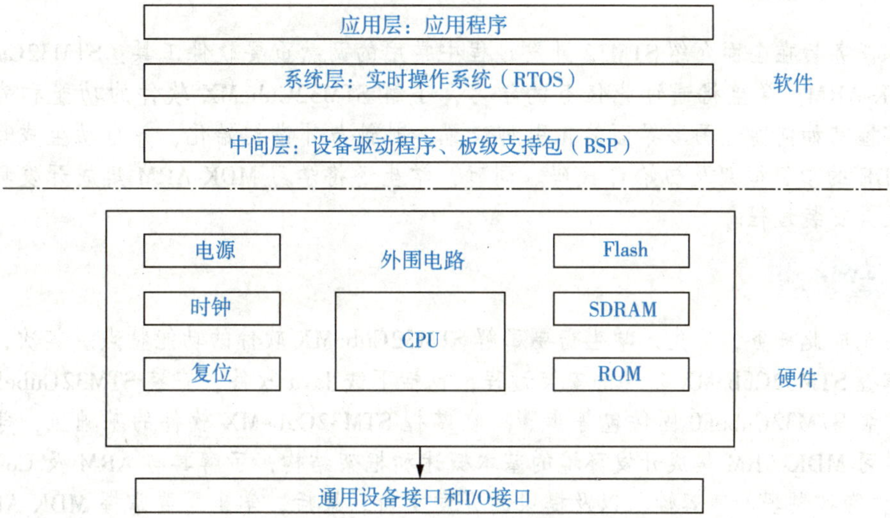

图 1-1　嵌入式系统基本结构图

任务评价

评价内容	评价标准	分值	自评	师评
嵌入式系统的概念	了解嵌入式系统的概念及特点	20		
嵌入式系统的发展	能够详细梳理嵌入式系统的发展历程	40		
嵌入式系统的分类	掌握嵌入式系统的分类方法	20		
嵌入式系统组成	了解硬件部分和软件部分	20		
	总分	100		

任务 2　软件开发工具

任务描述

本任务旨在全面介绍 STM32 开发过程中常用的两款重要软件工具：STM32CubeMX 和 MDK-ARM。学生将通过此任务的学习，了解 STM32CubeMX 软件的功能和安装过程，掌握其如何通过图形界面简化引脚配置、时钟与外设初始化，并自动生成适用于不同 IDE 的项目框架及初始 C 代码。同时，学生还将学习 MDK-ARM 集成开发环境的结构及其安装过程。

任务分析

要完成此任务，首先，学生需要了解 STM32CubeMX 软件的功能特点。其次，学生需要掌握 STM32CubeMX 软件的安装过程，包括下载 Java 软件、安装 STM32CubeMX 软件及安装 STM32CubeF0 固件包等步骤。在掌握 STM32CubeMX 软件的基础上，学生还需要学习 MDK-ARM 集成开发环境的基本概述和框架结构，了解其与 ARM 及 Cortex 系列 32 位微控制器的兼容性，以及提供的开发支持。最后，学生需要掌握 MDK-ARM 软件的安装过程，确保能够顺利安装并配置好开发环境。

任务重点与实施

1.2.1　STM32CubeMX 软件

STM32CubeMX，作为意法半导体(ST)STM32Cube 生态系统中的核心成员，是一款革命性的图形化软件工具，专为 STM32 系列基于 ARM Cortex 核心的 32 位微控制器的配置与初始化而设计。此工具不仅能够根据用户的特定需求，自动生成适用于不同集成开发环境(如 IAR、KEIL、GCC 等)的软件开发项目框架及初始 C 代码，极大地简化了项目启动流程。简而言之，STM32CubeMX 是一款功能强大的 C 代码初始化生成器。

为了全面支持 ST 多样化的微控制器产品线，STM32CubeMX 允许用户选择性地安装相应系列的固件包。这些固件包不仅包含了微控制器运行所必需的基础资源，还整合了 ST 最新的硬件抽象层(hardware abstraction layer，HAL)库。HAL 库作为对传统标准外设固件库的一次重大升级，提供了更高层次的抽象与整合，以及无与伦比的可移植性，使得开发者能够轻松实现跨 STM32 系列产品的代码复用与迁移，极大地提升了开发效率与灵活性。

本书将使用 STM32CubeMX 软件为 STM32F072VBT6 微控制器生成基本的开发项目

和相关的初始化 C 代码，后在 MDK-ARM 集成开发环境中完成程序代码的进一步编写、编译直至将生成的 HEX 文件烧写至微控制器中。STM32CubeMX 软件可以从意法公司的官网上免费下载得到。

1.2.2　安装 STM32CubeMX 软件

通过官网下载，得到了 STM32CubeMX 软件，具体安装方法如下。

步骤 1 将名为“en. STM32CubeMX”的软件压缩包解压后，双击其中的“SetupSTM32CubeMX”文件，即可启动 STM32CubeMX 软件的安装。

步骤 2 安装程序启动后，首先提示需要下载 Java 软件，用于对 STM32CubeMX 软件的支持，单击“确定”按钮继续软件的安装过程，如图 1-2 所示。

步骤 3 安装程序会自动打开浏览器下载 Java 软件，在浏览器窗口中单击“免费 Java 下载”按钮，如图 1-3 所示。

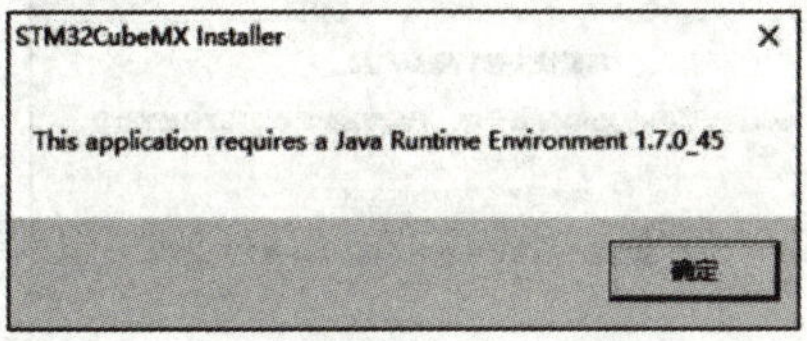

图 1-2　提示下载 Java 软件

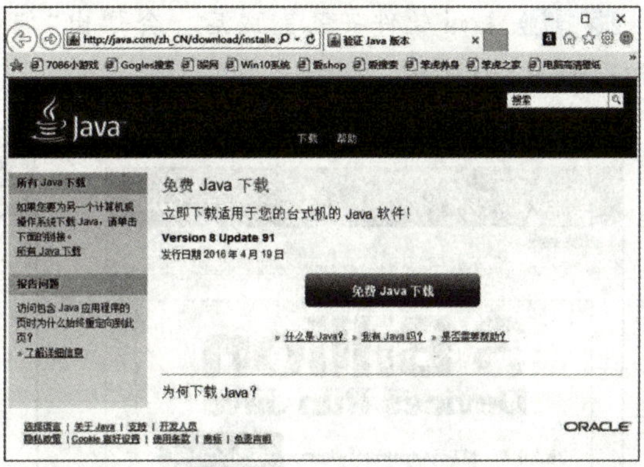

图 1-3　Java 下载界面

步骤 4 在浏览器窗口中，单击“同意并开始免费下载”按钮，如图 1-4 所示。

步骤 5 在弹出的新建下载任务窗口中，单击“下载”按钮，如图 1-5 所示。

步骤 6 在下载管理器窗口中，双击“JavaSetup8u101. exe”文件，即可启动 Java 软件安装。

步骤 7 在 Java 安装程序的欢迎使用界面中，单击“安装”按钮，如图 1-6 所示。

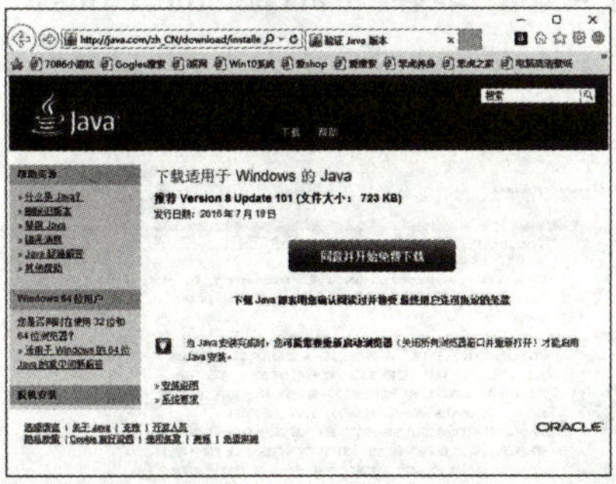

图 1-4　同意下载

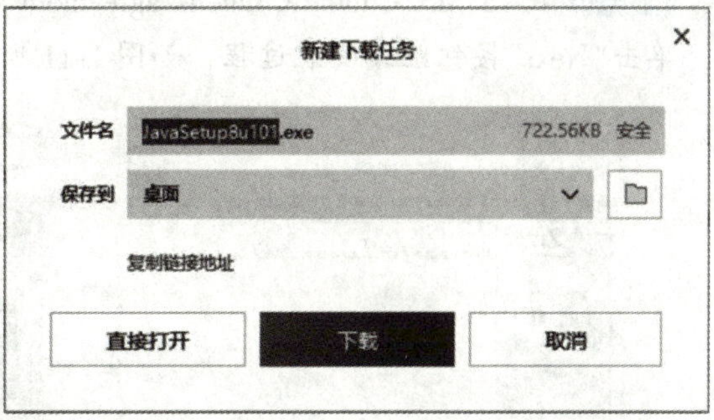

图 1-5　下载 Java

步骤 8 Java 安装程序需要下载所需的文件，如图 1-7 所示。

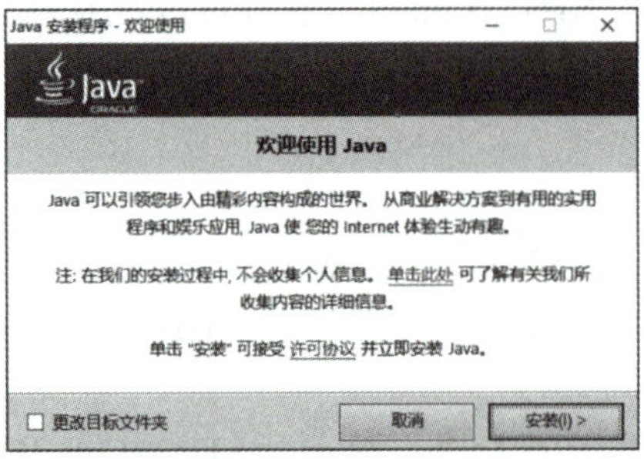

图 1-6　启动 Java 软件安装

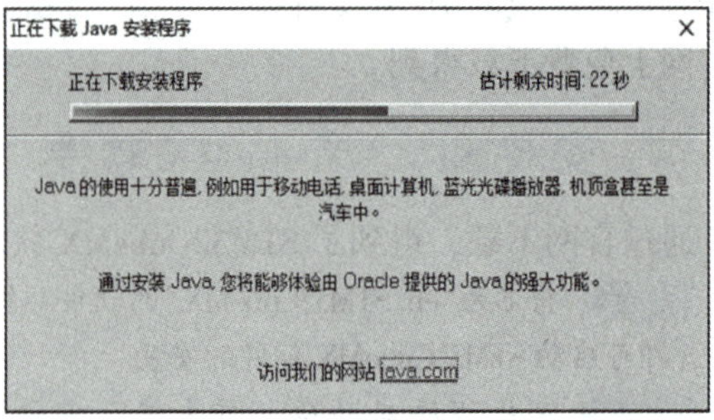

图 1-7　下载安装程序

步骤 9 下载完成后，在弹出的窗口中单击“下一步”按钮。

步骤 10 安装过程需要几分钟的时间，如图 1-8 所示。

步骤 11 Java 软件安装完成后，会弹出“您已成功安装 Java”的提示，单击“关闭”按钮，如图 1-9 所示。

图 1-8　安装进度

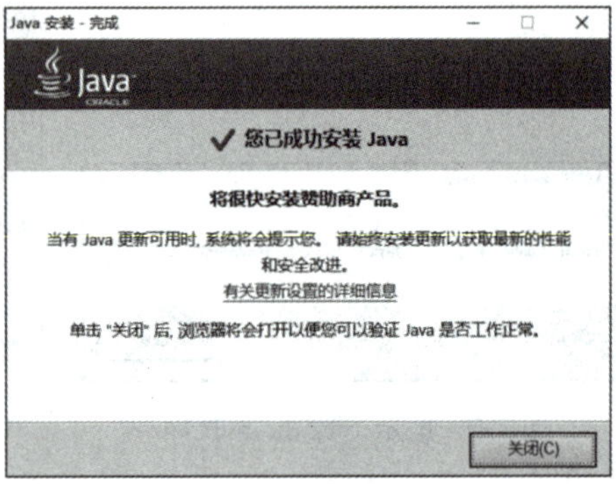

图 1-9　安装完成

步骤 12 再次双击压缩包中的“SetupSTM32CubeMX”文件，启动 STM32CubeMX 软件的安装。在 STM32CubeMX 软件的欢迎窗口中单击“Next”按钮，继续安装过程，如图 1-10 所示。

步骤 13 在“STM32CubeMX Licens agreement”窗口中，选择“I accept the terms：”选项，单击“Next”按钮继续安装过程，如图 1-11 所示。

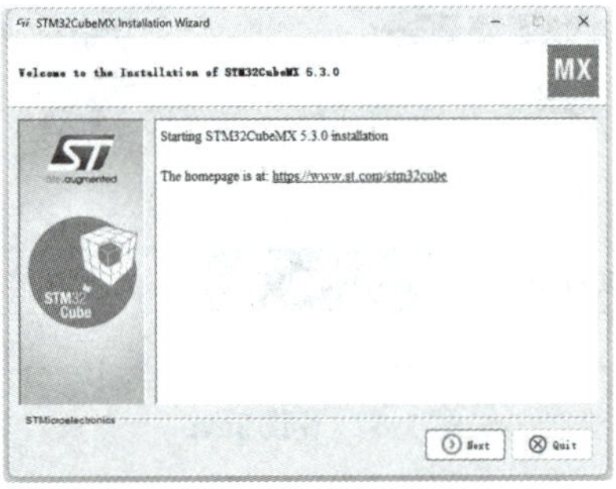

图 1-10　启动 STM32CubeMX 软件的安装

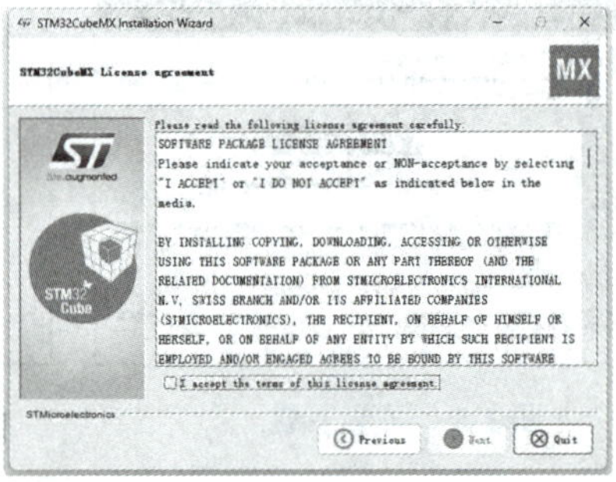

图 1-11　继续安装

步骤14 在“STM32CubeMX Installation path”窗口中，使用默认的安装路径，并单击“Next”按钮，如图 1-12 所示。

步骤15 在“Message”窗口中单击“确定”按钮。

步骤16 在“STM32CubeMX Shortcuts Setup”窗口中，使用默认的安装选项并单击“Next”按钮，如图 1-13 所示。

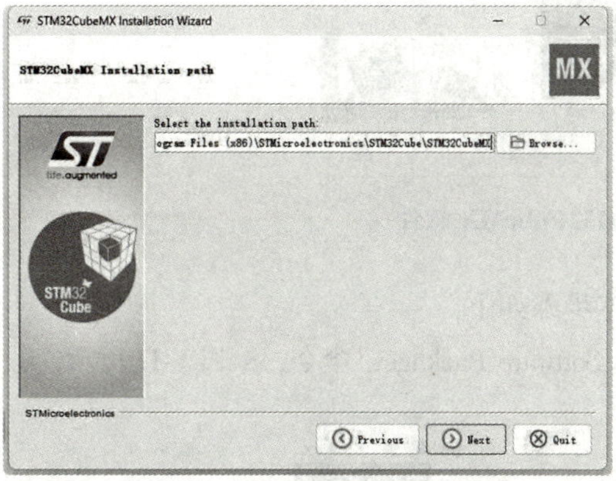

图 1-12　使用默认路径安装

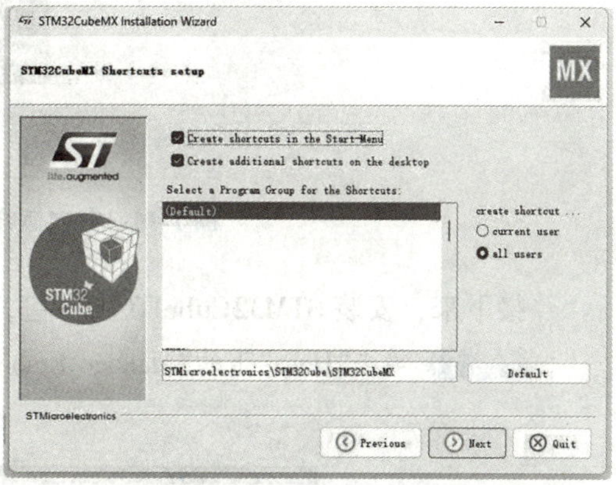

图 1-13　使用默认选项安装

步骤17 在“STM32CubeMX Package installation”窗口中，进度条会提示软件的安装过程，如图 1-14 所示。

步骤18 软件安装过程结束后会弹出“STM32CubeMX Installation done”窗口，单击“Done”按钮，如图 1-15 所示。

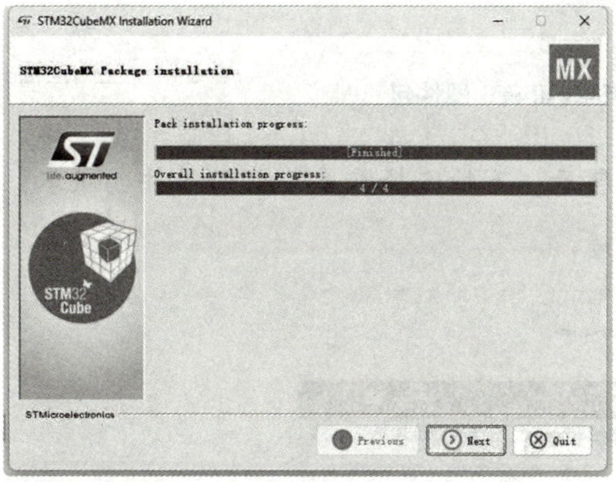

图 1-14　安装进度条

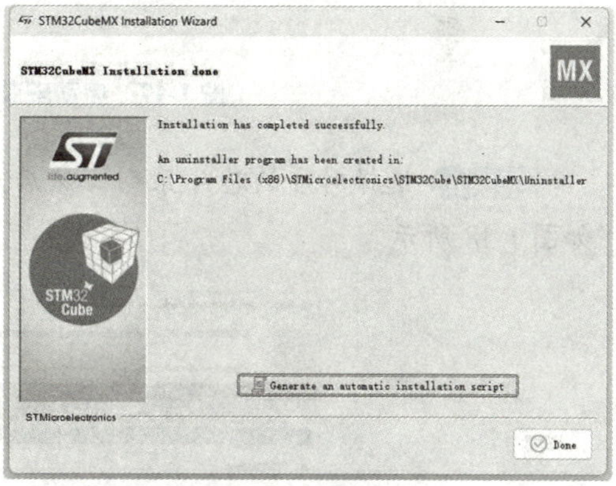

图 1-15　安装完成

步骤19 软件安装完成后，在桌面上会出现“STM32CubeMX”快捷方式图标。双击“STM32CubeMX”快捷方式图标，打开“STM32CubeMX”软件，可以看到该软件的界面，如图 1-16 所示。

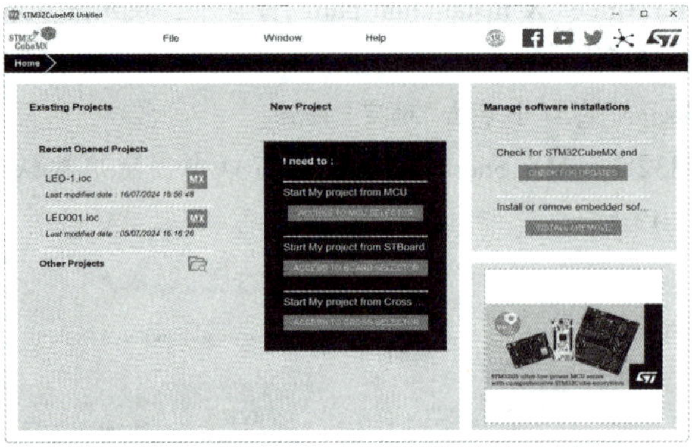

图 1-16　首次运行 STM32CubeMX 软件

接下来，安装 STM32CubeF0 固件包，具体步骤如下。

步骤 1 单击“Help”下的“Manage Embedded Software Packages”命令，如图 1-17 所示。

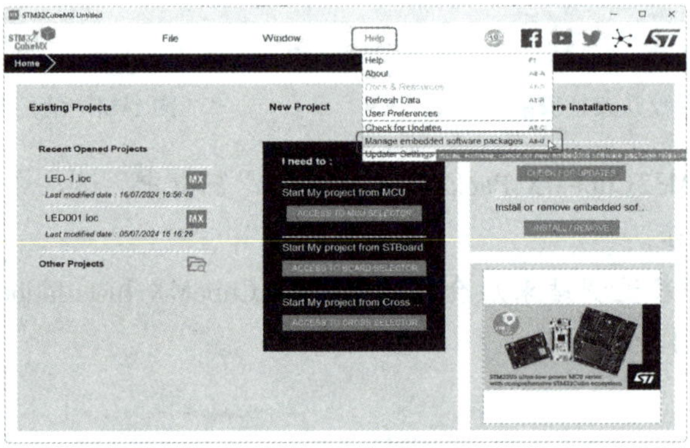

图 1-17　启动安装 STM32CubeF0 固件包

步骤 2 选择对应的芯片系列，然后点击展开，下拉选择需要下载的固件包版本，如图 1-18 所示。

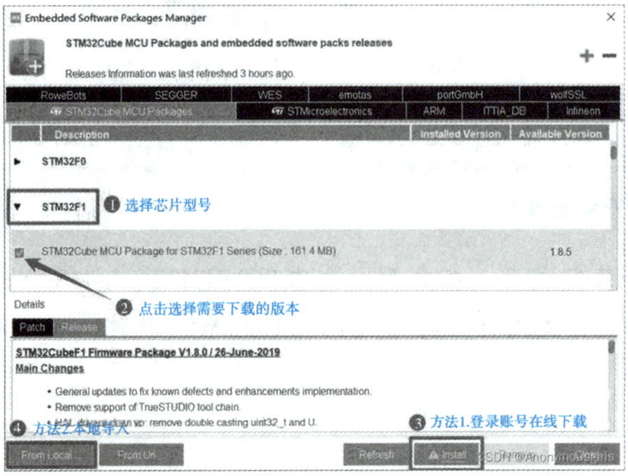

图 1-18　选择固件包版本

步骤 3 这里有在线方式和本地方式等两个下载方法。在线下载是需要连网和登录账号才能下载的。电脑如果没有连网，会看到 Install 前面有一个黄色的叹号，则无法在线下载；在不连网的情况下可以选择本地导入，但这种方式前提是自己电脑本地有这个固件包，不然也是需要到网上下载的，这里推荐使用在线下载的方式。

步骤 4 软件会自动下载所选择的压缩文件，并将其解压至 STM32CubeMX 软件中，如图 1-19 所示。

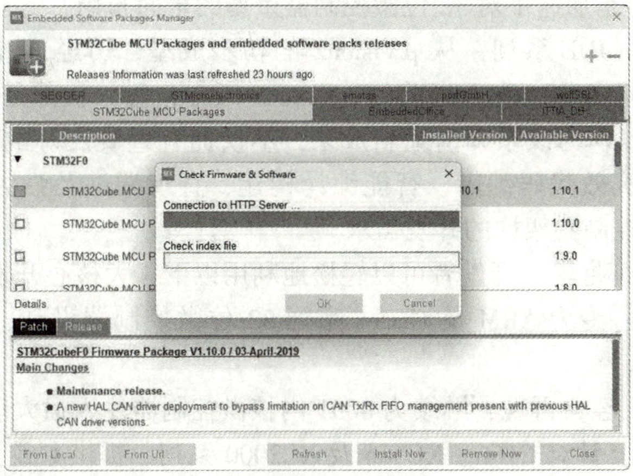

图 1-19　自动下载并解压文件

步骤 5 固件包安装完成后，在“Embedded Software Packages Manager”对话框中会显示已安装的固件包及版本号，如图 1-20 所示。

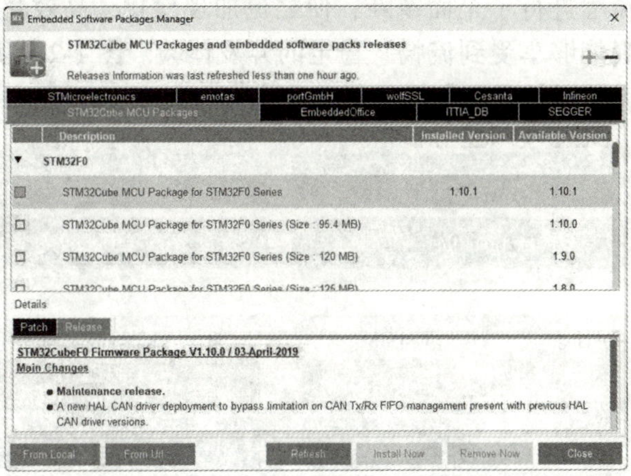

图 1-20　显示已安装的固件包及版本号

1.2.3　MDK-ARM 集成开发环境

在当今微控制器应用领域的飞速发展下，集成开发环境(integrated development environment，IDE)已成为行业不可或缺的标准实践工具，各芯片厂商竞相投入资源，打造或优化专为其微控制器系列定制的 IDE，旨在将项目启动、代码编写、编译、调试到固件烧写的整个开发流程无缝集成于单一平台上，极大地促进了开发效率，让开发者能更聚焦于产品的创新核心与性能优化。

对于深耕 8051 单片机领域的开发者而言，KEIL C51 不仅是熟悉的老朋友，还是该领域无可替代的开发利器。然而，KEIL 的视野远不止于此，它作为微控制器软件开发领域的领航者，早已将其触角延伸至基于 ARM 架构的微控制器开发领域，特别是在并入 ARM 公司后，更是加速了对 32 位微控制器市场的全面布局。

KEIL 的 μVision IDE 系列，从 μVision2 的初步成型，历经 μVision3 的稳健发展，再到 μVision4 的深化拓展，直至当前的 μVision5 版本，每一代都是对开发工具的一次重大飞跃。μVision5 作为该系列的最新成果，不仅拥有直观友好的用户界面，还深度集成了项目管理、高效代码编辑、智能编译构建、直观调试及强大仿真模拟等功能，全方位满足各类微控制器架构的开发需求。

在 μVision5 的怀抱中，开发者可以轻松地利用以下 4 大核心开发工具。

(1) MDK-ARM：专为 ARM 及 Cortex 系列 32 位微控制器设计，用于提供全方位、深层次的开发支持。

(2) KEIL C51：经典再现，继续为 8051 内核微控制器注入强大动力。

(3) KEIL C166：针对 C166、XC166 及 XC2000 系列，提供专业化的开发工具。

(4) KEIL C251：为基于 80251 内核的微控制器量身打造的开发解决方案。

自 2013 年起，KEIL 携手 ARM 推出的 MDK-ARM V5 版本，与 μVision5 IDE 紧密协作，迅速成为 ARM 微控制器，尤其是 Cortex-M 系列内核开发者的首选工具。MDK-ARM V5 在继承前代版本精髓的同时，进一步强化了对 Cortex-M 微控制器的支持，并对用户界面及开发流程进行了全面革新，使之更加现代化、高效化。其内部架构的精心构造确保了开发者能够享受到流畅、稳定的开发体验。图 1-21 为 MDK-ARM 的内部框架结构，揭示了其背后的强大支撑与精细设计。

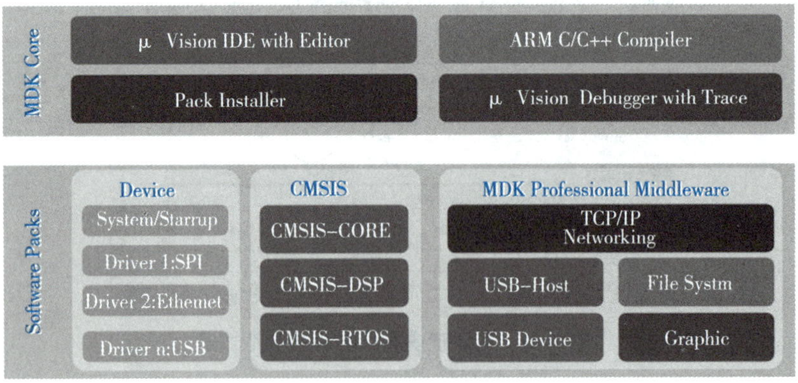

图 1-21　MDK-ARM 的内部框架结构

从软件的框架结构图中可以看出，MDK-ARM V5 将编译器与器件分离，细分成 MDK Core 和 Software Packs 两部分，其中 Software Packs 部分可以独立于工具链进行新芯片支持和中间件的升级。

1. MDK Core(MDK 核心)

MDK Core 包含微控制器开发的所有组件，包括 IDE(μVision5)、编辑器、C/C++编译器、μVision 调试跟踪器和安装包管理器(pack installer)等，用于完成程序的编写、编译、仿真调试和代码烧写等任务。

2. Software Packs(软件安装包)

Software Packs 分为 Device、CMSIS、MDK Professional Middleware 3 部分，包含了各类可用的设备驱动。软件安装包支持完整的微控制器系列，如 ARM7、ARM9、Cortex-M0/M0+/M1/M3/M4 等 ARM 内核芯片，另外也提供了对 CMSIS 库、中间件、开发板、示例代码和工程样板的支持，并可以随时将新增器件添加至 MDK 内核中。

按照授权的不同，MDK-ARM 软件有四个不同级别的版本，分别是 MDK-Lite、MDK-Basic、MDK-Standard 和 MDK-Professional。其中 MDK-Lite(32KB)版可免费下载使用，不需要序列号或授权许可密钥。

访问 KEIL 公司官方网站，单击“Product Downloads”项。浏览器的“Download Products”窗口中列出了 KEIL 公司的四种软件开发工具，单击“MDK-ARM”项，下载 MDK-ARM 软件，如图 1-22 所示。

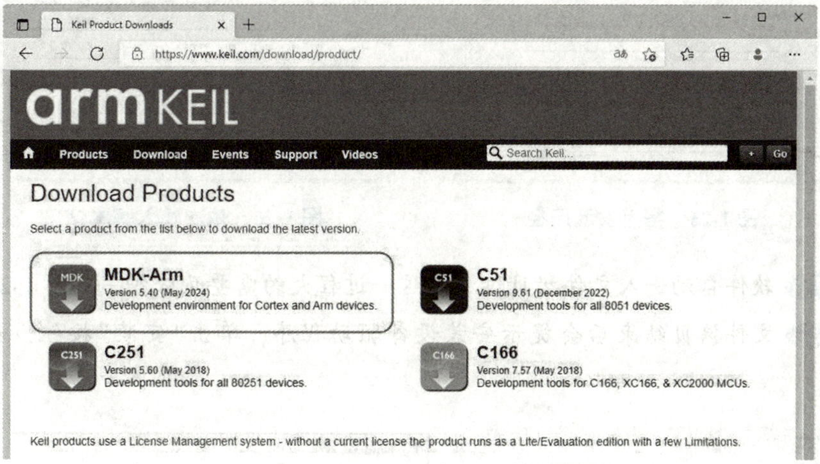

图 1-22　下载 MDK-ARM 软件

1.2.4　安装 MDK-ARM 软件

MDK-ARM 软件成功下载后，即可将其安装在 PC 上，具体方法如下。

步骤1 双击 MDK-ARM 软件的安装文件即可启动安装过程，如图 1-23 所示。

步骤2 在弹出的窗口中勾选“I agree to all...”选项，并单击“Next”按钮，如图 1-24 所示。

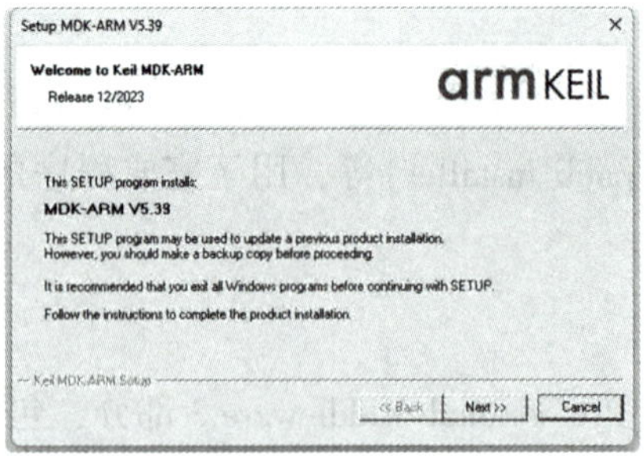

图 1-23　启动 MDK-ARM 安装过程

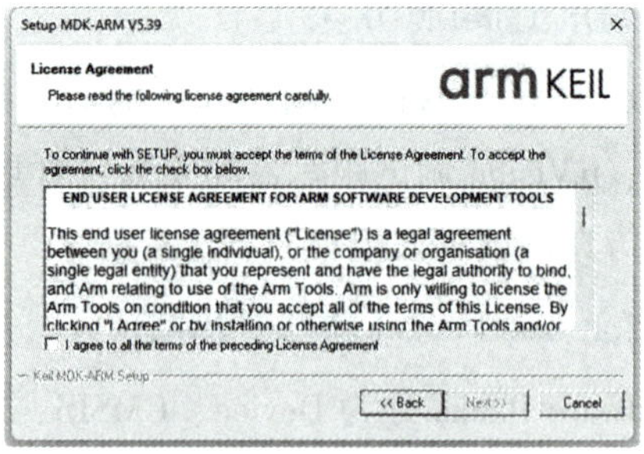

图 1-24　勾选选项

步骤 3 软件安装时需要用户指定安装路径，这里需要注意的是 MDK-ARM 软件的安装路径分为“Core”和“Pack”两个部分，此处保持默认的设置并单击“Next”按钮，如图 1-25 所示。

步骤 4 在弹出的窗口中依次输入用户的基本信息，并单击“Next”按钮，如图 1-26 所示。

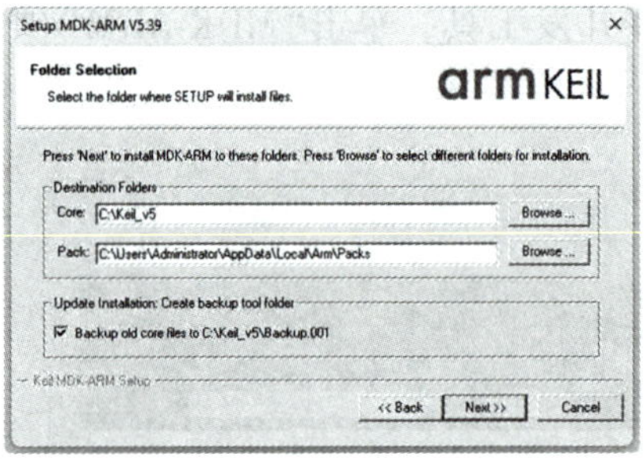

图 1-25　指定安装路径

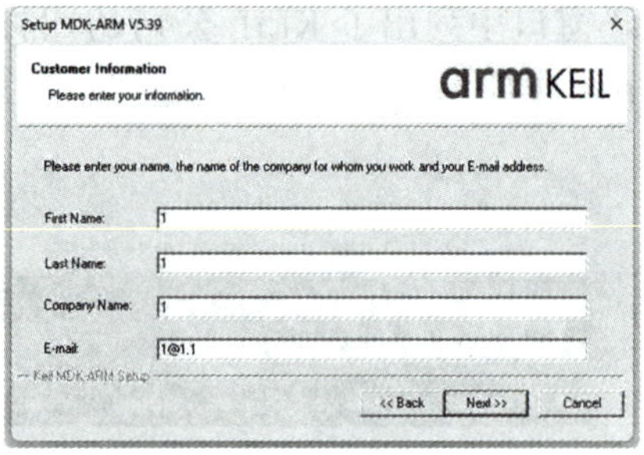

图 1-26　依次输入基本信息

步骤 5 软件自动进入文件拷贝过程，这一过程大约需要几分钟，如图 1-27 所示。

步骤 6 文件拷贝结束后会提示安装设备驱动程序，单击“安装”按钮，如图 1-28 所示。

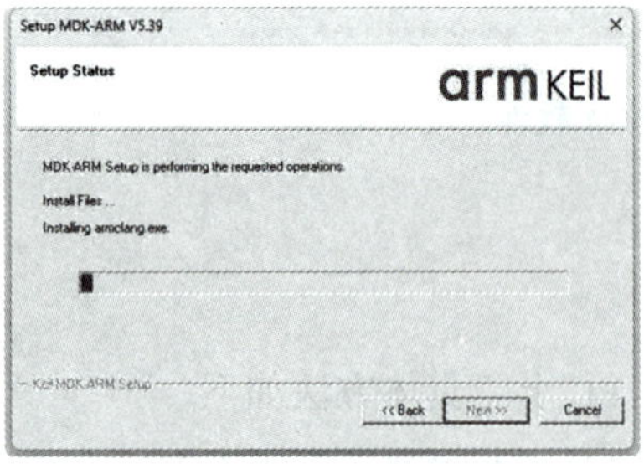

图 1-27　文件拷贝

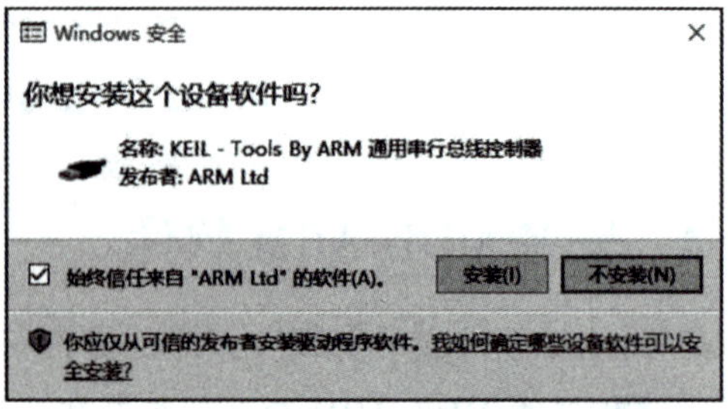

图 1-28　安装设备驱动程序

步骤 7 单击“Finish”按钮结束安装，如图 1-29 所示。

步骤 8 MDK-ARM 软件安装完成后会自动弹出软件安装包的欢迎窗口，单击

“OK”按钮关闭此窗口，如图 1-30 所示。

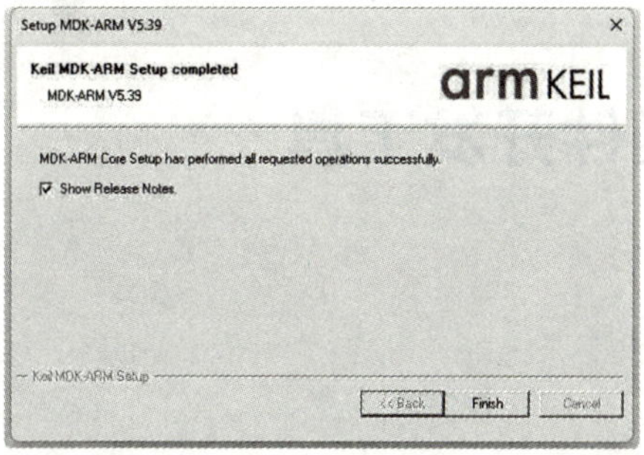

图 1-29　结束安装

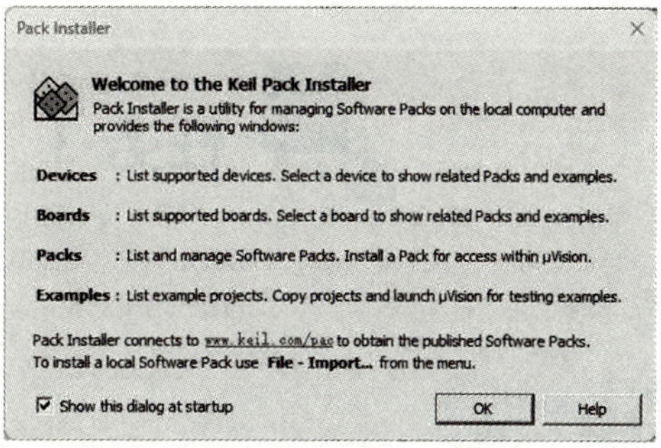

图 1-30　欢迎窗口

步骤 9　MDK-ARM 软件会自动连接互联网并开始下载软件安装包。如图 1-31 所示。

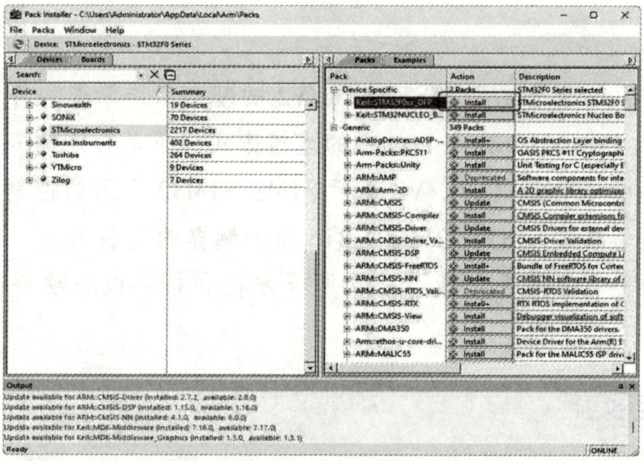

图 1-31　开始下载软件安装包

步骤 10　双击桌面上 MDK-ARM 软件的快捷方式图标，运行 MDK-ARM 软件。

任务评价

评价内容	评价标准	分值	自评	师评
STM32CubeMX 软件	了解 STM32CubeMX 软件	10		
安装 STM32CubeMX 软件	能够正确下载并安装 STM32CubeMX 软件	40		
MDK-ARM 集成开发环境	了解 MDK-ARM 集成开发环境的基本概述和结构	10		
安装 MDK-ARM 软件	能够正确下载并安装 MDK-ARM 软件	40		
总分		100		

任务 3 硬件开发工具

任务描述

本任务旨在全面介绍硬件开发过程中不可或缺的两类关键工具：仿真/编程器和 STM32 系统板。这些工具在编程、调试，以及系统验证等环节中扮演着至关重要的角色。

任务分析

要完成此任务，学生需要了解 ST-LINK/V2 的基本工作原理和特性，包括其支持的接口类型(SWIM 和 JTAG/SWD)与目标板的连接方式、驱动程序的安装等。通过实践操作，学生应能够熟练使用 ST-LINK/V2 进行 STM8/STM32 系列微控制器的在线调试与编程。此外，学生还需要了解 STM32F072VBT6 微控制器的封装特点、引脚间距等基本信息，以及基于该微控制器的系统板、全功能开发板和核心板等硬件平台的外观、电路原理和资源分配。

任务重点与实施

1.3.1 仿真/编程器

ST-LINK/V2 是由意法半导体匠心打造的在线调试与编程工具，专为 STM8 及 STM32 系列微控制器的初学者、评估者及开发者量身打造，以其经济实惠的特性在业界脱颖而出。它不仅降低了学习成本，还极大地提升了开发效率。如图 1-32 所示，ST-LINK/V2 以其紧凑而专业的外观，彰显了其在微控制器开发领域的实用性与专业性。

作为 STM8/STM32 系列入门、编程及调试的优选工具，ST-LINK/V2 支持通过单线接口模块(serial wire interface module，SWIM)，以及先进的 JTAG/串行线调试接口(serial wire debug，SWD)技术，与目标开发板上的 STM8 或 STM32 单片机实现无缝对接。这一特性使得开发者能够轻松地进行硬件级的在线调试与编程工作，尤其是在针对 STM32F0 系列单片机时，SWD 接口成为连接 ST-LINK/V2 与目标板的首选，确保了数据传输的高效性与稳定性。

总之，ST-LINK/V2 凭借其全面的兼容性、高效的调试编程能力及亲民的价格定位，成为了 STM8/STM32 系列微控制器开发不可或缺的伙伴，助力开发者在探索微控制器世界的道路上稳步前行。

在 ST-LINK/V2 在线仿真/编程器上有两种类型的接口：一种是 SWIM 接口，用于对 STM8 系列微控制器的在线调试与编程；另一种是 JTAG/SWD 接口，用于对 STM32 系列微控制器的开发。JTAG/SWD 接口引脚排列如图 1-33 所示，其引脚定义详见表 1-1。

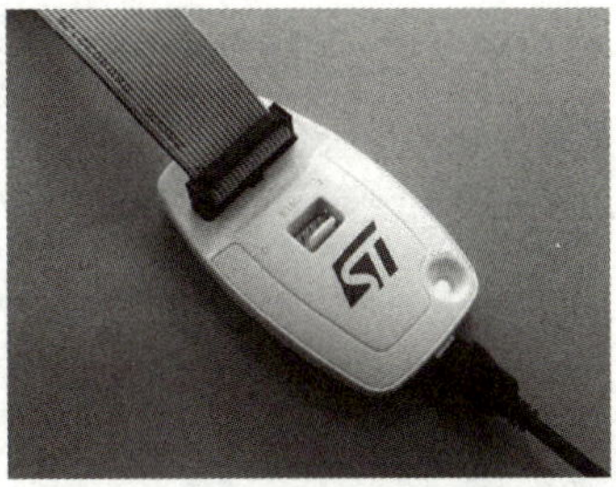

图 1-32 ST-LINK/V2 在线仿真/编程器

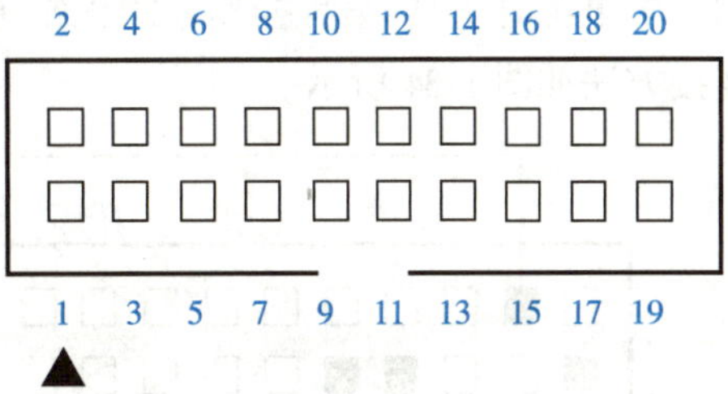

图 1-33 JTAG/SWD 接口

表 1-1 JTAG/SWD 接口引脚定义

引脚序号	名称	功能	与目标板连接（JTAG）	与目标板连接（SWD）
1	VAPP	目标 VCC	MCU 电源正	MCU 电源正
2	VAPP	目标 VCC	MCU 电源正	MCU 电源正
3	TRST	JTAG TRST	JNTRST	GND
4	GND	GND	GND	GND
5	TDI	JTAG TDO	JTDI	GND
6	GND	GND	GND	GND
7	TMS_SWDIO	JTAG TMS、SWIO	JTMS	SWDIO
8	GND	GND	GND	GND
9	TCK_SWCLK	JTAG TCK、SWCLK	JTCK	SWCLK
10	GND	GND	GND	GND
11	NC	未连接	未连接	未连接
12	GND	GND	GND	GND
13	TDO_SWO	JTAG TDI、SWO	JTDO	TRACESWO
14	GND	GND	GND	GND
15	NRST	NRST	NRST	NRST
16	GND	GND	GND	GND
17	NC	未连接	未连接	未连接
18	GND	GND	GND	GND
19	VDD	VDD3.3V	未连接	未连接
20	GND	GND	GND	GND

ST-LINK/V2 在线仿真/编程器使用 SWD 方式与目标板连接的方法是：使用杜邦线将 20 针的 JTAG 接口中的 VAPP、TMS_SWDIO、TCK_SWCLK 和 GND 引脚与目标板单片机的 VDD、SWDIO、SWCLK 和 GND 引脚连接即可。这里需要注意的是，在线仿真/编程器不能对外供电，其 VAPP 引脚是目标板供电电源的反馈引脚，只有当目标板有独立的供电电源时仿真/编程操作才能正常进行。ST-LINK/V2 在线仿真/编程器与目标板的连接方法如图 1-34 所示。

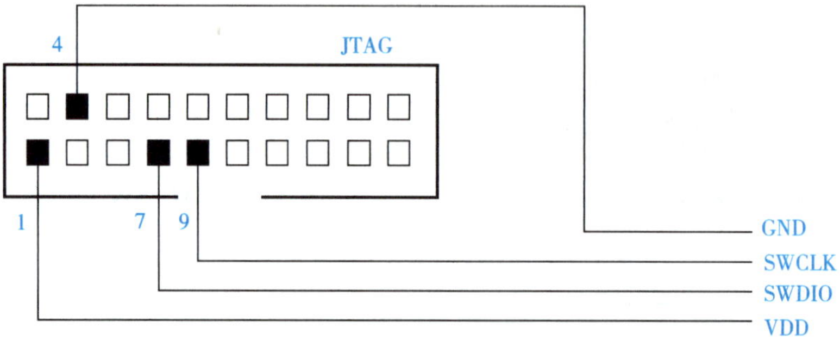

图 1-34　JTAG 接口与目标板的连接（SWD 方式）

将 ST-LINK/V2 在线仿真/编程器与目标板正确连接后，即可将编程器的 USB 接口与 PC 相连，并且安装相应的驱动程序，具体步骤如下。

步骤 1 首次将 ST-LINK/V2 在线仿真/编程器连接至计算机时会出现提示安装设备驱动程序的信息，如图 1-35 所示。

步骤 2 当提示安装设备驱动程序的信息出现后，在 PC 设备管理器的“其他设备”中有“STM32STLink”项出现。该项前面标有黄色的叹号，表明该驱动程序没有正确安装，如图 1-36 所示。

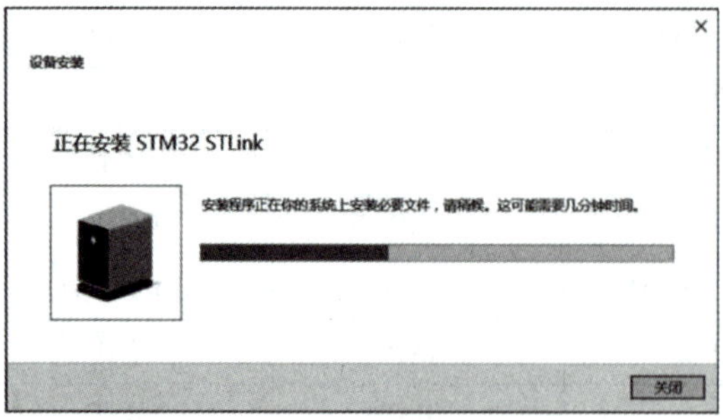

图 1-35　安装设备驱动程序

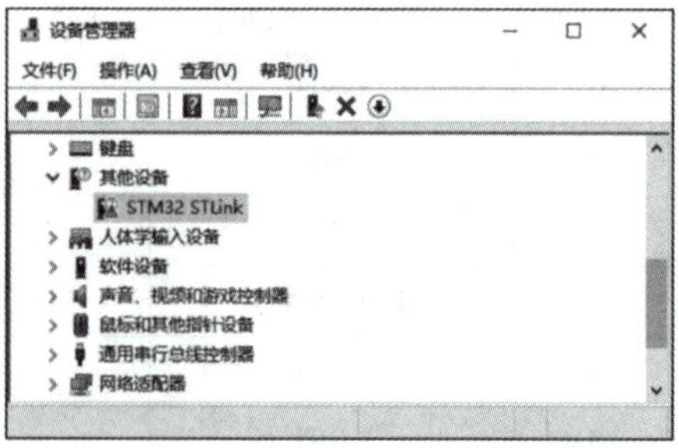

图 1-36　未正确安装驱动程序

步骤 3 右击“STM32STLink”项，在弹出的对话框中选择“更新驱动程序软件”选项，如图 1-37 所示。

步骤 4 在弹出的对话框中选择“浏览计算机以查找驱动程序软件”项，如图 1-38 所示。

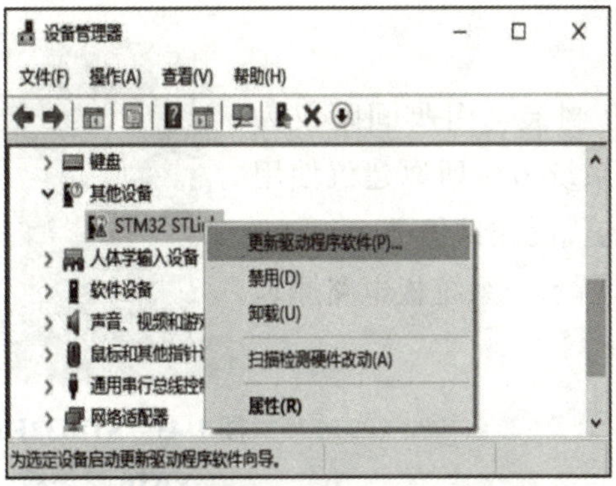

图 1-37　更新驱动程序软件

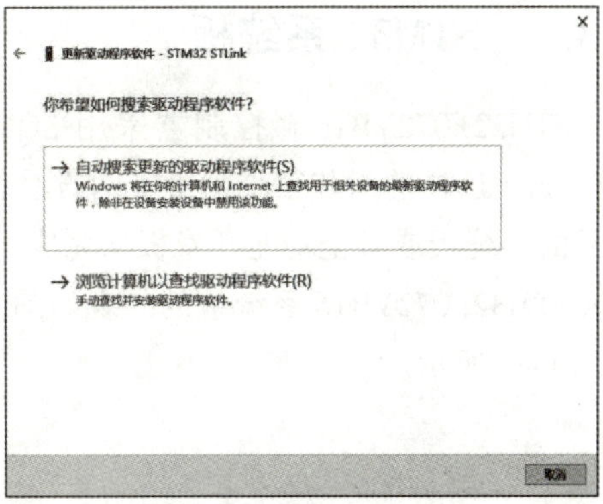

图 1-38　查找驱动程序软件

步骤 5 在更新驱动程序软件窗口中，指定驱动程序的保存路径并单击“下一步”按钮，如图 1-39 所示。

步骤 6 启动安装程序并等待驱动的安装完成，如图 1-40 所示。

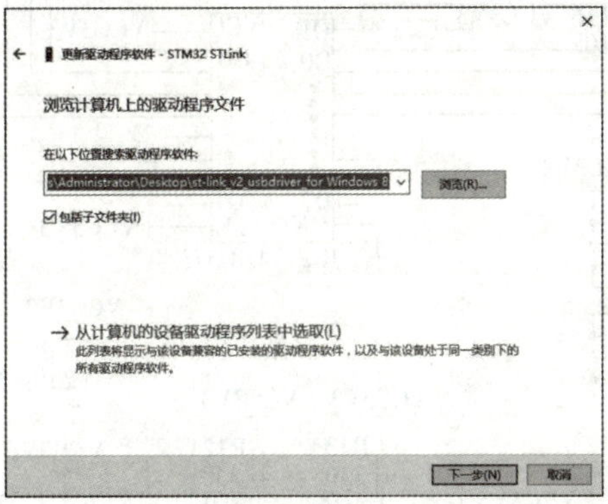

图 1-39　更新驱动程序软件窗口

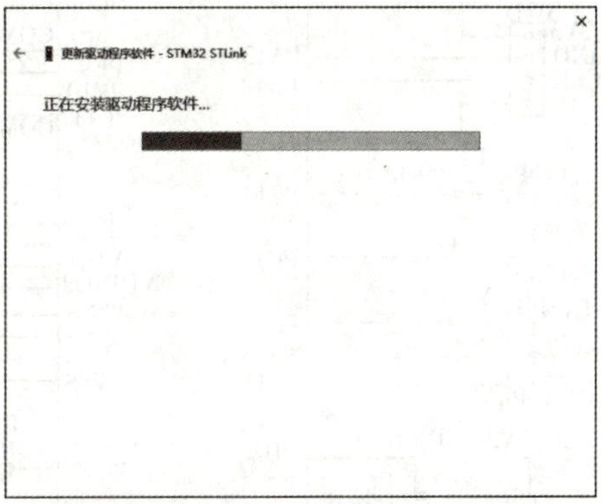

图 1-40　等待驱动程序的安装

步骤 7 驱动程序正确安装完成后，会有“Windows 已经完成安装此设备的驱动程序软件”的提示，如图 1-41 所示。

步骤 8 再次查看设备管理器，发现“STM32STLink”项已经出现在“通用串行总线设备”中，且前面黄色的叹号已经消失，如图 1-42 所示。

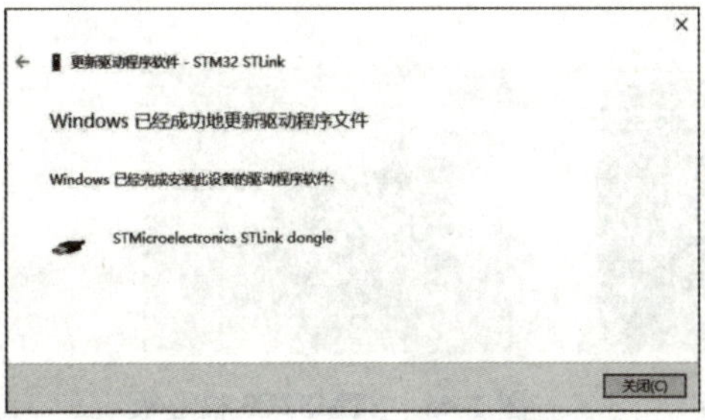

图 1-41　已完成驱动程序软件安装

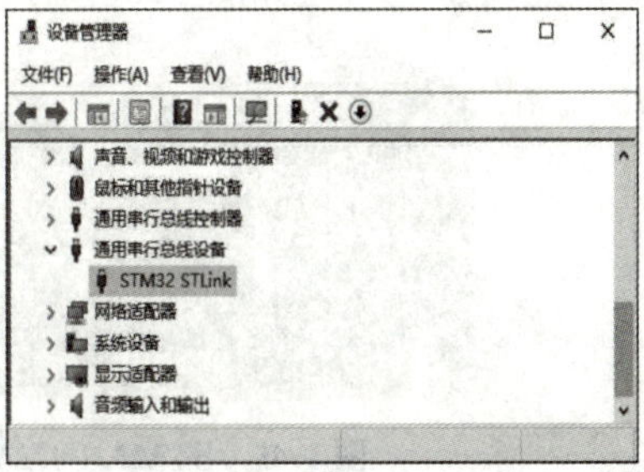

图 1-42　查看设备管理器

1.3.2 STM32 系统板

STM32F072VBT6 微控制器采用 LQFP100 封装，引脚间距仅为 0.5 mm，这样的封装很难用手工的方法搭建系统板，所以建议使用成品的系统板或者全功能开发板来完成本书的代码测试任务。

STM32F072VBT6 系统板的外观如图 1-43 所示，系统板电路原理如图 1-44 所示。

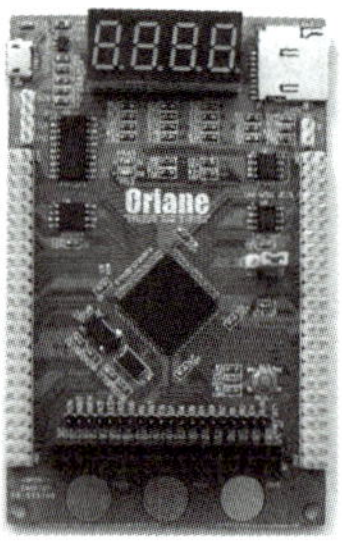

图 1-43 STM32F072VBT6 系统板

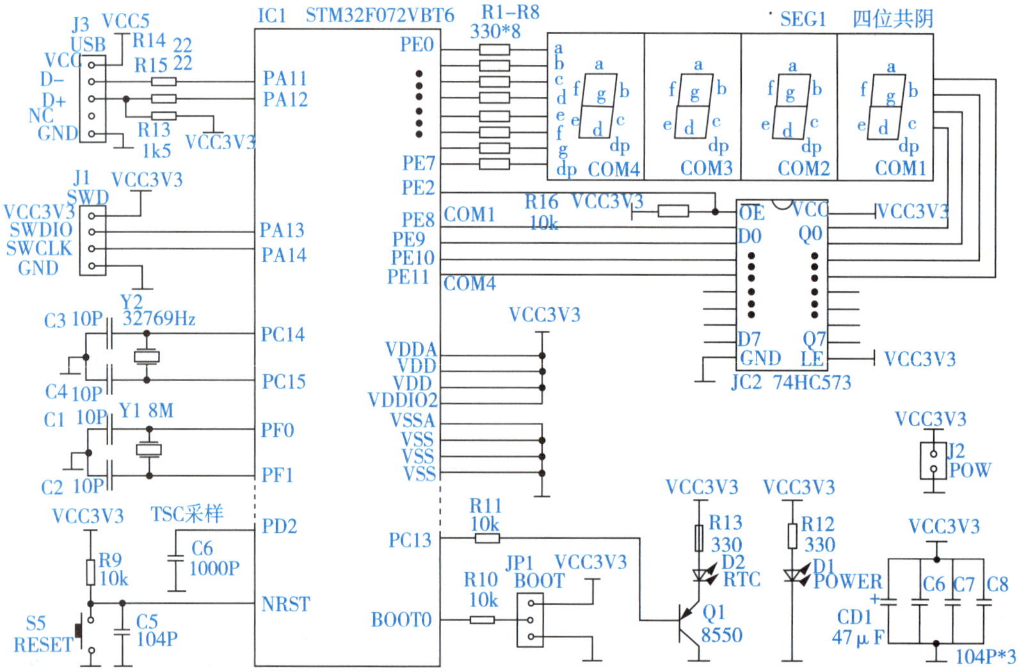

图 1-44 STM32F072VBT6 系统板电路原理图

复制全功能开发板外观如图 1-45 所示。另外，也可以使用 STM32F0 核心板配合显示模块来完成系统搭建如图 1-46 所示。

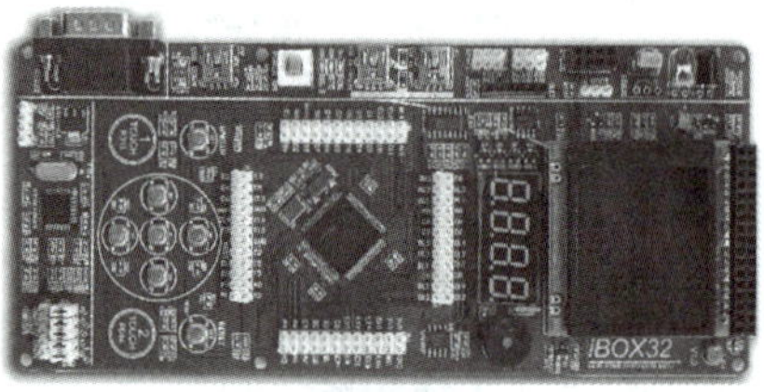

图 1-45 STM32F072VBT6 全功能开发板

图 1-46 STM32F0 核心板显示模块及编程器

任务评价

评价内容	评价标准	分值	自评	师评
仿真/编程器	了解 ST-LINK/V2 与目标板的连接方式	50		
STM32 系统板	能够准确描述 STM32F072VBT6 微控制器的封装特点和引脚间距	50		
总分		100		

任务4　实战-项目建立

任务描述

本任务为实战性质，旨在引导学生通过 STM32CubeMX 软件和 MDK-ARM 集成开发环境，完整地建立一个针对 STM32F072VBT6 微控制器的开发项目。任务要求从新建开发项目开始，逐步进行项目文件的查看、项目的打开、项目属性的检查，以及项目的编译等关键步骤。通过这些步骤，学生将熟悉 STM32CubeMX 软件在项目建立和管理方面的功能，以及 MDK-ARM 集成开发环境在项目编译和调试方面的应用。

任务分析

要完成此任务，学生需要了解如何新建开发项目、查看项目文件结构、打开已有项目、查看并理解项目属性，以及如何进行项目的编译和调试。此外，学生还需要熟悉 STM32F072VBT6 微控制器的引脚配置和 GPIO 控制方法，以便在项目中正确配置和使用相关外设。

任务重点与实施

1.4.1　新建开发项目

在开始使用 STM32CubeMX 软件建立开发项目之前，首先需要建立项目保存的路径，在 PC 上新建一个子文件夹，以英文命名，用于保存所建立的开发项目。使用 STM32CubeMX 软件建立开发项目的步骤如下。

步骤 1 双击 STM32CubeMX 软件快捷方式图标，打开 STM32CubeMX 软件，如图 1-47 所示。

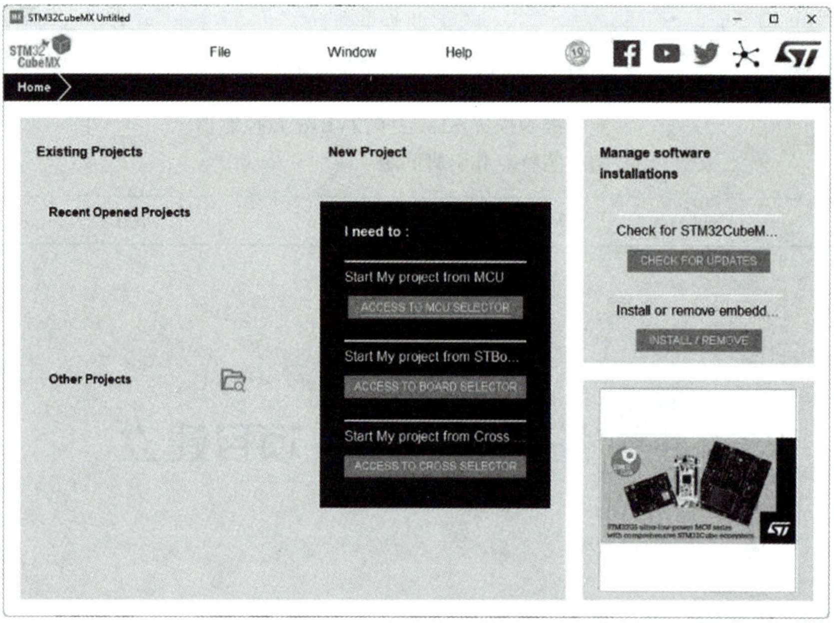

图 1-47　打开 STM32CubeMX 软件

步骤 2 单击“File → New Project”命令，会弹出“New Project”窗口，在此窗口搜索栏输入“STM32F072”，在“MCUs List”列表中选择微控制器的型号为“STM32F072VBTx”，之后双击，如图 1-48 所示。

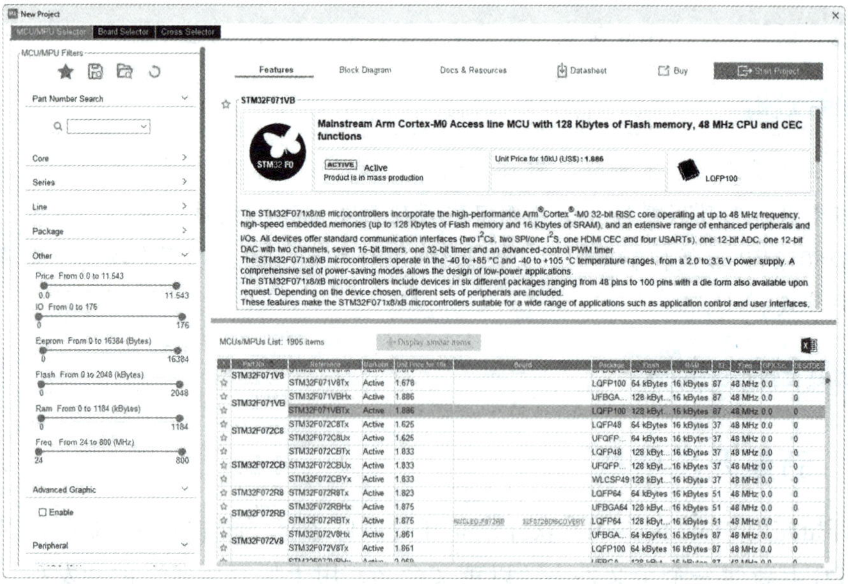

图 1-48　选择微控制器型号

步骤 3 微控制器型号选择完成后，会显示 STM32CubeMX 软件的主窗口。在主窗口中最上面的部分是软件的菜单栏，下方是 4 个视图选项卡，4 个视图选项卡是 STM32CubeMX 软件的主要操作区域，其中“Pinout & Configuration”视图为引脚配置视图，用于配置外设、引脚和中间件的工作模式。如图 1-49 所示。

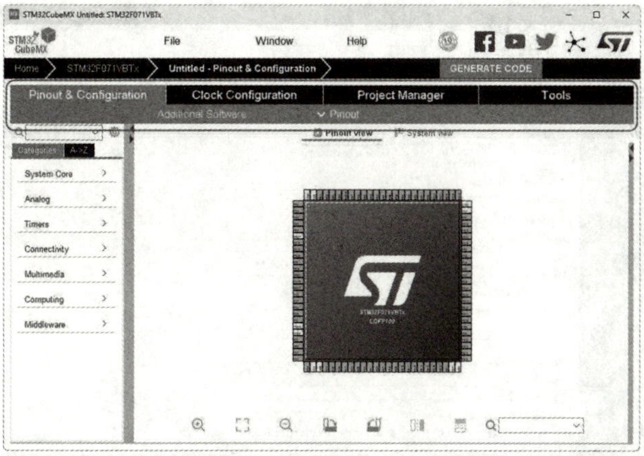

图 1-49　STM32CubeMX 软件主窗口

步骤 4 “Clock Configuration”视图是时钟配置视图，用于配置时钟树的运行参数，如图 1-50 所示。

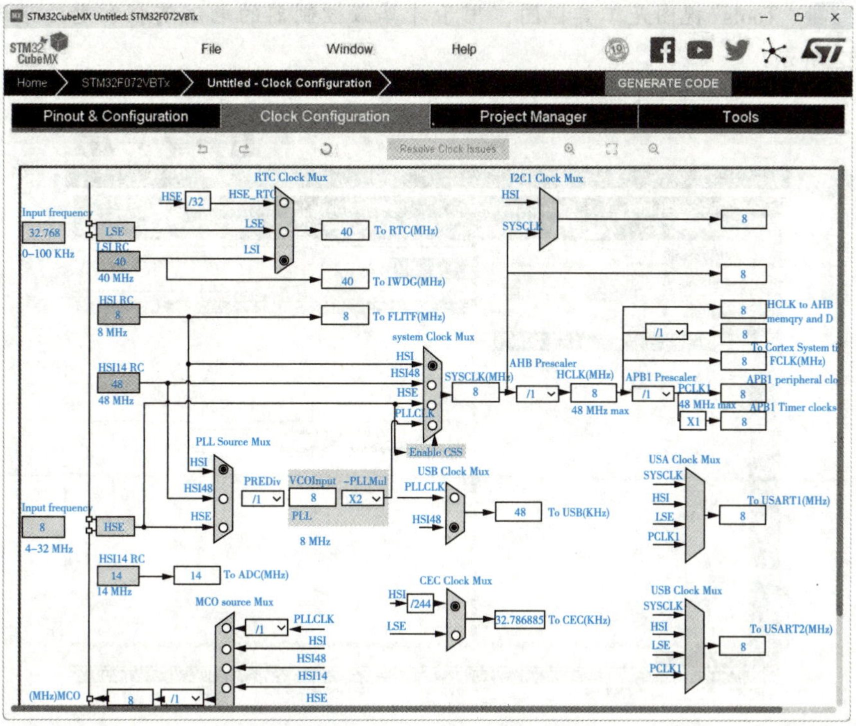

图 1-50　“Clock Configuration”视图

步骤 5 “Project Manager”视图是工程配置视图，用于配置引脚、外设等的初始化参数，如图 1-51 所示。

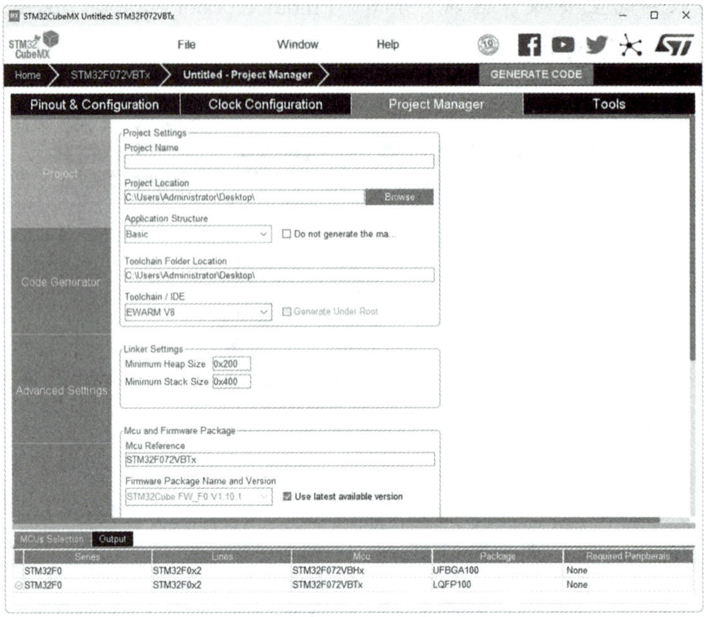

图 1-51 “Project Manager”视图

步骤 6 “Tools”视图是工具视图，用于计算微控制器的电流消耗和电池的寿命等，如图 1-52 所示。

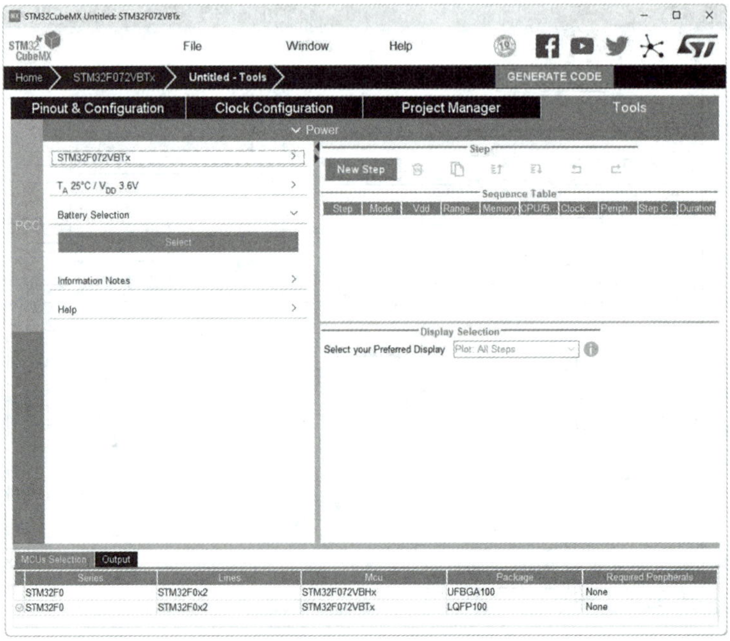

图 1-52 “Tools”视图

到目前为止，用户对 STM32F072VBT6 芯片的内部结构还并不熟悉，但还是要尝试使用 STM32CubeMX 软件来建立第一个开发项目，将 STM32F072VBT6 微控制器的 PC13 引脚置为低电平，用于点亮该引脚相连的 LED 灯。

步骤 7 在主窗口中单击"Pinout & Configuration"视图标签，打开引脚配置视图。在该视图的右侧，将鼠标指向出现的微控制器图形，按住键盘上的[Ctrl]键，上下拨动鼠标滚轮，可以调整"Pinout"视图中微控制器图形的大小。单击微控制器图形的"PC13"引脚，在弹出的下拉列表中将"PC13"引脚的工作模式设置为"GPIO_Output"，即将 PC13 引脚配置为 I/O 接口，并将其方向设置为输出，如图 1-53 所示。

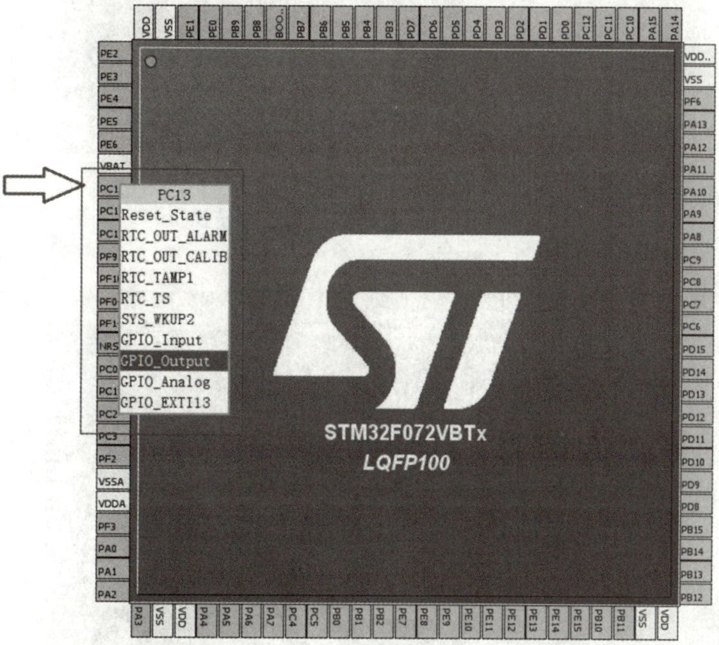

图 1-53　PC13 引脚配置和方向设置

步骤 8 为了使用微控制器外接的 8 MHz 晶体振荡器，还需配置晶体振荡器的两个驱动端，方法是单击微控制器图形的"PF0"引脚，在弹出的下拉列表中将"PF0"引脚的工作模式设置为"RCC_OSC_IN"，如图 1-54 所示。

步骤 9 同理，将"PF1"引脚的工作模式设置为"RCC_OSC_OUT"，引脚模式设置完成后的状态如图 1-55 所示，这时我们会发现更改了设置的引脚会用高亮的绿色来显示，且引脚上出现了图钉图标。

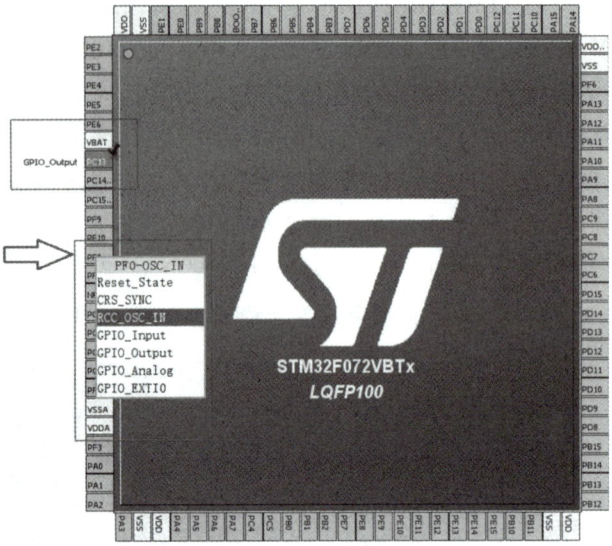

图 1-54　设置 PF0 引脚工作模式

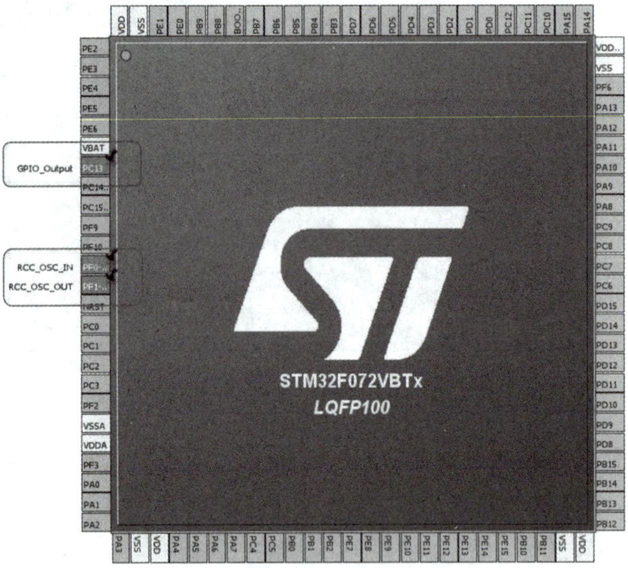

图 1-55　设置 PF1 引脚工作模式

步骤10 在轻松地完成了对 STM32F072VBT6 微控制器的引脚配置之后，再来配置时钟树。单击“Clock Configuration”视图标签，打开时钟配置视图。在时钟树图形中首先将“PLL Source Mux”锁相环多路选择的输入时钟设置为“HSE”，即将外部晶体振荡器作为锁相环时钟的输入；其次将“PLL”锁相环的“PLLMul”倍频设置为“×6”，即将锁相环输入时钟 6 倍频；最后将“System Clock Mux”系统时钟多路选择的输入端设置为“PLLCLK”，即将锁相环时钟作为系统时钟。时钟的具体设置如图 1-56 所示。

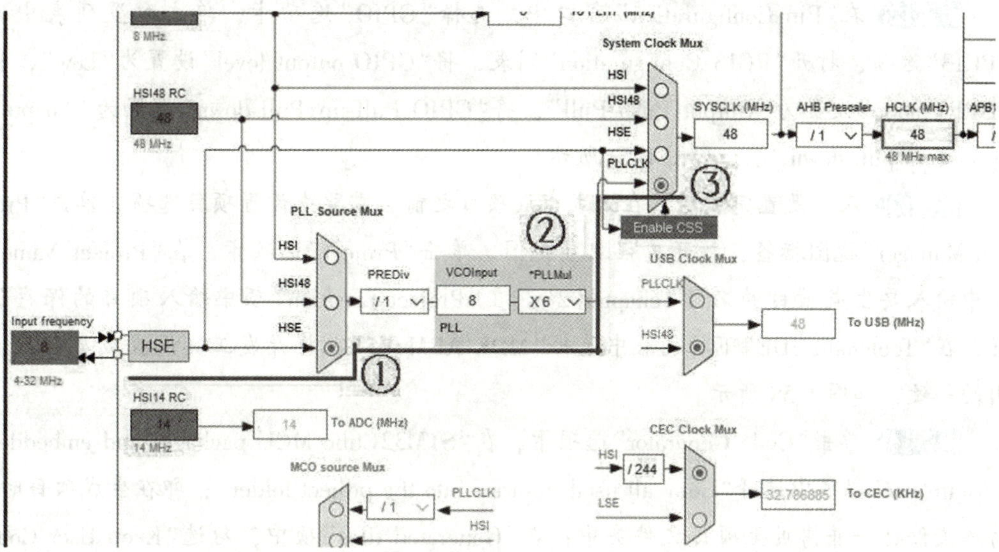

图 1-56　时钟具体设置

步骤 11 仅需 3 个步骤，复杂的时钟配置在“Clock Configuration”视图中通过轻点鼠标即可轻松完成，这正是 STM32CubeMX 软件的优势所在。接下来需要对引脚 PC13 的输出电平做进一步设置。

单击“Pinout & Configuration”视图标签，打开配置视图，在该视图左侧“System Core”项中单击“GPIO”按钮，如图 1-57 所示。

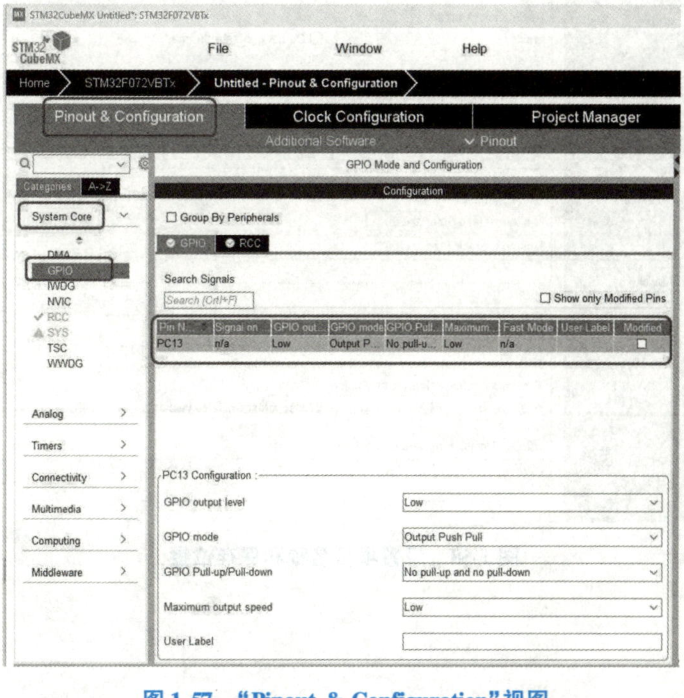

图 1-57　“Pinout & Configuration”视图

步骤12 在“Pin Configuration”窗口中，选择“GPIO”选项卡，单击配置列表中的“PC13”选项，打开“PC13 Configuration”列表，将“GPIO output level”设置为“Low”，将“GPIO mode”设置为“Output Push Pull”，将“GPIO Pull-up/Pull-down”设置为“No pull-up and no pull-down”等，如图 1-57 所示。

步骤13 基本设置完成后，在正式生成项目之前，需要先设置项目选项。单击“Project Manager”视图标签，打开工程配置视图。单击“Project”选项卡，在“Project Name”项中输入要生成项目的名称“chapter02”，在“Project Location”项中输入项目的保存位置，在“Toolchain/IDE”下拉列表中选择“MDK-ARM V5”，将开发工具设置成与后期使用的一致，如图 1-58 所示。

步骤14 单击“Code Generator”选项卡，在“STM32Cube MCU packages and embedded software packs”项中选择“Copy all used libraries into the project folder”，即在生成项目时，将库文件也一并拷贝至项目文件夹中；在“Generated files”项中，勾选“Keep User Code when re-generating”和“Delete previously generated files when not re-generated”两项，即在重新生成项目时保留用户代码并删除以前生成的文件，如图 1-59 所示。

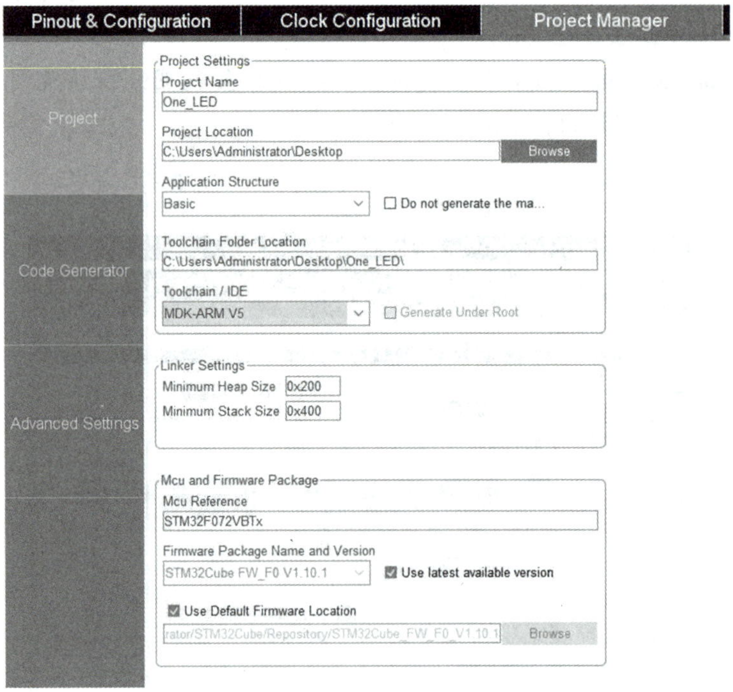

图 1-58 设置项目名称和保存位置

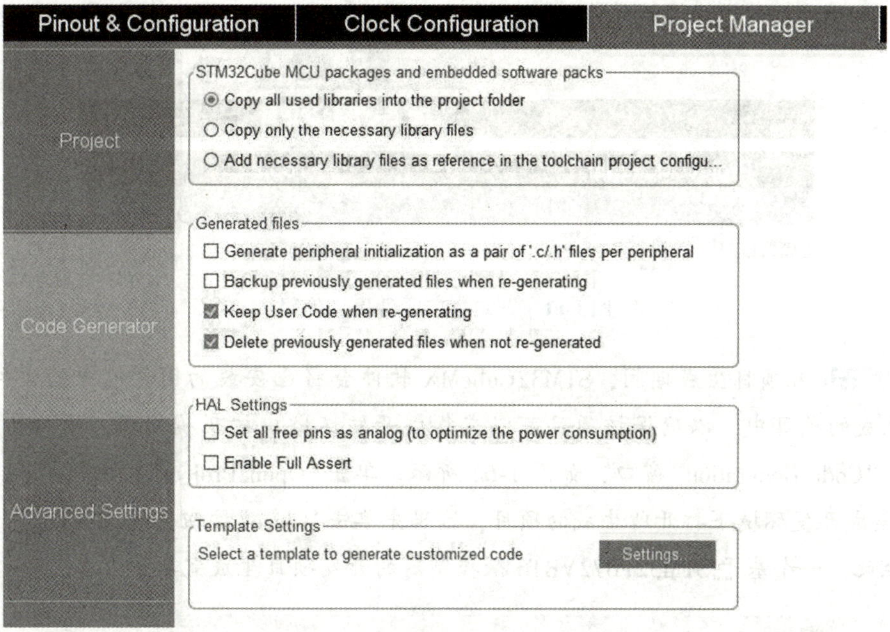

图 1-59　设置"Code Generator"选项卡

步骤15▶ 在"Advanced Settings"选项卡中，使用默认的选项，如图 1-60 所示。

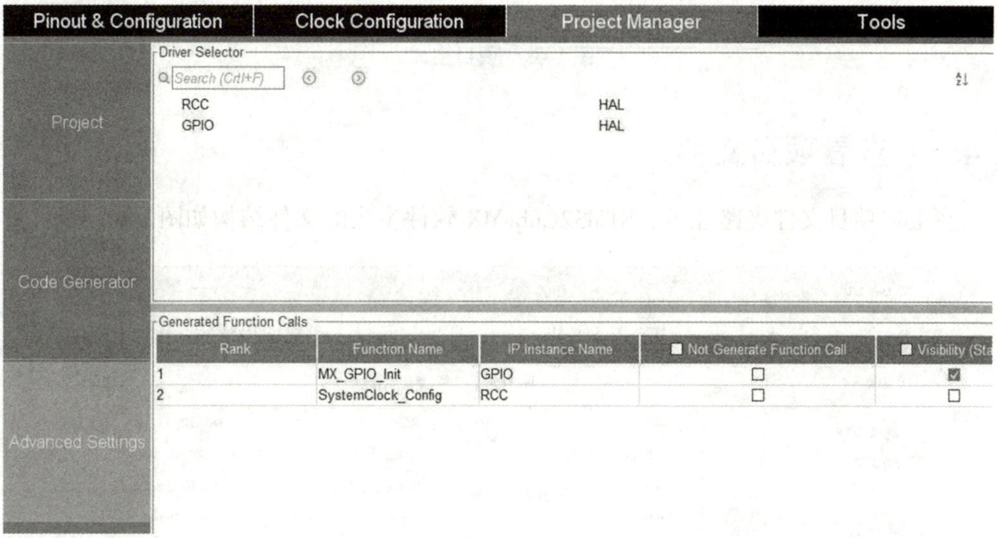

图 1-60　使用默认选项设置

步骤16▶ 单击工具栏上的"GENERATE CODE"按钮，开始生成项目及 C 代码，如图 1-61 所示。

图 1-61　开始生成项目及 C 代码

步骤17 在项目生成期间，STM32CubeMX 软件会将已安装的固件包中的文件拷贝至所生成的项目中，以确保该项目可以在集成开发环境中被正确编译，项目生成后，会弹出“Code Generation”窗口，如图 1-62 所示。单击“Open Project”按钮可以在 MDK-ARM 集成开发环境下打开所生成的项目，这里先单击“Close”按钮关闭该窗口。

至此，一个基于 STM32F072VBT6 微控制器的开发项目生成完毕。

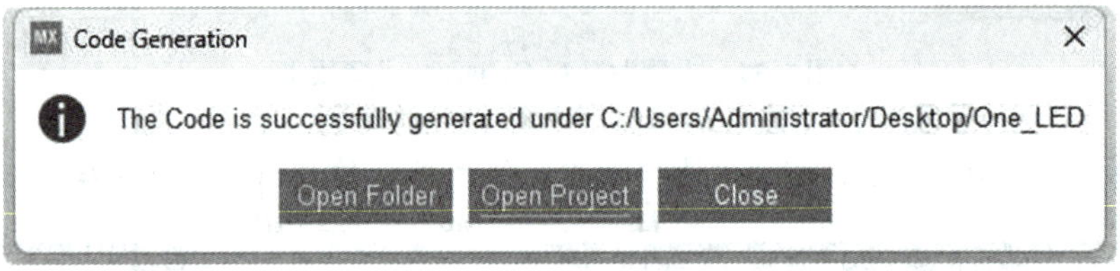

图 1-62　项目生成

1.4.2　查看项目文件

在工程项目文件夹路径下，STM32CubeMX 软件生成的文件结构如图 1-63 所示。

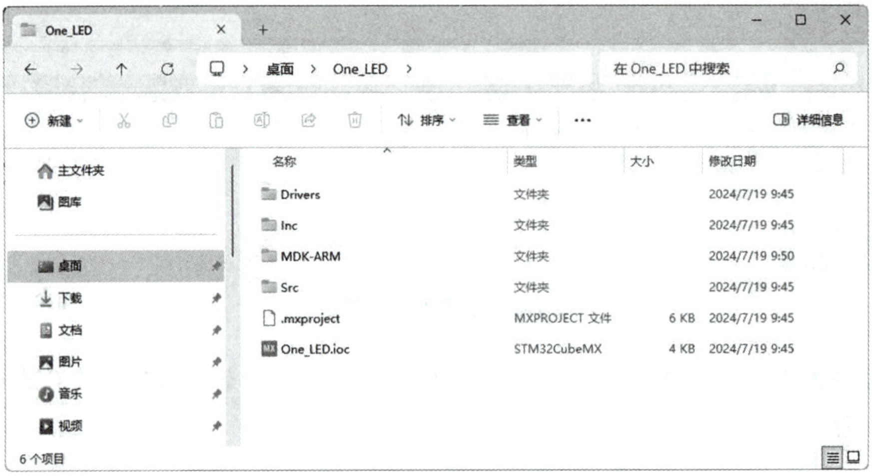

图 1-63　查看项目文件

STM32CubeMX 软件生成的文件内容如下。

步骤1 ONE_LED. ioc 文件是项目文件，保存在所生成项目的根目录下。该文件包含了通过 STM32CubeMX 软件的用户界面保存的项目用户配置和代码生成设置。

步骤2 “Drivers”文件夹保存的是固件库副本，其中，“CMSIS”文件夹内的文件提供了对 Cortex-M 处理器内核的支持，而“STM32F0xx_HAL_Driver”文件夹则包含了所有外设的驱动源文件和头文件，即 HAL 库的主要部分。“Drivers”文件夹内的文件结构如图 1-64 所示。

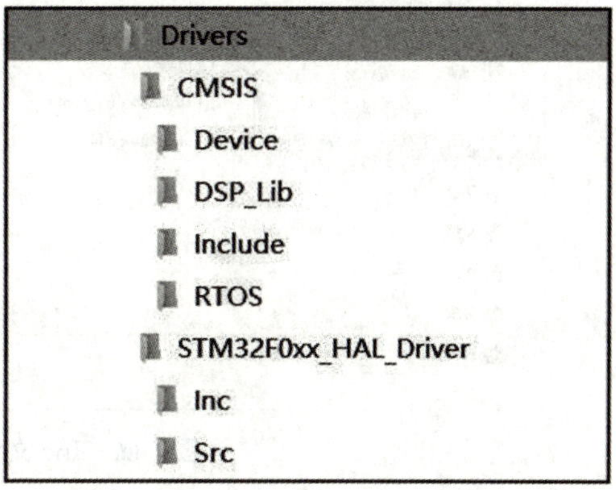

图 1-64　Drivers 文件夹的文件结构

步骤3 “MDK-ARM”文件夹是 STM32CubeMX 软件针对 MDK-ARM 集成开发环境生成的项目开发和调试的文件，如图 1-65 所示。双击“One_LED . uvprojx”，μVision5 项目文件可以打开所生成的项目。

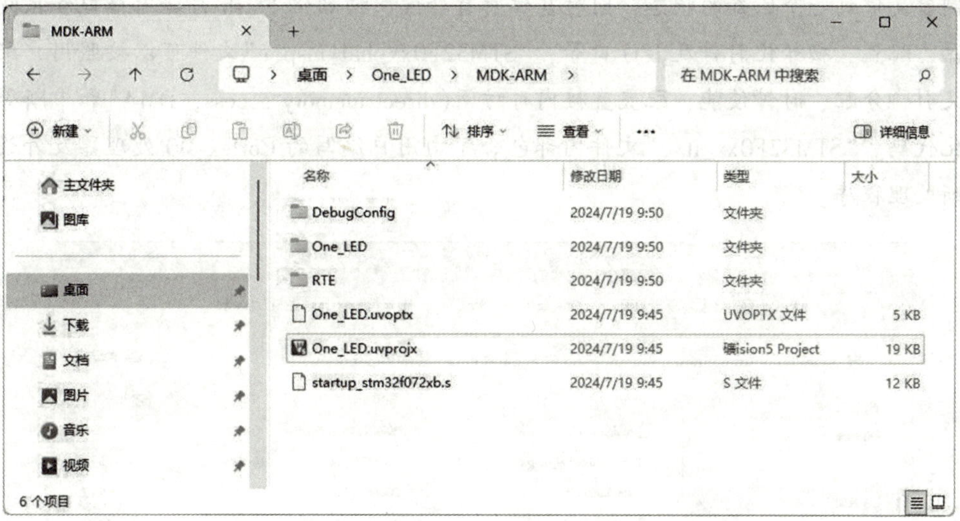

图 1-65　MDK-ARM 文件夹的文件结构

步骤4 项目根目录下的“Inc”和“Src”文件夹包含了 STM32CubeMX 软件为外设、通用输入/输出接口（general-purpose input/output，GPIO）或中间件生成的文件。在“Inc”文件夹中，“mxconstants. h”文件保存了用户应用程序中基本宏定义部分，例如，在 STM32CubeMX 软件中定义的常量或对引脚的定义描述；“STM32F0xx_hal_conf. h”文件定义了在 HAL 驱动下所使用的外设模块、时钟频率和系统配置参数等，而“STM32F0xx_it. h”文件则是中断处理的头文件。“Inc”文件夹内的文件结构如图 1-66 所示。

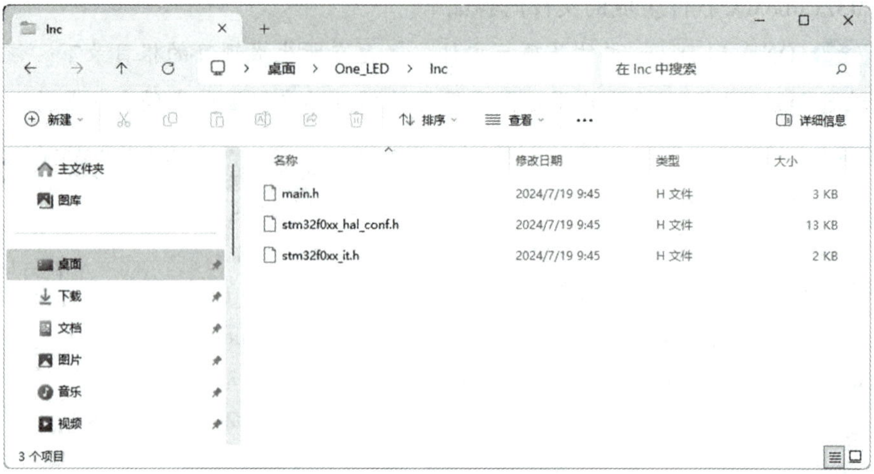

图 1-66　Inc 文件夹的文件结构

“Src”文件夹内的文件结构如图 1-67 所示。其中“main. c”文件是主程序文件，保存用户定义的应用程序代码。另外，在“main. c”中通过调用“HAL_init( )”函数可以将微控制器复位到一个已知的状态，同时复位所有外设，初始化 Flash 存储器接口和系统节拍器，配置，初始化时钟及 I/O 口等；“STM32F0xx_hal_msp. c”文件可以按照用户配置定义引脚分配、时钟使能、配置直接内存访问(direct memory access，DMA)和中断等初始化代码。“STM32F0xx_it. c”文件内部包含了由用户编写的 Cortex-M0 处理器及外设的中断处理程序。

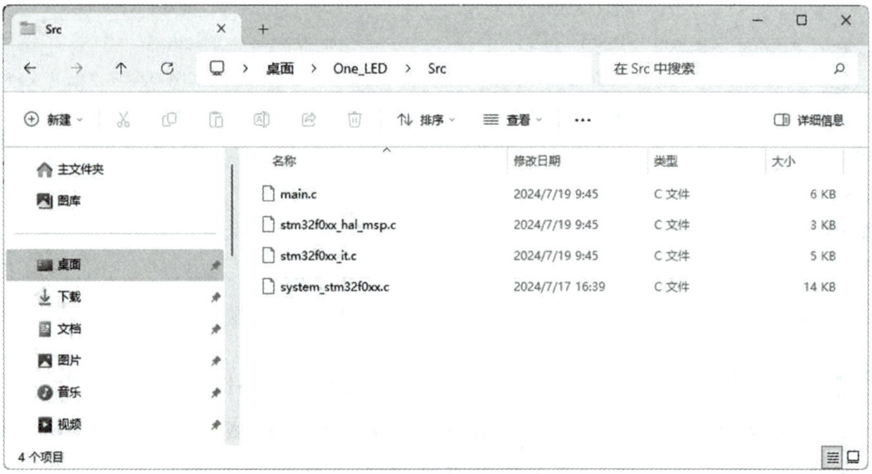

图 1-67　Src 文件夹的文件结构

1.4.3　打开项目

用户已经使用 STM32CubeMX 软件为 STM32F072VBT6 微控制器生成了开发项目，

并将开发项目保存在工程项目文件路径下，下面将使用 MDK-ARM 集成开发环境对项目进行修改和编译，直至生成 HEX 文件并烧写至微控制器中，从而完成全部的项目开发过程。

步骤 1 双击桌面上的 KEIL μVision5 快捷方式图标启动 MDK-ARM 软件。熟悉 KEIL C51 的用户对 MDK-ARM 软件界面会有似曾相识的感觉，相信这也是许多开发者选择 MDK-ARM 软件的原因之一。MDK-ARM 软件的主窗口分为 4 个区域：主窗口的上方是菜单栏和工具按钮，主窗口中部是项目工作区，下方是编译输出窗口。

步骤 2 前面已经使用 STM32CubeMX 软件建立了开发项目，所以在此只要将其打开即可，在“Project”菜单下选择“Open Project”选项，如图 1-68 所示。

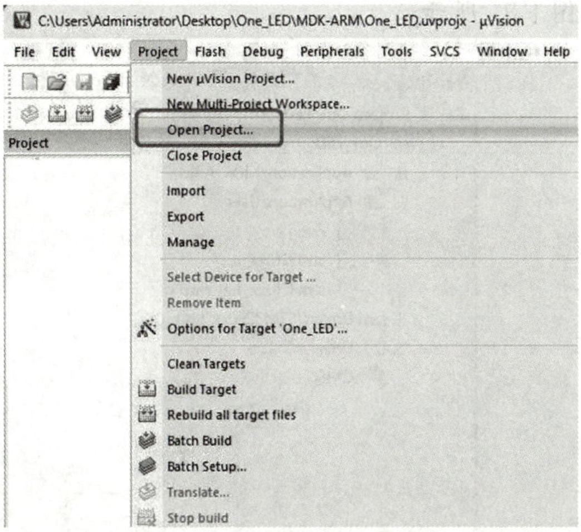

图 1-68　选择“Open Project”选项

步骤 3 在“\ One_LED \ MDK-ARM”路径下找到使用 STM32CubeMX 软件建立的开发项目文件“One_LED”，单击“打开”按钮，如图 1-69 所示。

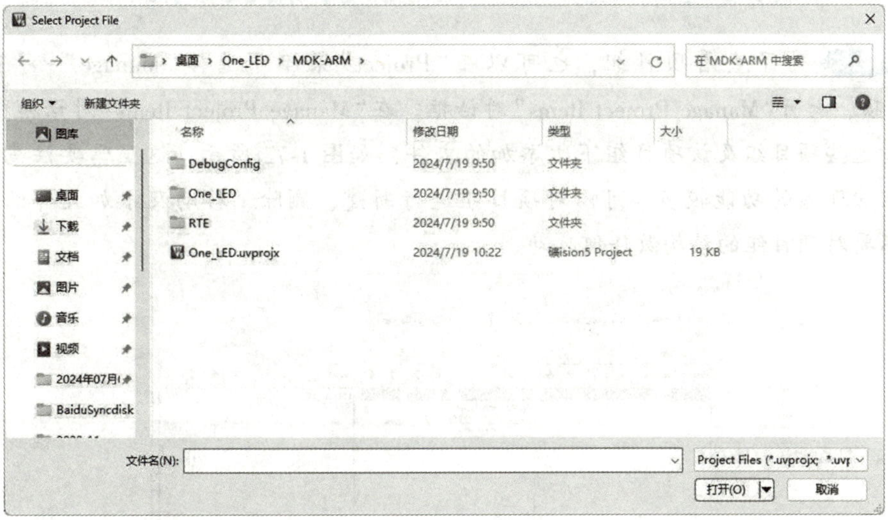

图 1-69　打开开发项目

步骤 4 在项目工作区，可以查看由 STM32CubeMX 软件建立的项目组，分别是“App-lication/MDK-ARM”“Application/User”“Drivers/STM32F0xx _ HAL _ Driver”和“Drivers/CMSIS”组。

这里不难发现所生成的项目组的名称与工程项目文件路径下的文件结构是有一定关联的，例如，“Drivers/STM32F0xx_HAL_Driver”项目组与“ONE_LED \ Drivers \ STM32F0xx_HAL_Driver”的文件存储位置是相对应的，如图 1-70 所示。

步骤 5 单击项目组前面的“+”号可以打开项目组并查看该项目组中添加的文件，如图 1-71 所示。

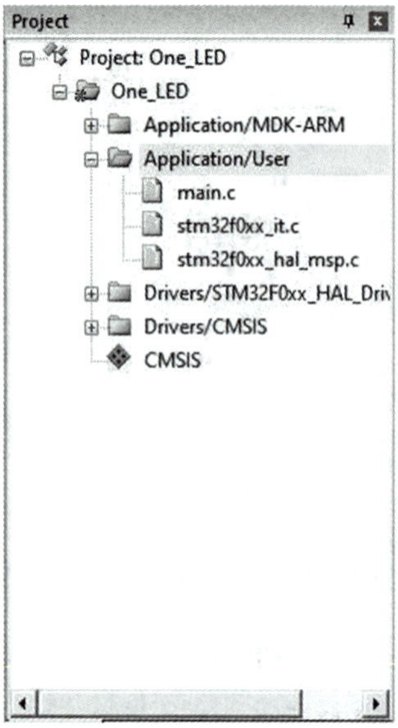

图 1-70　查看项目组

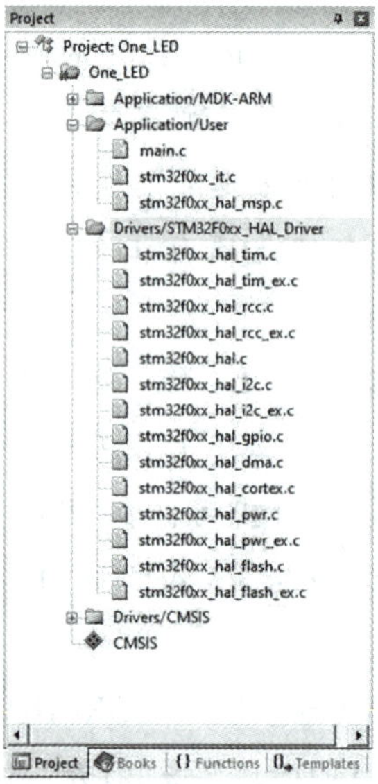

图 1-71　查看项目组名称与文件路径

步骤 6 为了查看项目组，也可以在“Project”菜单下选择“Manage”→“Project Items”项，打开“Manage Project Items”对话框。在“Manage Project Items”对话框中，可以查看这些项目组及该项目组下所添加的文件，如图 1-72 所示。这里需要注意的是，项目组管理器的功能较多，可以对项目组进行新建、删除、移动及添加文件的操作。在此不要对项目组的结构做任何改动。

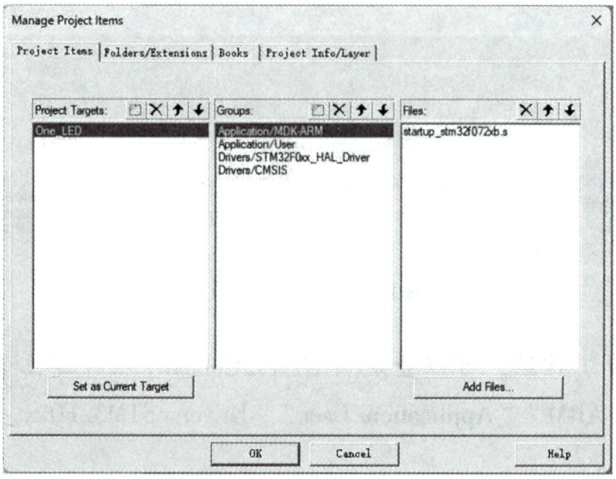

图 1-72　“Manage Project Items”对话框

步骤7 建立项目组并添加相应文件的目的是把这些文件分门别类，将来在项目编译时这些文件会自动加入程序中，用于实现相应的功能。项目组及添加的文件具体如下。

① Application/MDK-ARM 组：添加有“startup_STM32F 072xb. s”文件。该文件提供了 STM32F072VBT6 微控制器的中断矢量列表，供 MDK-ARM 工具链调用。该文件在微控制器启动后会被调用，用于初始化 SP 和 PC 寄存器，设置中断向量入口并最终调用主函数。在该文件中，可以找到不同的中断服务函数的名称列表，如外设“USART1”的中断服务函数的名称为“USART1_IRQHandler”。

② Application/User 组：添加有“main. c”“STM32F0xx_it. c”和“STM32F0xx_hal_msp. c”源文件。关于这 3 个文件的功能在本章的前面已经有所叙述，这里需要说明的是，可以对“main. c”和“STM32F0xx_it. c”两个文件进行修改，将自行定义的程序代码添加到其中。例如，要修改主程序文件，在项目组中双击“main. c”文件即可将其打开。

③ Drivers/STM32F0xx_HAL_Driver 组：根据使用需要添加相应的外设驱动源文件。例如，当使用 I/O 口驱动外围电路时，就需要在此添加“STM32F0xx_hal_gpio. c”源文件。另外在使用 GPIO 时，必须使能 GPIO 的时钟，所以在此处还需要添加“STM32F0xx_hal_rcc. c”源文件。

④ Drivers/CMSIS 组：添加有“system_STM32F0xx. c”源文件。该文件是 Cortex-M0 器件外设访问层系统源文件，用于系统时钟配置，主要用于定义系统时钟源以及低速、高速时钟总线的频率等，具体的配置情况详见表 1-2。在“system_STM32F0xx. c”源文件中，提供了可以被用户应用程序调用的两个函数和一个全局变量，其中 SystemInit( ) 函数在系统启动时用于初始化时钟，该函数在复位后和转向主程序之前被调用；在程序运行期间，每当内核时钟改变时，会调用 SystemCoreClockUpdate( ) 函数，用于更新 SystemCoreClock 变量；而 SystemCoreClock 变量用于定义 Cortex-M0 内核时钟频率(high-speed cleck，HCLK)，该变量可供用户应用程序使用，用于设置系统节拍定时器或配置其他参数。

每当系统复位后，内部高速时钟 HSI(8 MHz)将作为系统默认时钟源，之后“startup_STM32F0xx. s”文件被执行。通过该文件调用 SystemInit( ) 函数，用于在转向执行主程序之前配置系统时钟。

表 1-2　系统初始化时钟配置

系统时钟源	HSI
SYSCLK 时钟	8(MHz)
HCLK 时钟	8(MHz)
AHB 预分频器(分频比)	1
APB1 预分频器(分频比)	1

1.4.4 查看项目属性

使用 STM32CubeMX 软件的优点不仅在于可以快速建立开发项目，还在于可以同步地完成项目的相关设置，要知道这些设置是使用 MDK-ARM 软件新建开发项目所必需的。以下通过查看项目属性的方法来感受一下 STM32CubeMX 软件在生成开发项目时都自动完成了哪些设置。

步骤1 单击工具栏上的“Option For Target”按钮或在“Project”菜单中选择“Options for Target ‘One_LED’”项，如图 1-73 所示。

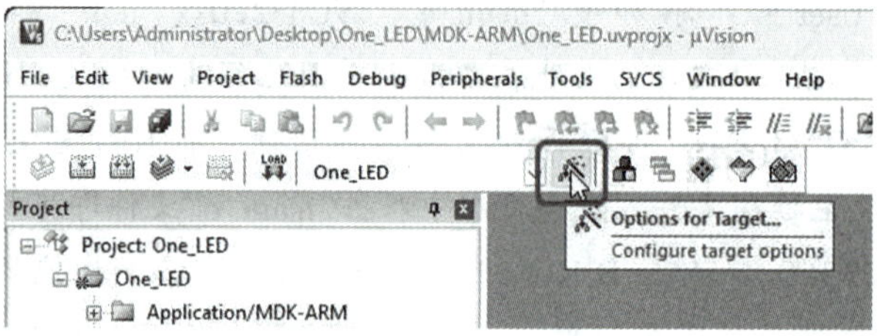

图 1-73 查看项目属性

步骤2 在弹出的“Option For Target‘One_LED’”对话框中，单击“Device”选项卡可以查看所选择的目标器件，如图 1-74 所示。

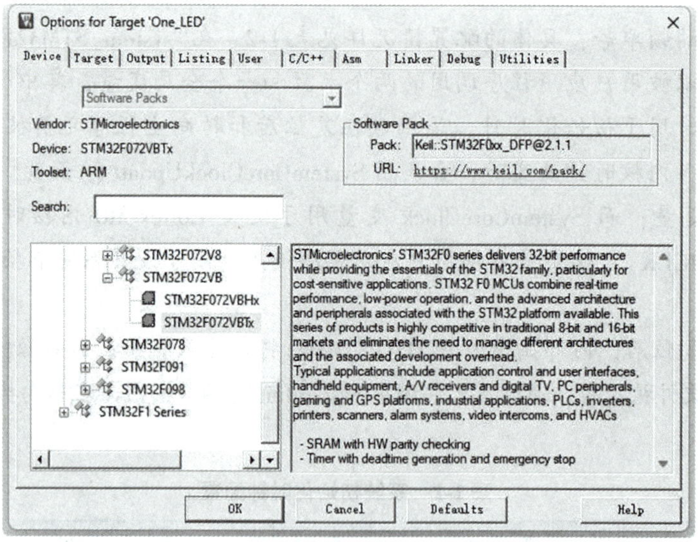

图 1-74 查看目标器件

步骤3 在“Target”选项卡中，可以用于配置设备并设置特定于应用程序的选项。在本例中采用“Use default compiler version 6”编译器。如图 1-75 所示。

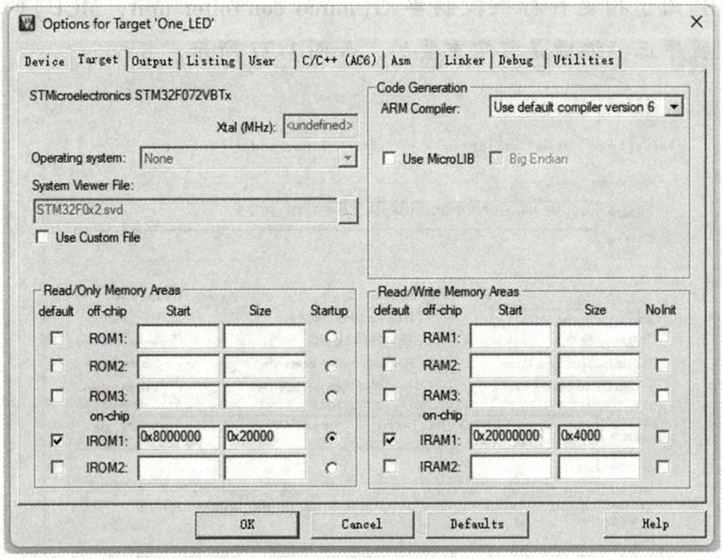

图 1-75　选择编译器

步骤 4　在“Output”选项卡中，需要勾选“Create HEX File”选项，目的是在项目成功编译后能生成 HEX 文件，该文件可用于对微控制器的烧写，如图 1-76 所示。

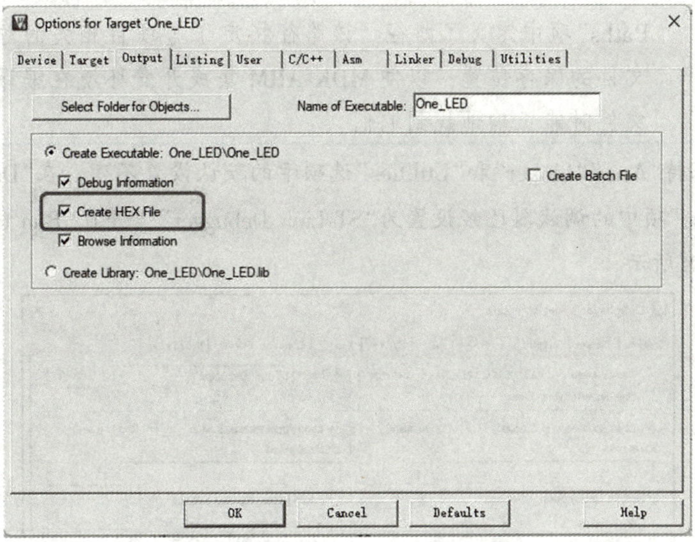

图 1-76　勾选“Create HEX File”选项

步骤 5　保持“Output”“Listing”和“User”选项卡的默认设置不变，在“C/C++”选项卡下可以看到，在“Preprocessor Symbols”项中软件自动添加了两个非常重要的宏，即“USE_HAL_DRIVER”和“STM32F072xB”，二者之间使用逗号进行分隔。其中“USE_HAL_DRIVER”定义的是使用 HAL 库用于项目开发，项目的开发可以使用标准外设固件库，定义了这个宏之后，与外设相关的函数才允许包含到项目中来；另一个宏

“STM32F072xB”用于指定目标微控制单元(mirco controller unit，MCU)的类型和容量。这两个宏对于程序正确编译是非常重要的，如图 1-77 所示。

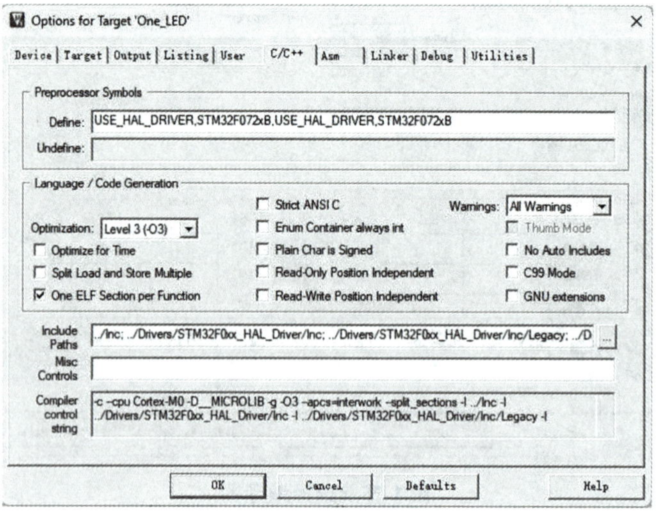

图 1-77　添加宏

> **提示**
>
> 除了设定以上两个宏之外，软件在生成项目时还在“Include Paths”项中定义了路径。该路径指定了与项目相关的源文件和头文件的保存位置，以便 MDK-ARM 集成开发环境在编译链接这些文件时能正确地找到它们。

步骤 6 保持“Asm”“Linker”和“Utilities”选项卡的默认设置不变。在“Debug”选项卡下可以发现，“Use”项中的调试器已经设置为“ST-Link Debugger”，并在“Run to main()”项上打钩，如图 1-78 所示。

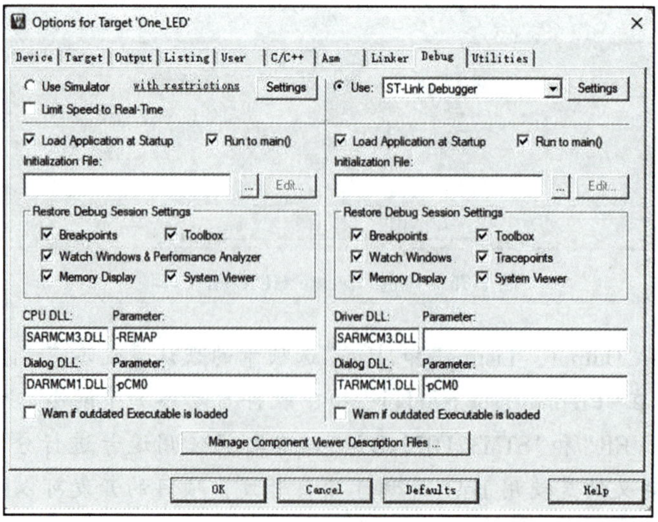

图 1-78　设置选项卡

步骤 7　同样在"Debug"选项卡下，单击"ST-Link Debugger"项右侧的"Settings"按钮会弹出"Cortex-M Target Driver Setup"对话框，在该对话框的"Debug"选项卡中，软件已经将"Port"项中的编程模式设置为"SW"模式，如图 1-79 所示。

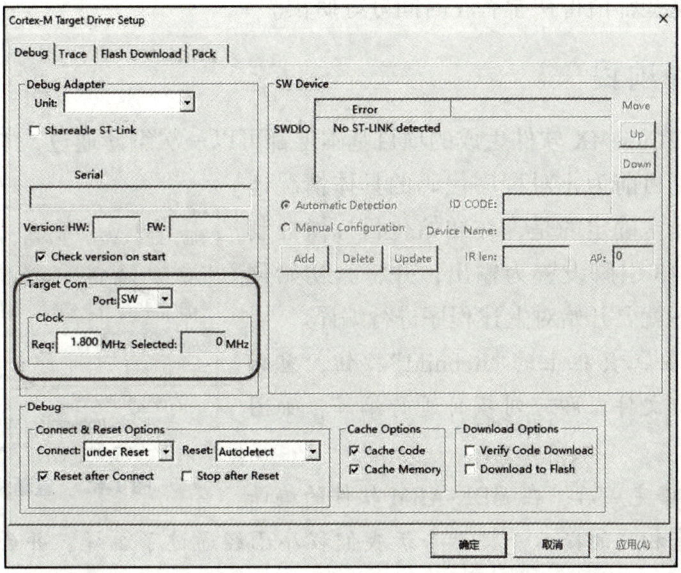

图 1-79　"Cortex-M Target Driver Setup"对话框

步骤 8　在该对话框中的"Flash Download"选项卡中勾选"Reset and Run"选项，该选项设置用于烧写结束后使微控制器复位并开始运行程序。以上设置完成后，单击"确定"按钮，并在"Option For Target'ONE_LED'"对话框中单击"OK"按钮保存上述更改的设置，如图 1-80 所示。

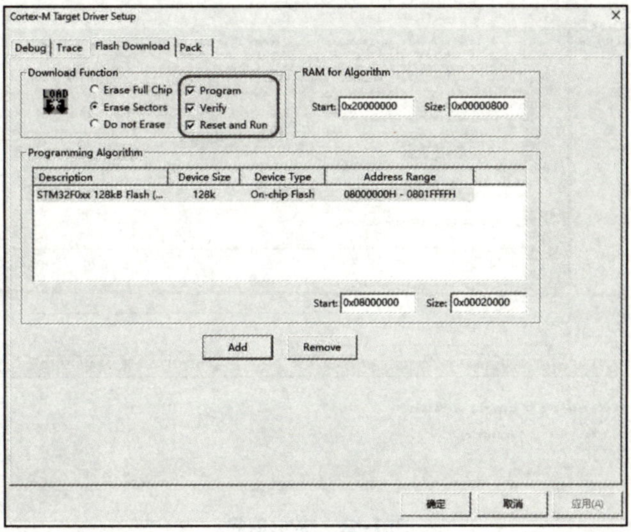

图 1-80　勾选相关选项

以上进行查看并部分修改了由 STM32CubeMX 软件所生成开发项目的属性。令人欣慰的是，软件已经自动完成了大多数烦琐的设置，需要用户手动干预的部分并不多。明确项目属性设置对于理解 MDK-ARM 软件至关重要，正确的项目设置也是程序正确编译的基础，这些都值得初学者花时间好好研读。

1.4.5 编译项目

对于 STM32CubeMX 软件生成的项目基本上都可以一次编译通过，本项目的程序也不例外。虽然到目前为止对程序代码的具体情况还一无所知，但非常确定的是，在初始化目标微控制器时已经将 PC13 引脚设置为输出，并将其初始化为低电平。以下就要开始对上述程序进行编译。

步骤 1 单击工具栏上的“Rebuild”按钮，重新编译所有的目标文件，即可对项目进行编译，如图 1-81 所示。

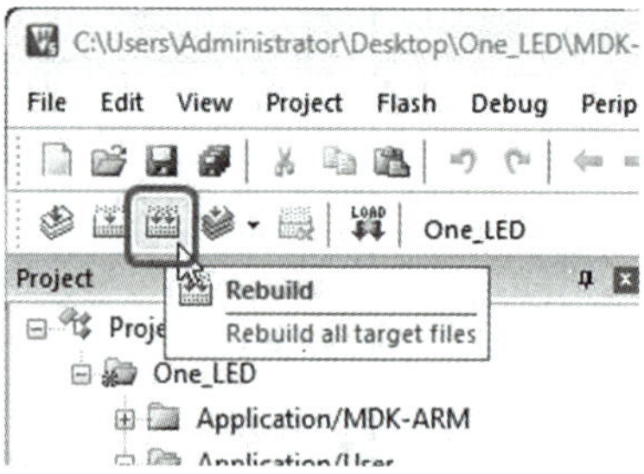

图 1-81　重新编译项目

步骤 2 编译完成后，在 MDK-ARM 软件的编译输出窗口中会有相应的提示。提示告诉我们程序已经通过了编译，并已经生成了可供烧写至微控制器的 HEX 文件，如图 1-82 所示。

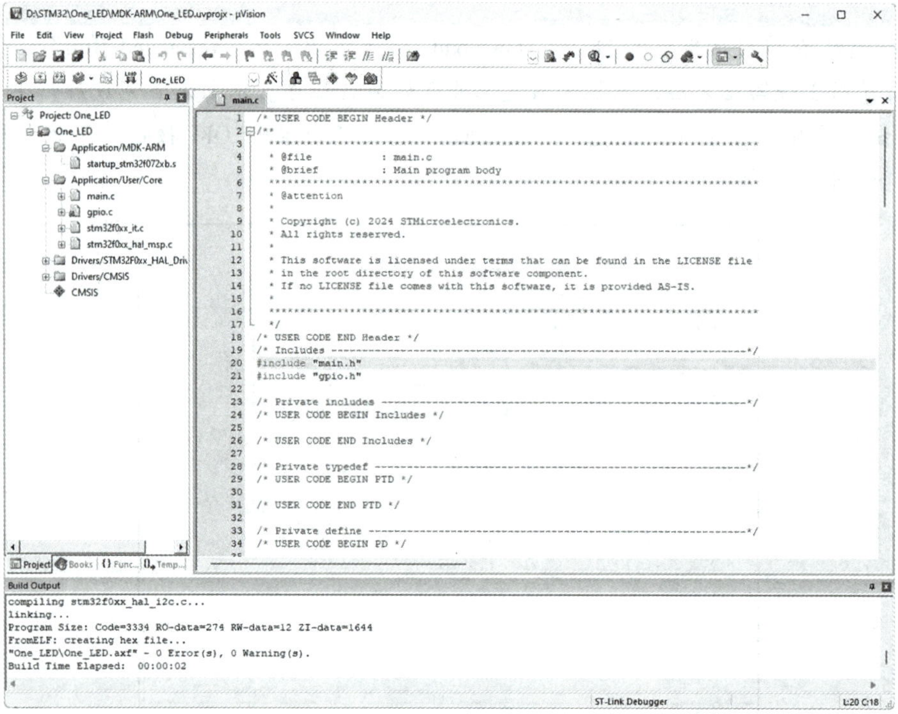

图 1-82　提示信息

步骤 3 将 ST-LINK/V2 在线仿真/编程器及 STM32F072VBT6 系统板连接至 PC，单击工具栏上的“Download”按钮，启动程序的烧写过程，烧写完成后在编译输出窗口中会有如下提示。

```
Load "One_LED\One_LED. axf"
Erase Done.
Programming Done.
Verify OK.
Application running /OEBPS/Text/. . .
Flash Load finished at 21:49:00
```

MDK-ARM 软件的烧写过程如图 1-83 所示。烧写完成后，目标板上与 PC13 相连接的 LED 灯会亮起。

回顾本项目，已经将开发 STM32F0 系列微控制器所需要的集成开发环境 MDK-ARM、STM32CubeMX 软件及相应的固件库全部安装至 PC 中，为程序的开发做好了软件和硬件的准备。不仅如此，通过使用 STM32CubeMX 软件，在对微控制器内部结构并不了解的情况下成功地操控了 I/O 口，并将与之相连的 LED 灯点亮。从这一点上看，使用 STM32CubeMX 软件开发应用程序的确会让开发者更多地脱离硬件，从而更加专注于程序本身。

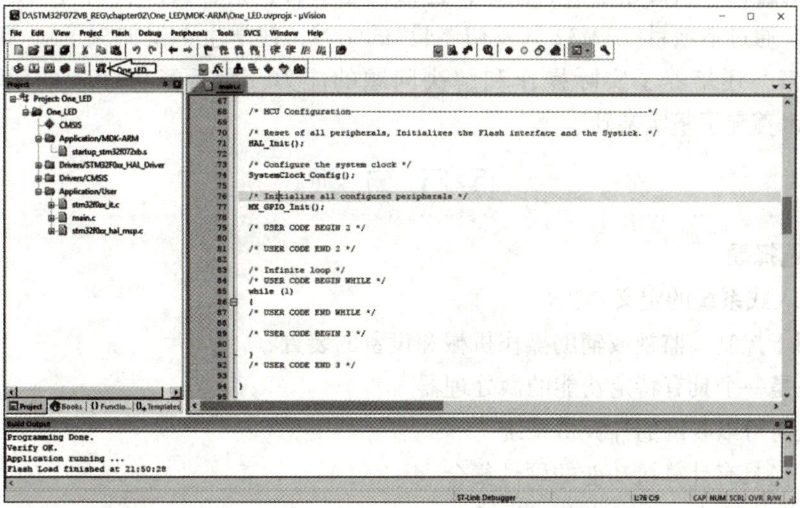

图 1-83　MDK-ARM 软件的烧写过程

任务评价

评价内容	评价标准	分值	自评	师评
新建开发项目	能够准确使用 STM32CubeMX 软件新建开发项目，并正确设置项目保存路径和命名	10		

（续表）

评价内容	评价标准	分值	自评	师评
查看项目文件	能够熟练查看 STM32CubeMX 软件生成的项目文件结构	20		
打开项目	能够正确打开 STM32CubeMX 软件生成的项目文件，并在 MDK-ARM 集成开发环境中进行查看和编辑	20		
查看项目属性	能够准确查看并理解 MDK-ARM 集成开发环境中项目的属性设置，包括目标器件、编译器选项、输出设置等	20		
编译项目	能够正确编译 STM32CubeMX 软件生成的项目	30		
总分		100		

项 目 小 结

本项目首先介绍了嵌入式系统的基础知识，其次介绍了 STM32CubeMX 和 MDK-ARM 集成开发环境的安装与使用，最后介绍了仿真/编程器和 STM32 系统板等硬件工具，并成功进行了项目建立实战操作，包括新建项目、查看文件、项目属性设置及编译等流程。通过本项目“STM32 开发初体验”的学习，使学生不仅加深了对 STM32 开发流程的理解，还培养了实际操作和解决问题的能力，为后续更深入的学习和应用 STM32 技术奠定了坚实基础。

项 目 习 题

一、选择题

1. 嵌入式系统的定义是指(　　)。

A. 用于控制、监视或辅助操作机械和设备的装置

B. 只是一个具有特定功能的微处理器

C. 任何可以联网的计算机系统

D. 任何具有计算机功能的硬件集合

2. 嵌入式系统的主要特点不包括(　　)。

A. 可裁剪性　　B. 强实时性

C. 强大的图形界面，支持 3D 游戏　　D. 固化代码

3. STM32CubeMX 的主要功能是(　　)。

A. 编写嵌入式程序代码

B. 为 STM32 系列微控制器自动生成项目框架和初始 C 代码

C. 调试微控制器程序

D. 设计微控制器的硬件电路

4. MDK-ARM 中的哪个部分包含了微控制器开发的所有组件？(　　)

A. MDK Core　　B. Software Packs

C. μVision 调试跟踪器　　D. 编辑器

5. ST-LINK/V2 在线仿真/编程器与 STM32 系列微控制器连接的首选接口是(　　)。

A. SWIM　　B. JTAG　　C. SWD　　D. SPI

二、填空题

1. 嵌入式系统的三要素是嵌入性、________和计算机。

2. MDK-ARM 是专为________系列 32 位微控制器设计的开发工具。

3. 在 STM32CubeMX 中，可以通过图形界面简化________和________的初始化。

三、问答题

1. 简述嵌入式系统的定义及其主要特点。

2. STM32CubeMX 的主要功能是什么？它在 STM32 开发过程中起到什么作用？

3. 请描述 MDK-ARM 的内部框架结构，并解释其组成部分的作用。

4. 简要说明 ST-LINK/V2 在线仿真/编程器的功能和使用场景。

5. 嵌入式系统的发展经历了哪几个阶段？每个阶段的主要特点是什么？

项目 2　GPIO 实验

项目导读

本项目深入探讨了 STM32 微控制器的 GPIO(通用输入输出)工作原理及应用。通过理解 GPIO 的 8 种工作模式、时钟配置及寄存器操作，将掌握如何灵活配置 GPIO 端口以实现不同功能。通过实践，学生将学会如何通过编程控制 GPIO，进而为 STM32 项目的开发打下坚实的基础。

学习目标

◆ 知识目标

- 理解 GPIO 基本概念、功能及工作模式。
- 理解 STM32 的时钟系统，掌握 GPIO 时钟的使能方法。

◆ 技能目标

- 能够熟练使用 GPIO 相关的寄存器进行配置和控制。
- 能够进行寄存器配置。

◆ 素养目标

- 在硬件和软件开发中，培养学生严谨的科学态度和细致的工作作风。
- 鼓励学生探索 GPIO 的多种应用，激发创新思维。
- 通过完成 GPIO 实验，提升动手能力和项目实践能力。

思政目标

- 结合 GPIO 技术的应用，引导学生认识到自己的专业技能对国家科技进步和社会发展的重要性，激发他们的爱国情怀和社会责任感。
- 在整个项目的学习和实践中，始终贯穿社会主义核心价值观的教育，引导学生树立正确的世界观、人生观和价值观，培养诚信意识、法治观念和爱国情怀。

任务 1　GPIO 工作模式及功能

任务描述

本任务旨在全面介绍 STM32F072VBT6 微控制器中 GPIO 的功能及其配置方法。GPIO 作为微控制器与外部设备交互的重要接口，具有多种工作模式和特殊功能，能够满足不同的应用场景需求。

任务分析

要完成此任务，首先，学生需要了解 GPIO 的 8 种工作模式。其次，需要熟悉 GPIO 的功能配置，其中包括 GPIOA ~ GPIOF 6 组端口、每组 16 个引脚的分配情况，以及如何通过软件配置这些引脚为输入/输出或复用功能。此外，还需了解 GPIO 的特殊功能，如位操作、端口锁定及复用功能映射等，这些功能能够增强系统的灵活性和安全性。最后，学生需要掌握 GPIO 的位结构，包括输入配置、输出配置、复用功能配置和模拟配置等。

任务重点与实施

在 STM32 中 I/O 引脚又称 GPIO，可以被软件设置成各种不同的功能及模式，主要分为 GPIOA、GPIOB、GPIOC……不同的组，每组端口分为 0 ~ 15，共计 16 个不同的引脚。不同型号的芯片，具有不同的端口组和不同的引脚数量。

与 GPIO 相关的寄存器主要有以下几种。

(1)配置寄存器：配置 GPIO 的模式及状态，如输入/输出模式、复用功能及输出的最大速度等以及端口配置低寄存器(GPIOx_CRL)、端口配置高寄存器(GPIO_CRH)。

(2)数据寄存器：保存了 GPIO 的输入电平或将要输出的电平，如端口输入数据寄存器(GPIOx_IDR)、端口输出数据寄存器(GPIOx_ODR)。

(3)位控制寄存器：设置某引脚的数据为 1 或 0，如端口位设置/清除寄存器(GPIOx_BSRR)、端口位清除寄存器(GPIOx_BRR)。

(4)锁定寄存器：设置某锁定引脚后，就不能修改其配置，如端口配置锁定寄存器(GPIOx_LCKR)，(其中，x = A ~ E)。

2.1.1 GPIO 的 8 种工作模式

如图 2-1 所示，最右端为 I/O 引脚，左端的器件位于芯片内部。I/O 引脚并联了两个用于保护的二极管。该图的上半部分为输入模式结构，下半部分为输出模式结构。

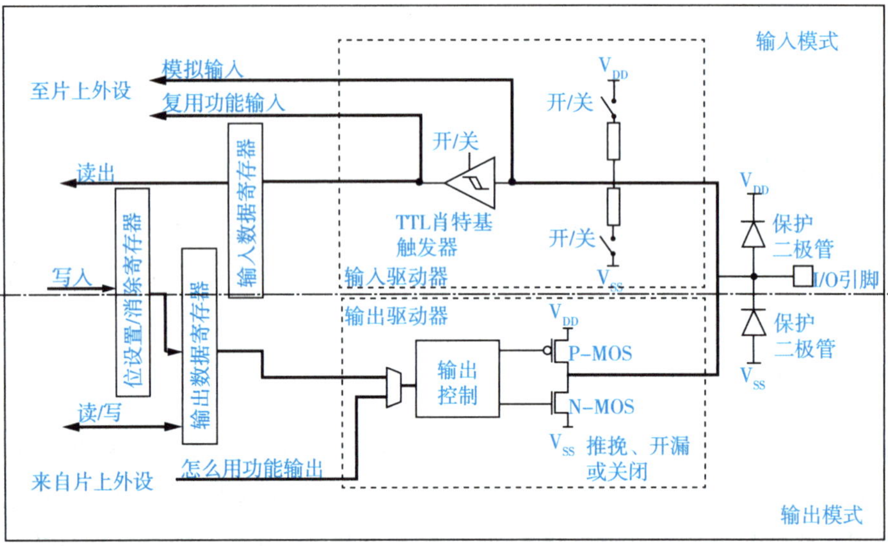

图 2-1　STM32 I/O 引脚

输入/输出模式结构都可以由软件分别配置成 8 种模式，包括上拉输入、下拉输入、浮空输入、模拟输入、通用开漏输出、通用推挽式输出、复用推挽式输出和复用开漏输出见表 2-1。

表 2-1　GPIO 配置模式

状态	配置模式	状态	配置模式
通用输出	推挽(push-pull)	输入	模拟输入
	开漏(open-drain)		浮空输入
复用功能输出	推挽(push-pull)		下拉输入
	开漏(open-drain)		上拉输入

1. 上拉、下拉和浮空输入配置

如图 2-2 所示，图中箭头表示信号流动方向。从 I/O 引脚向左沿着箭头方向，首先，遇到两个开关和电阻，与 V_{DD} 相连的称为上拉电阻；与 V_{ss} 相连的称为下拉电阻，再连接到施密特触发器把电压信号转化为 0、1 的数字信号，存储在输入数据寄存器(input data register, IDR)。通过设置配置寄存器(configuration register low, CRL 和 configuration register high, CRH)控制这两个开关，于是就可以得到 GPIO 的上拉输入(GPIO Mode_IPU)、下拉输入模式(GPIO_Mode_IPD)和浮空输入模式(GPIO_Mode_IN_FLOATING)。

在上拉/下拉/浮空输入模式中，输出缓冲器被禁止，施密特触发器输入被激活，根据输入配置(上拉，下拉或浮动)的不同，弱上拉和下拉电阻被连接，读输入数据寄存器的值可得到 I/O 状态。各模式下引脚信号如下。

(1)上拉输入模式：默认状态下(GPIO 引脚无输入)，读 GPIO 引脚数据为高电平(即 1)。

(2)下拉输入模式：与上拉输入模式相反，默认状态下其引脚数据为低电平(即 0)。

(3)浮空输入模式：在芯片内部既没有接上拉，也没有接下拉电阻，信号经由触发器输入。

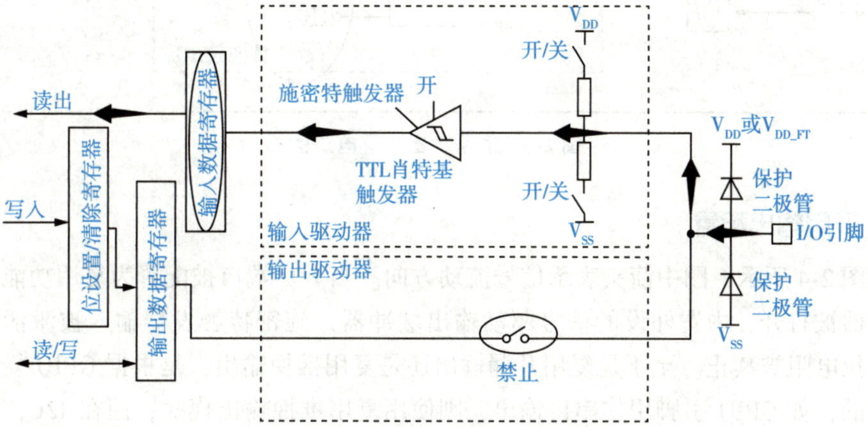

图 2-2 上拉、下拉和浮空输入配置电路图

2. 通用输出配置

如图 2-3 所示，图中箭头表示信号流动方向。输出缓冲器是由 P-MOS 和 N-MOS 管组成的单元电路，推挽/开漏输出模式是根据其工作方式来命名的。当 I/O 端口被配置为输出时，输出缓冲器被激活，施密特触发器输入被激活，弱上拉和下拉电阻被禁止。

(1)开漏模式：输出数据寄存器上的 0 激活 N-MOS，使输出接地(即 I/O 引脚为低电平)；而输出数据寄存器上的 1 将端口置于高阻状态(P-MOS 从不被激活)，正常使用时必须在外部接一个上拉电阻，它具有“线与”特性，即很多个开漏模式引脚连接到一起时，若其中任意一个引脚为低电平，则整条线路都为低电平，否则线路处于高电平(由外部上拉电阻所接电源提供)。因此，开漏模式一般应用在电平不匹配的场合，如需要输出 5 V 的高电平，就需要在外部接一个上拉电阻，电源为 5 V，把 GPIO 设置为开漏模式，当输出高阻态时，由上拉电阻和电源向外输出 5 V 的电平。

(2)推挽模式：输出数据寄存器上的 0 激活 N-MOS，I/O 口输出低电平；而输出数据寄存器上的 1 将激活 P-MOS，I/O 口输出高电平。两个管子轮流导通，一个负责灌电流，另一个负责拉电流，使其负载能力和开关速度都比普通方式有很大提高。

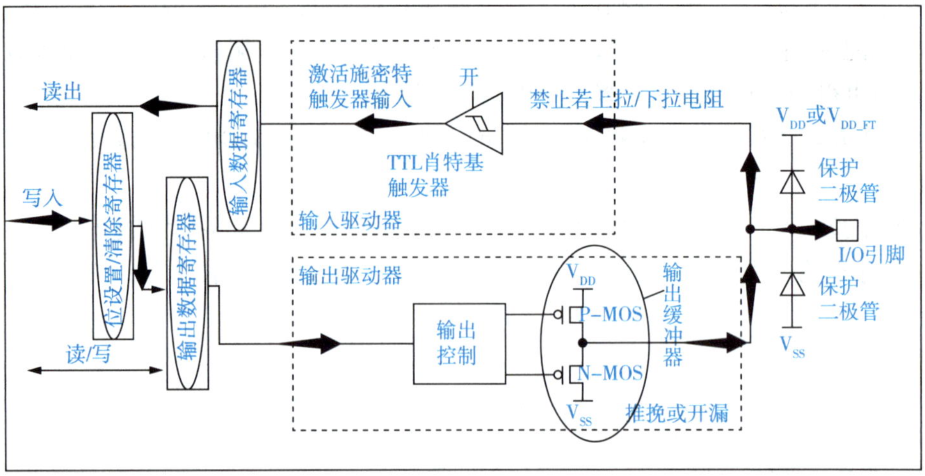

图 2-3　通用输出配置电路图

3. 复用输出配置

如图 2-4 所示，图中箭头表示信号流动方向。当 I/O 端口被配置为复用功能时，输出缓冲器被打开，内置外设的信号驱动输出缓冲器，施密特触发器输入被激活，弱上拉和下拉电阻被禁止。至于是复用开漏输出还是复用推挽输出，是根据 GPIO 复用功能来选择的，如 GPIO 引脚用作串口输出，则使用复用推挽输出模式；用在 I2C，SMBUS 等这些需要“线与”功能的复用场合，就使用复用开漏模式。

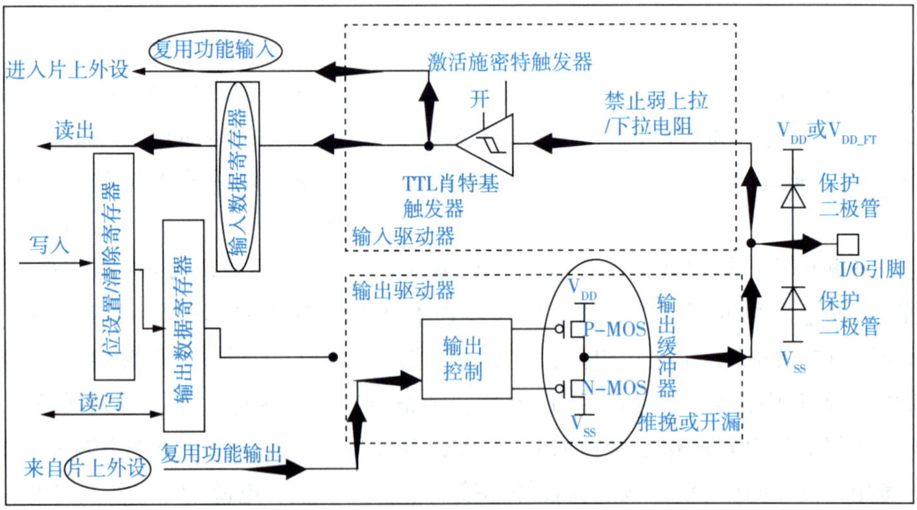

图 2-4　复用输出配置电路图

4. 模拟输入配置

如图 2-5 所示，图中箭头表示信号流动方向。模拟输入模式关闭了施密特触发器，不接上、下拉电阻，经由另一条线路把电压信号传送到片上外设模块，如传送给 ADC

模块，由 ADC 采集电压信号。所以使用 ADC 外设时，必须设置为模拟输入模式。在此模式中，输出缓冲器被禁止，禁止施密特触发器输入，实现了每个模拟 I/O 引脚上的零消耗，施密特触发器输出值被强制置为 0，弱上拉和下拉电阻被禁止，读取输入数据寄存器时数值为 0。配置时需要注意：GPIO 在输入模式下不需要设置端口的最大输出速度；在使用任何一种开漏模式时，都需要接上拉电阻。

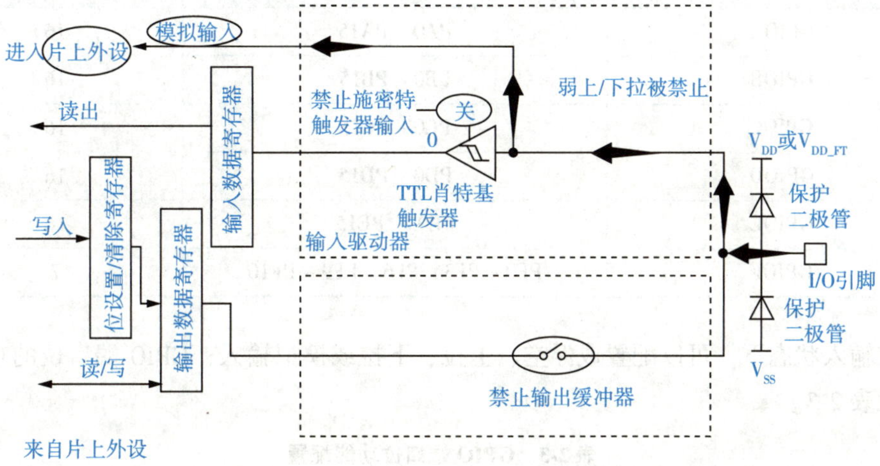

图 2-5　模拟输入配置电路图

2. 1. 2　GPIO 的功能

STM32F072VBT6 微控制器采用 LQFP100 封装，具有 100 个引脚，其中 87 个引脚具有 I/O 口的功能，这些 I/O 口分为 6 组，分别称为 GPIOA、GPIOB、GPIOC、GPIOD、GPIOE 和 GPIOF，每一个 GPIO 组都可看作一个独立的外设模块与微控制器的内部总线相连，GPIO 模块与高效高性能总线（advaneod high-performance bus，AHB）的连接方式如图 2-6 所示。

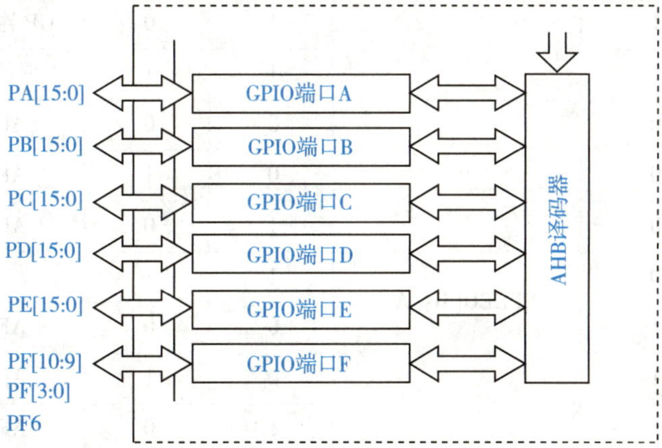

图 2-6　GPIO 模块与 AHB 总线的连接

对于 32 位的微控制器而言，一个完整的 GPIO 组由 16 个引脚构成，每个 GPIO 引脚都可以通过软件配置为输出(推挽或漏极开路)、输入(带或不带上拉及下拉)或复用的外设功能，并且所有 I/O 口均可以配置为外部中断的输入端。GPIO 引脚配备详见表 2-2。

表 2-2　GPIO 引脚配备

端口	配置	数量
GPIOA	PA0 ~ PA15	16
GPIOB	PB0 ~ PB15	16
GPIOC	PC0 ~ PC15	16
GPIOD	PD0 ~ PD15	16
GPIOE	PE0 ~ PE15	16
GPIOF	PF0 ~ PF3、PF6、PF9 ~ PF10	7

在输入状态下，可以配置成浮空、上拉、下拉或模拟输入，GPIO 端口位的功能配置详见表 2-3。

表 2-3　GPIO 端口位功能配置

MODER [1：0]	OTYPER	OSPEEDR [B：A]	PUPDR[1：0]		I/O 配置	
01	0	SPEED[B：A]	0	0	GP 输出	PP
	0		0	1	GP 输出	PP+ PU
	0		1	0	GP 输出	PP+PD
	0		1	1	保留	
	1		0	0	GP 输出	OD
	1		0	1	GP 输出	OD +PU
	1		1	0	GP 输出	OD+PD
	1		1	1	保留(GP 输出 OD)	
10	0	SPEED[B：A]	0	0	AF	PP
	0		0	1	AF	PP+PU
	0		1	0	AF	PP+PD
	0		1	1	保留	
	1		0	0	AF	OD
	1		0	1	AF	OD +PU
	1		1	0	AF	OD+PD
	1		1	1	保留	

（续表）

MODER [1：0]	OTYPER	OSPEEDR [B：A]		PUPDR[1：0]		I/O 配置	
00	×	×	×	0	0	输入	浮空
	×	×	×	0	1	输入	PU
	×	×	×	1	0	输入	PD
	×	×	×	1	1	保留(浮空输入)	
11	×	×	×	0	0	输入/输出	模拟
	×	×	×	0	1	输入/输出	
	×	×	×	1	0		
	×	×	×	1	1		

注：GP=通用，PP=推挽输出，PU=上拉，PD=下拉，OD=开漏，AF=复用功能。

2.1.3　GPIO 的特殊功能

GPIO 除了可以配置输入、输出和复用功能外，还具有一些较为特殊的功能，例如，可以单独对某一位进行置位/复位操作、端口锁定或将端口的复用功能重映射到其他引脚上等。

1. 位操作

GPIO 端口通过置位/复位寄存器 GPIOx_BSRR，可以对端口输出数据寄存器 GPIOx_ODR 的每个位进行置位和复位操作。置位/复位寄存器是一个 32 位寄存器，而端口输出数据寄存器是 16 位的，相对于 GPIOx_ODR 寄存器中的每一位，在 GPIOx_BSRR 中都有两个位与之对应，即 BSx 和 BRx。当对 BSx 位写“1”时会置位相应的 ODRx 位，而对 BRx 位写“1”时则复位相应的 ODRx 位。对 GPIOx_BSRR 中的任意位写“0”都不会影响 GPIOx_ODR 寄存器的值，如果对 GPIOx_BSRR 寄存器的 BSx 位和 BRx 位同时置 1，那么其置位操作具有优先权，即对相应位做置位操作。

2. 端口锁定

端口配置锁定寄存器(GPIOx_LCKR)用于冻结端口 A 和端口 B 的控制寄存器，当一个特定的写/读序列作用在 GPIOx_LCKR 寄存器时，端口 A 或端口 B 的相关寄存器会冻结，即 GPIOx_MODER、GPIOx_OTYPER、GPIOx_OSPEEDR、GPIOx_PUPDR、GPIOx_AFRL 和 GPIOx_AFRH。冻结后的上述寄存器的值将不能更改，直到下一次复位为止。使用端口的锁定机制可以防止微控制器在运行时意外改变端口配置，从而造成误动作。

3. 端口复用功能映射

STM32F0 系列微控制器的大部分 GPIO 端口会与多个外设共用，选择每个端口的有效复用功能可以通过 GPIOx_AFR 寄存器来实现。通过对 GPIOx_AFR 寄存器的 AFRLx[3：0]位赋值，可以选择该端口所连接的外设，也可以根据需要将某一复用功能映射到其他引脚。

例如，PA7 端口的复用功能有“SPI1_MOSI”“I2S1_SD”“TIM3_CH2”“TIM1_CH1N”“TSC_G2_IO4”“TIM14_CH1”“TIM17_CH1”“EVENTOUT”和“COMP2_OUT”，如果想使用“COMP2_OUT”这个功能，则可以给 GPIOA_AFRL 寄存器的 AFRL7[3：0]位赋值为“0111”(AF7)，将 PA7 端口的复用功能设置为“COMP2_OUT”。又如，比较器 1 的外部输出端“COMP1_OUT”默认在 PA0 引脚，可以通过将 GPIOA_AFRL 寄存器的 AFRL6[3：0]位赋值为“0111”(AF7)，将“COMP1_OUT”功能从 PA0 引脚转移到 PA6 上。

2.1.4 GPIO 的位结构

GPIO 的标准端口位结构如图 2-7 所示。每一个 GPIO 端口位都由相应的寄存器、输入输出驱动等部分构成。系统复位后所有的 GPIO 端口被配置为浮空输入模式，比较特殊的是用于调试功能的两个引脚在复位后被自动设置为复用功能的上拉/下拉模式，即 PA14/SWCLK 引脚置于下拉模式，而 PA13/SWDAT 引脚置于上拉模式。

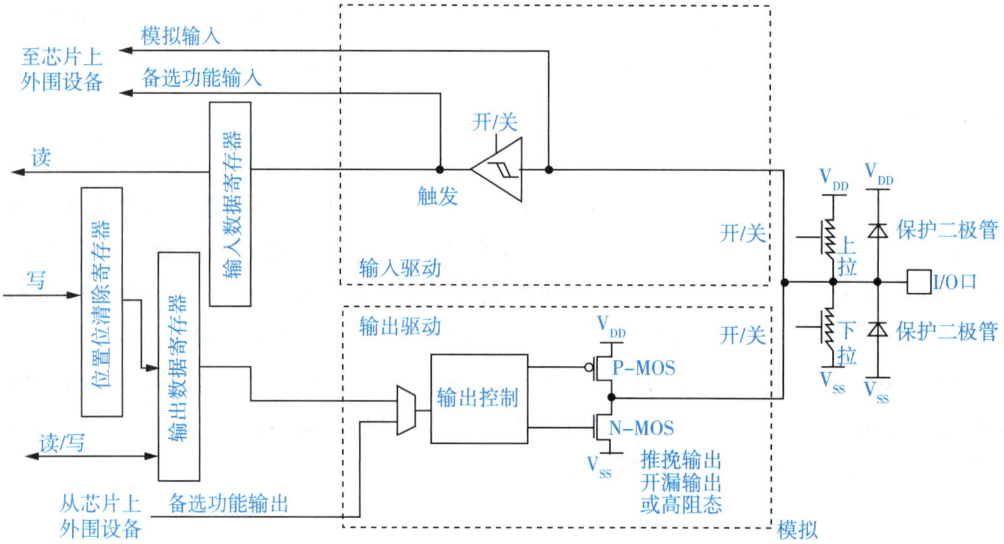

图 2-7 GPIO 端口位的基本结构

1. 输入配置

GPIO 端口配置为输入模式时，端口的输出缓冲区禁用，输入端连接的施密特触发器激活，GPIOx_PUPDR 寄存器用于设置是否激活上拉、下拉电阻。在每个 AHB 时钟周期，I/O 引脚上的数据都会被锁存至输入数据寄存器，CPU 通过对输入数据寄存器的读访问来获得 I/O 口的实际状态，GPIO 端口的输入配置如图 2-8 所示。

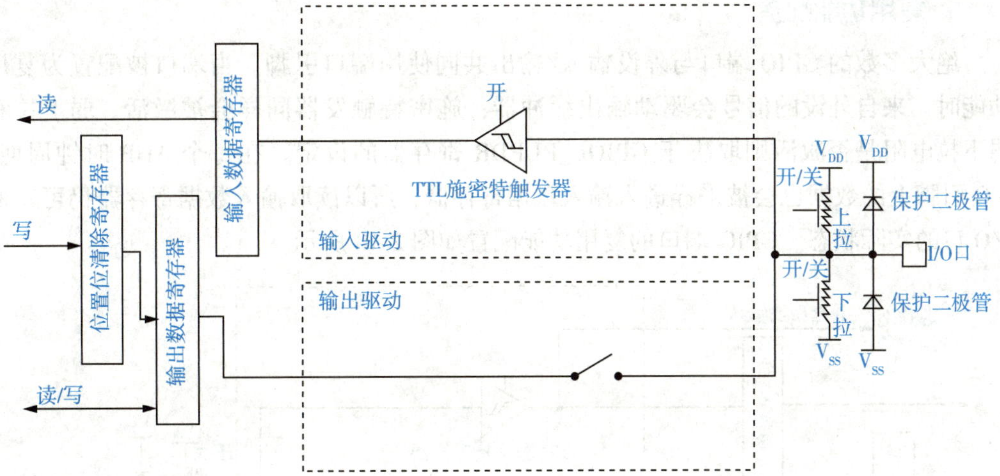

图 2-8　GPIO 端口的输入配置

2. 输出配置

GPIO 端口配置为输出时，输出缓冲器开启。如果 GPIO 工作在开漏模式下，输出寄存器上的数字“0”将激活 N-MOS，端口输出低电平，相应地输出寄存器上的数字“1”则不能激活 P-MOS，端口处于高阻状态；如果 GPIO 工作在推挽模式下，输出寄存器上的“0”会激活 N-MOS，端口输出低电平，而输出寄存器上的“1”会激活 P-MOS，端口输出高电平。

在 GPIO 端口配置为输出时，施密特触发器输入同样会被激活，弱上拉和弱下拉电阻是否激活取决于 GPIOx_PUPDR 寄存器的值。在每个 AHB 时钟周期，I/O 引脚上的数据仍会被采样至输入数据寄存器中，对输入数据寄存器的读操作同样可以获取 I/O 口的真实状态，而对输出数据寄存器的读访问可以获取最后写进该寄存器的值，GPIO 端口的输出配置如图 2-9 所示。

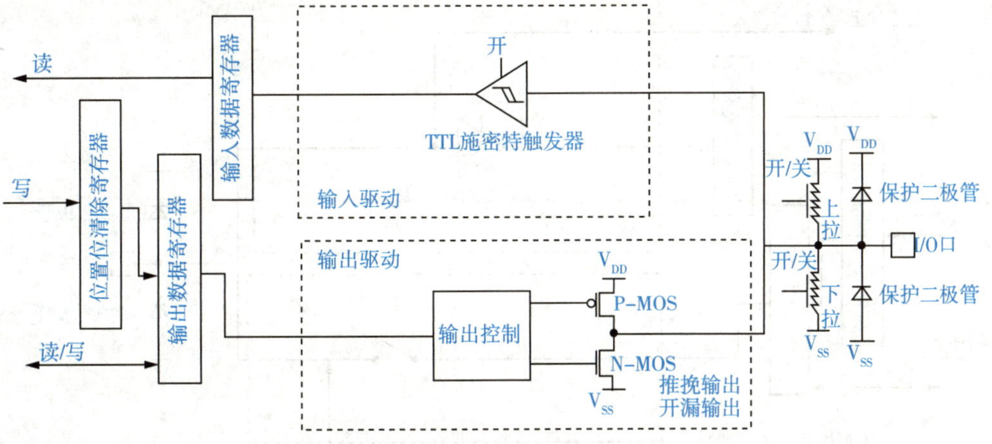

图 2-9　GPIO 端口的输出配置

3. 复用功能配置

绝大多数的 GPIO 端口与外设输入/输出共同使用端口引脚。当端口被配置为复用功能时，来自外设的信号会驱动输出缓冲器，施密特触发器同样会被激活。弱上拉和弱下拉电阻是否激活则取决于 GPIOx_PUPDR 寄存器的设定。在每个 AHB 时钟周期，I/O 引脚上的数据也会被采样进入输入数据寄存器，所以读取输入数据寄存器仍可获取 I/O 口的实际状态。GPIO 端口的复用功能配置如图 2-10 所示。

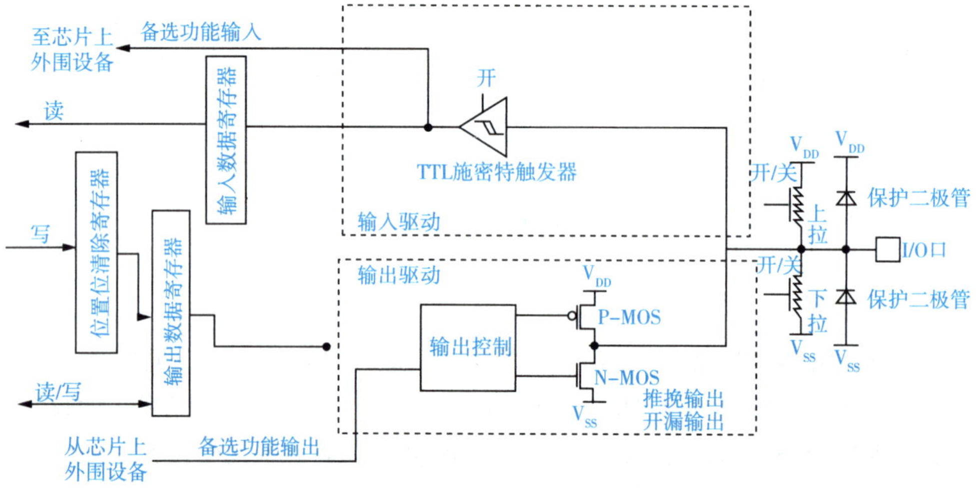

图 2-10　GPIO 端口的复用功能配置

4. 模拟配置

当 GPIO 端口被配置为 ADC 模块的输入通道时，输出缓冲器关闭，为了降低功耗，施密特触发器也被禁止，其输出值被强置为 0。这样做的好处是可以使每个模拟 I/O 引脚上的电流消耗为 0。GPIO 端口的模拟输入配置如图 2-11 所示。

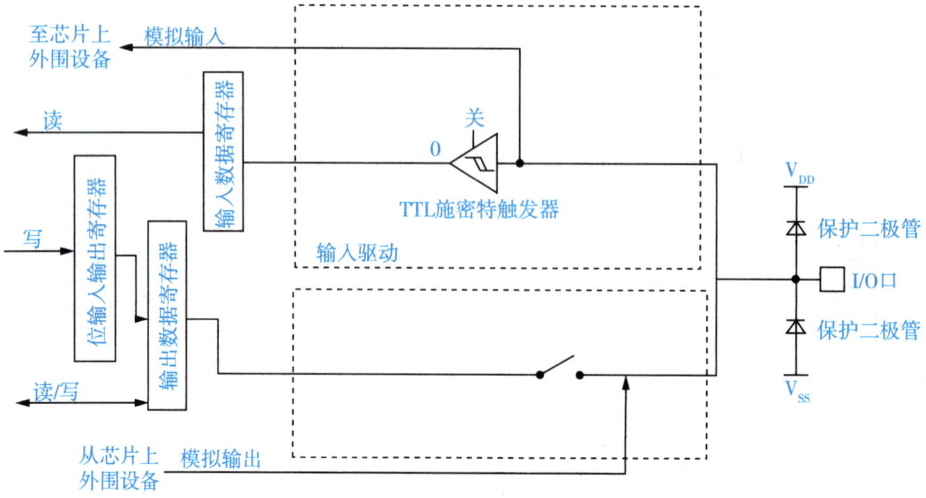

图 2-11　GPIO 端口的模拟输入配置

任务评价

评价内容	评价标准	分值	自评	师评
GPIO 的 8 种工作模式	能够准确描述 GPIO 的 8 种工作模式	40		
GPIO 的功能	能够详细梳理 STM32F072VBT6 微控制器 GPIO 的功能配置	30		
GPIO 的特殊功能	掌握 GPIO 的特殊功能，如位操作、端口锁定及复用功能映射等	20		
GPIO 的位结构	能够列举至少 3 种 GPIO 的位结构	10		
总分		100		

任务 2　GPIO 的时钟及寄存器

任务描述

本任务旨在全面介绍 STM32 微控制器中 GPIO 的时钟管理、寄存器分类及其配置方法。学生将通过此任务学习如何开启 GPIO 端口的时钟，理解 GPIO 寄存器的分类及其功能，掌握通过寄存器配置来初始化 GPIO 端口，以及使用库函数进行 GPIO 端口的数据读写操作。

任务分析

要完成此任务，首先，学生需要理解 STM32 的时钟系统，特别是 APB2 总线上的外设时钟管理。STM32 的外设时钟默认是关闭的，因此在使用 GPIO 之前，需要使能相应的外设时钟。其次，学生需要熟悉 GPIO 寄存器的分类和功能，包括控制寄存器、数据寄存器和锁定及复用功能寄存器。最后，学生需要掌握如何通过调用库函数来配置这些寄存器，从而初始化 GPIO 端口，并能够实现 GPIO 端口的读写操作。

任务重点与实施

2.2.1　开启 I/O 端口时钟

STM32 GPIO 接口工作原理

STM32 外设时钟默认处在关闭状态，因此初始化 GPIO 后，还需要使能外设时钟，GPIO 挂载在 APB2 总线上，需调用库函数 RCC_APB2PeriphClockCmd( )。例如打开 GPIOA 时钟，方法如下。

```
//使能端口 A 的时钟
RCC_APB2PeriphClockCmd(RCC_APB2Periph_GPIOA,ENABLE);
```

每次使能时钟的时候，会查看时钟树确定外设挂载的对应总线。在 STM32F00x_rcc.h 文件里面有如下的宏定义。

```
#define RCC_APB2Periph_GPIOB          ((uint32_t)0x00000008)
#define RCC_APB2Periph_GPIOC          ((uint32_t)0x00000010)
______________________________

#define RCC_APB2Periph_TIM1           ((uint32_t)0x00000800)
#define RCC_APB2Periph_SPI1           ((uint32_t)0x00001000)
#define RCC_APB2Periph_TIM8           ((uint32_t)0x00002000)
______________________________

#define RCC_APB2Periph_TIM10          ((uint32_t)0x00100000)
#define RCC_APB2Periph_TIM11          ((uint32_t)0x00200000)

//APB1_peripheral
#define RCC_APB1Periph_TIM2           ((uint32_t)0x00000001)
#define RCC_APB1Periph_TIM3           ((uint32_t)0x00000002)

#define RCC_APB1Periph_TIM4           ((uint32_t)0x00000004)
______________________________

#define RCC_APB1Periph_DAC            ((uint32_t)0x20000000)
#define RCC_APB1Periph_CEC            ((uint32_t)0x40000000)
```

从定义的标识符名称可以看出，GPIOA ~ GPIOC 挂载在 APB2 下面，TIM2 ~ TIM4 挂载在 APB1 下面，TIM1 和 TIM8 挂载在 APB2 下面。所以，在使能 GPIO 时要调用 RCC APB2PeriphClockCmd( )函数，在使能 TIM2 时调用 void RCC-APB1PeriphClockCmd( )函数。

2.2.2 GPIO 的寄存器分类

GPIO 的寄存器可以以字(32 位)、半字(16 位)或字节(8 位)的方式写入。这些相关寄存器按功能不同可以分成以下 3 类。

1. I/O 端口控制寄存器

每个 GPIO 端口都有 4 个 32 位的控制寄存器，分别是 GPIOx_MODER、GPIOx_OTYPER、GPIOx_OSPEEDR、GPIOx_PUPDR 用来配置端口特性。其中，GPIOx_MODER 寄存器用来选择 I/O 模式，如输入、输出、复用或模拟等；GPIOx_OTYPER 寄存器用来选择输出类型，如推挽或开漏等；GPIOx_OSPEEDR 寄存器用于设定 I/O 口速度；GPIOx_PUPDR 寄存器用来选择 I/O 口上拉/下拉方式。

2. I/O 端口数据寄存器

每个 GPIO 口有两个 16 位数据寄存器：输入数据寄存器 GPIOx_IDR 和输出数据寄存器 GPIOx_ODR。其中，从 I/O 口线锁存的输入数据存放在 GPIOx_IDR 寄存器中，该寄存器为只读寄存器；GPIOx_ODR 用于存储输出数据，可进行读/写访问。另外，每个 GPIO 口还有一个 32 位的置位/复位寄存器 GPIOx_BSRR，用于对端口的某一位进行单独的位操作。

3. I/O 端口锁定及复用功能寄存器

端口 A 和端口 B 还含有一个 32 位端口配置锁定寄存器 GPIOx_LCKR 和两个 32 位的复用功能寄存器 GPIOx_AFRH 和 GPIOx_AFRL。端口配置锁定寄存器用于锁定 I/O 口配置，防止微控制器在运行过程中被更改，复用功能寄存器用于将 I/O 口的复用功能重映射到其他引脚上。

2.2.3 GPIO 相关寄存器配置

调用库函数来配置寄存器，可以脱离底层寄存器操作，使得开发效率提高，同时易于阅读和维护。GPIO 相关的函数和定义分布在固件库文件 STM32F00x_gpio. c 和头文件 STM32F00x_gpio. h 中。

在固件库开发中，操作配置寄存器初始化 GPIO 是通过 GPIO 初始化函数 void GPIO_Init(GPIO_TypeDef * GPIOx，GPIO_InitTypeDef * GPIO_InitStruct)完成的。该函数有两个参数：第一个参数用来指定需要初始化的 GPIO 组，取值为 GPIOA、GPIOB、GPIOC、GPIOD；第二个参数为初始化参数结构体指针，结构体类型为 GPIO_InitTypeDef。

GPIO_InitTypeDef 结构体的定义如下。

```
typedef struct
{
  uint16_t GPIO_Pin;                      //GPIO 引脚
  GPIOMode_TypeDef GPIO_Mode;             //GPIO 模式
  GPIOSpeed_TypeDef GPIO_Speed;           //GPIO 速度
}
GPIO_InitTypeDef;
```

GPIO_InitTypeDef 的第一个成员 GPIO_Pin 用来设置是要初始化哪个或者哪些 I/O 口；第二个成员 GPIO_Mode 用来设置对应 I/O 端口的模式，这个值实际就是配置 GPIOx 的 CRL 和 CRH 寄存器的值，在 MDK 中通过一个枚举类型定义，只需要选择对应的值即可。

```
typedef enum
{
  GPIO_Mode_AIN = 0x0;                    //模拟输入模式
  GPIO_Mode_IN_FLOATING =0x04;            //浮空输入模式
```

```
    GPIO_Mode_IPD = 0x28;              //下拉输入模式
    GPIO_Mode_IPU = 0x48;              //上拉输入模式
    GPIO_Mode_Out_OD = 0x14;           //开漏输出模式
    GPIO_Mode_Out_PP = 0x10;           //推挽输出模式
    GPIO_Mode_AF_OD = 0x1C;            //复用功能开漏输出
    GPIO_Mode_AF_PP = 0x18;            //复用功能推挽输出
  }
  GPIOMode_TypeDef;
```

第三个成员 GPIO_Speed 用来设置 I/O 口速度，有 3 个可选值，同样是配置 CRL 和 CRH 寄存器的值，在 MDK 中同样是通过枚举类型定义。

```
  typedef enum
  {
    GPIO_Speed_10MHz = 1;
    GPIO_Speed_2MHz;
    GPIO_Speed_50MHz;
  }
  GPIOSpeed_TypeDef;
```

接下来，介绍几个 I/O 配置常用的寄存器。

1. 端口输出数据寄存器(ODR)

端口输出数据寄存器为 32 位寄存器，偏移地址为 0x0c，复位值为 0x0000 0000，位 31～16 保留，其余各位可读写，如图 2-12 所示，各位描述见表 2-4。

31	30	29	28	27	26	25	24	23	22	21	20	19	18	17	16
保留															

15	14	13	12	11	10	9	8	7	6	5	4	3	2	1	0
ODR15	ODR14	ODR13	ODR12	ODR11	ODR10	ODR9	ODR8	ODR7	ODR6	ODR5	ODR4	ODR3	ODR2	ODR1	ODR0
rw	rw	rw	rw	rw	rw	rw	rw	rw	rw	rw	rw	rw	rw	rw	rw

图 2-12　ODR 寄存器

表 2-4　ODR 寄存器各位描述

寄存器位	描述
位 31：16	保留，始终读为 0
位 15：0	ODRy[15：0]：端口输出数据(y=0～15)

寄存器用于控制 GPIOx 的输出，即设置某个 I/O 输出低电平(ODRy=0)还是高电平(ODRy=1)，仅在输出模式下有效，在输入模式下不起作用。其中，ODRy[15：0]为端口输出数据(y=0-15)，这些位可读可写并只能以字(16 位)的形式操作。其中，

对 GPIOx-BSRR(x = A ~ E)操作，可以分别对各个 ODR 位进行独立的设置/清除。

在固件库中设置 ODR 寄存器来控制 I/O 口的输出状态是通过以下两个函数来实现的。

```
void GPIO riteBit(GPIO TypeDef GPIOx,uint16_t GPIO Pin,BitAction BitVal);
void GPIO_rite(GPIO_TypeDef GPIOx,uint16_t PortVal);
```

另外，读 ODR 寄存器还可以读出 I/O 口的输出状态，库函数为

```
uint16_t GPIO_ReadOutputData(GPIO_TypeDef* GPIOx);
uint8_t GPIO_ReadOutputDataBit(GPIO_TypeDef* GPIOx,uint16_t GPIO_Pin);
```

两个函数功能类似，区别是前面的函数用来一次读取一组 I/O 口所有 I/O 口输出状态，后面的函数用来一次读取一组 I/O 口中一个或者几个 I/O 口的输出状态。

2. 端口输入数据寄存器(IDR)

端口输入数据寄存器为 32 位寄存器，偏移地址为 0x08，复位值为 0x0000 0000，位 31 ~ 16 保留，其余位可读，如图 2-13 所示，各位描述见表 2-5。

31	30	29	28	27	26	25	24	23	22	21	20	19	18	17	16
保留															

15	14	13	12	11	10	9	8	7	6	5	4	3	2	1	0
IDR15	IDR14	IDR13	IDR12	IDR11	IDR10	IDR9	IDR8	IDR7	IDR6	IDR5	IDR4	IDR3	IDR2	IDR1	IDR0
r	r	r	r	r	r	r	r	r	r	r	r	r	r	r	r

图 2-13　IDR 寄存器

表 2-5　IDR 寄存器各位描述

寄存器位	描述
位 31：16	保留，始终读为 0
位 15：0	IDRy[15：0]：端口输入数据(y=0 ~ 15)

寄存器用于读取 GPIOx 的输入，读取的某个 I/O 电平，如果对应的位为 0（IDRy=0），则说明该脚输入为低电平；如果是 1(IDRy=1)，则表示输入的是高电平。

用于寄存器设置的相关库函数为

```
uint8_t GPIO_ReadInputDataBit(GPIO_TypeDef* GPIOx,uint16_t GPIO_Pin);
uint16_t GPIO_ReadInputData(GPIO_TypeDef* GPIOx);
```

前面的函数用来读取一组 I/O 口的一个或者几个 I/O 口输入电平，后面的函数用来一次读取一组 I/O 口中所有 I/O 口的输入电平。例如，要读取 GPIOF. 3 的输入电平，方法为

```
GPIO_ReadInputDataBit(GPIOF,GPIO_Pin_3);
```

3. 端口位设置/清除寄存器(GPIOx-BSRR)

端口位设置/清除寄存器为 32 位寄存器，偏移地址为 0x10，复位值为 0x0000 0000，各位可写如图 2-14 所示；各位描述见表 2-6。寄存器用来置位或复位 I/O 口，它和 ODR 寄存器具有类似的作用，都可以用来设置 GPIO 端口的输出位是 1 还是 0。如果同时设置了 BSy 和 BRy 的对应位，BSy 位起作用。

31	30	29	28	27	26	25	24	23	22	21	20	19	18	17	16
BR15	BR14	BR13	BR12	BR11	BR10	BR9	BR8	BR7	BR6	BR5	BR4	BR3	BR2	BR1	BR0
w	w	w	w	w	w	w	w	w	w	w	w	w	w	w	w

15	14	13	12	11	10	9	8	7	6	5	4	3	2	1	0
BS15	BS14	BS13	BS12	BS11	BS10	BS9	BS8	BS7	BS6	BS5	BS4	BS3	BS2	BS1	BS0
w	w	w	w	w	w	w	w	w	w	w	w	w	w	w	w

图 2-14 GPIOx_BSRR 寄存器

表 2-6 GPIOx_BSRR 寄存器各位描述

寄存器位	描述
位 31：16	BRy：清除端口 x 的位 y(y=0~15)，这些位只能写入并只能以字(16 位)的形式操作
位 15：0	BSy：设置端口 x 的位 y(y=0~15)，这些位只能写入并只能以字(16 位)的形式操作

其中，对于低 16 位(0~15)，在相应位 ODRy 写 1，对应的 I/O 口会输出高电平，写 0，则对 I/O 口没有任何影响。高 16 位(16~31)作用刚好相反，对相应的位 ODRy 写 1 会输出低电平，写 0 没有任何影响。即对于 BSRR 寄存器，写 0 对 I/O 口电平是没有任何影响的。要设置某个 I/O 口电平，只需要设置相关位为 1 即可。而 ODR 寄存器要设置某个 I/O 口电平，首先需要读出来 ODR 寄存器的值，然后对整个 ODR 寄存器重新赋值来达到设置某个或某些 I/O 口的目的，而 BSRR 寄存器，就不需先读，而是直接设置。

BSRR 寄存器使用方法如下。

```
GPIOA- > BSRR =1 <<1;            //设置 GPIOA.1 为高电平
GPIOA- >BSRR =1 <<(16 +1);       //设置 GPIOA.1 为低电平
```

操作 BSRR 寄存器来设置 I/O 电平的库函数为

```
//设置一组 I/O 口中的一个或者多个 I/O 口为高电平
void GPIO_SetBits(GPIO_TypeDef* GPIOx,uint16_t GPIO_Pin);
```

4. 端口位清除寄存器(GPIOx_BRR)

端口位清除寄存器为 32 位寄存器，偏移地址为 0x14，复位值为 0x0000 0000，位 31~16 保留，其余位可写，如图 2-15 所示；各位描述见表 2-7。

31	30	29	28	27	26	25	24	23	22	21	20	19	18	17	16
保留															

15	14	13	12	11	10	9	8	7	6	5	4	3	2	1	0
BR15	BR14	BR13	BR12	BR11	BR10	BR9	BR8	BR7	BR6	BR5	BR4	BR3	BR2	BR1	BR0
w	w	w	w	w	w	w	w	w	w	w	w	w	w	w	w

图 2-15　GPIOx_BRR 寄存器

寄存器用来置位或复位 I/O 口，即设置 GPIO 端口输出低电平。对于低 16 位(0～15)，在相应位 ODRy 写 1，对应的 I/O 口会输出低电平，写 0 则对 I/O 口没有任何影响。

表 2-7　GPIOx_BRR 寄存器各位描述

寄存器位	描述
位 31：16	保留
位 15：0	BRy：清除端口 x 的位 y(y = 0～15)

BRR 寄存器使用方法如下。

```
GPIOA->BRR =0x0001;//设置 GPIOA.0 为低电平
```

操作 BRR 寄存器来设置 I/O 电平的库函数为

```
//设置一组 I/O 口中的一个或者多个 I/O 口为低电平
void GPIO_ResetBits(GPIO_TypeDef* GPIOx,uint16_t GPIO_Pin);
```

比如要设置 GPIOB.3 输出高，方法为

```
GPIO_SetBits(GPIOB,GPIO-Pin_3);          //GPIOB.3 输出高
```

设置 GPIOB.3 输出低电平，方法为

```
GPIO_ResetBits(GPIOB,GPIO_Pin-3);          //GPIOB.3 输出低
```

任务评价

评价内容	评价标准	分值	自评	师评
开启 I/O 端口时钟	学会开启 I/O 端口时钟	10		
GPIO 的寄存器分类	能够列举 GPIO 的 3 类寄存器	10		
	了解每种寄存器的功能	30		
GPIO 相关寄存器配置	了解 GPIO_InitTypeDef 结构体的定义	10		
	能够调用库函数来配置寄存器	20		
	熟悉每一个寄存器的偏移地址和复位值	20		
总分		100		

任务 3 GPIO 函数

任务描述

本任务旨在全面介绍 GPIO(通用输入输出)函数的类型定义、常量定义以及函数定义。通过详细解析 GPIO 的初始化结构、位置位和复位枚举类型，以及相关的常量定义(包括引脚定义和模式定义等)，学生将能够深入理解 GPIO 的基本配置和操作方法。此外，通过学习和掌握 GPIO 函数的定义，包括函数名、函数原型、功能描述及输入参数，学生将能够在实际项目中灵活应用 GPIO 进行输入输出操作。

任务分析

要完成此任务，学生需要深入研读相关的 GPIO 类型定义，包括 GPIO 的初始化结构定义和位置位/复位枚举类型，这些定义是配置 GPIO 的基础。在此基础上，学生还需要掌握 GPIO 的常量定义，这些常量包括引脚编号和模式等，它们决定了 GPIO 引脚的具体行为。最后，学生需要学习并理解 GPIO 函数的定义，包括函数的名称、原型、功能描述以及输入参数等，这是进行 GPIO 操作的关键。

任务重点与实施

2.3.1 GPIO 类型定义

GPIO 类型定义见表 2-8 和表 2-9。

表 2-8 输出类型(GPIO 初始化结构定义)

```
typedef struct
{
uint32_t Pin;          /* 指定需要配置的 GPIO 引脚,该参数可以是 GPIO_pins 的值之一* /
uint32_t Mode;         /* 指定所选引脚的操作模式,该参数可以是 GPIO_mode 的值之一* /
uint32_t Pull;         /* 指定所选引脚的上拉/下拉方式,该参数可以是 GPIO_pull 的值之一* /
uint32_t Speed;        /* 指定所选引脚的速度,该参数可以是 GPIO_speed 的值之一* /
uint32_t Alternate;    /* 将外设连接至所选择的引脚,该参数可以是 GPIOEx_Alternate_function_
                       selection 的值之一* /
}GPIO_InitTypeDef;
```

表 2-9　输出类型(GPIO 位置位和复位枚举义)

```
typedef enum
{
  GPIO_PIN_RESET = 0,
  GPIO_PIN_SET
}GPIO_PinState;
```

2.3.2　GPIO 常量定义

GPIO 常量定义见表 2-10 ~ 表 2-13。

表 2-10　输出常量(GPIO_pins 定义)

状态定义	释义
GPIO_PIN_0	引脚 0 被选择
GPIO_PIN_1	引脚 1 被选择
GPIO_PIN_2	引脚 2 被选择
GPIO_PIN_3	引脚 3 被选择
GPIO_PIN_4	引脚 4 被选择
GPIO PIN 5	引脚 5 被选择
GPIO_PIN_6	引脚 6 被选择
GPIO_PIN_7	引脚 7 被选择
GPIO_PIN_8	引脚 8 被选择
GPIO_PIN_9	引脚 9 被选择
GPIO_PIN_10	引脚 10 被选择
GPIO_PIN_11	引脚 11 被选择
GPIO_PIN_12	引脚 12 被选择
GPIO_PIN_13	引脚 13 被选择
GPIO_PIN_14	引脚 14 被选择
GPIO_PIN_15	引脚 15 被选择
GPIO_PIN_All	所有引脚被选择

表 2-11　输出常量(GPIO_mode 定义)

状态定义	释义
GPIO_MODE_INPUT	浮空输入模式
GPIO_MODE_OUTPUT_PP	推挽输出模式
GPIO_MODE_OUTPUT_OD	开漏输出模式

(续表)

状态定义	释义
GPIO_MODE_AF_PP	复用功能推挽模式
GPIO_MODE_AF_OD	复用功能开漏模式
GPIO_MODE_ANALOG	模拟模式
GPIO_MODE_IT_RISING	上升沿触发检测的外部中断模式
GPIO MODE_IT_FALLING	下降沿触发检测的外部中断模式
GPIO_MODE_IT_RISING_FALLING	上升/下降沿触发检测的外部中断模式
GPIO_MODE_EVT_RISING	上升沿触发检测的外部事件模式
GPIO_MODE_EVT_FALLING	下降沿触发检测的外部事件模式
GPIO_MODE_EVT_RISING_FALLING	上升/下降沿触发检测的外部事件模式

表 2-12　输出常量(GPIO_speed 定义)

状态定义	释义
GPIO_SPEED_FREQ_LOW	频率范围最高至 2 MHz
GPIO_SPEED_FREQ_MEDIUM	频率范围 4 MHz ~ 10 MHz
GPIO_SPEED_FREQ_HIGH	频率范围 10 MHz ~ 50 MHz

表 2-13　输出常量(GPIO_pull 定义)

状态定义	释义
GPIO_NOPULL	没有上拉或下拉激活
GPIO_PULLUP	上拉激活
GPIO_PULLDOWN	下拉激活

2.3.3　GPIO 函数定义

GPIO 函数定义见表 2-14 ~ 表 2-21。

表 2-14　函数

函数名	HAL_GPIO_DeInit
函数原型	voidHAL_GPIO_DeInit (GPIO_TypeDef　*　GPIOx, uint32_t　GPIO_Pin)

（续表）

函数名	HAL_GPIO_DeInit
功能描述	反初始化 GPIOx 外设寄存器至其复位值
输入参数 1	GPIOx：此处 x 可以是(A～F)，用来选择 STM32F0 家族的 GPIO 外设
输入参数 2	GPIO_Pin：指定要写入的端口位，这个参数可以是 GPIO_PIN_x 之一，此处 x 可以是(0 ～ 15)
先决条件	无
注意事项	无
返回值	无

表 2-15　函数

函数名	HAL_GPIO_Init
函数原型	voidHAL_GPIO_Init (GPIO_TypeDef *　　GPIOx, GPIO_InitTypeDef *　　GPIO_Init)
功能描述	通过 GPIO_Init 中指定的参数初始化 GPIOx 外设
输入参数 1	GPIOx：此处 x 可以是(A～F)，用来选择 STM32F0 家族的 GPIO 外设
输入参数 2	GPIO_Init：指向 GPIO_InitTypeDef 结构体指针，包含指定 GPIO 外设的配置信息
先决条件	无
注意事项	无
返回值	无

表 2-16　函数

函数名	HAL_GPIO_EXTI_Callback
函数原型	void HAL_GPIO_EXTI_Callback(uint16_t GPIO_Pin)
功能描述	EXTI 线检测回调
输入参数 1	GPIO_Pin：指定连接至相应 EXTI 线的端口引脚
先决条件	无
注意事项	无
返回值	无

表 2-17　函数

函数名	HAL_GPIO_EXTI_IRQHandler
函数原型	voidHAL_GPIO_EXTI_IRQHandler(uint16_t　GPIO_Pin)
功能描述	处理 EXTI 中断请求(清除 EXTI 线中断挂起位)
输入参数 1	GPIO_Pin：指定连接至相应 EXTI 线的端口引脚
先决条件	无
注意事项	无
返回值	无

表 2-18　函数

函数名	HAL_GPIO_LockPin
函数原型	HAL_StatusTypeDefHAL_GPIO_LockPin (GPIO_TypeDef　*　GPIOx, uint16_t　GPIO_Pin)
功能描述	锁定 GPIO 引脚配置寄存器
输入参数 1	GPIOx：此处 x 可以是(A～F)，用来选择 STM32F0 家族的 GPIO 外设
输入参数 2	GPIO_Pin：指定被锁定的端口位，这个参数可以是任意 GPIO_PIN_x 的组合，此处 x 可以是(0～15)
先决条件	无
注意事项	无
返回值	无

表 2-19　函数

函数名	HAL_GPIO_ReadPin
函数原型	GPIO_PinStateHAL_GPIO_ReadPin (GPIO_TypeDef　*　GPIOx, uint16_t　GPIO_Pin)
功能描述	读取指定的输入端口引脚
输入参数 1	GPIOx：此处 x 可以是(A～F)，用来选择 STM32F0 家族的 GPIO 外设
输入参数 2	GPIO_Pin：指定要读取的端口位，这个参数可以是 GPIO_PIN_x，此处 x 可以是(0～15)
先决条件	无

（续表）

函数名	HAL_GPIO_ReadPin
注意事项	无
返回值	输入端口引脚的值

表 2-20 函数

函数名	HAL_GPIO_TogglePin
函数原型	void HAL_GPIO_TogglePin (GPIO_TypeDef * GPIOx, uint16_t GPIO_Pin)
功能描述	反转指定 GPIO 引脚的状态
输入参数 1	GPIOx：此处 x 可以是(A～F)，用来选择 STM32F0 家族的 GPIO 外设
输入参数 2	GPIO_Pin：指定要切换状态的引脚
先决条件	无
注意事项	无
返回值	无

表 2-21 函数

函数名	HAL_GPIO_WritePin
函数原型	voidHAL_GPIO_WritePin (GPIO_TypeDef * GPIOx, uint16_t GPIO_Pin, GPIO_PinState PinState)
功能描述	置位或清除选择的数据端口位
输入参数 1	GPIOx：此处 x 可以是(A～H)，用来选择 STM32F0 家族的 GPIO 外设
输入参数 2	GPIO_Pin：指定要写入的端口位，这个参数可以是 GPIO_PIN_x 之一，此处 x 可以是(0～15)
输入参数 3	PinState：指定要写入的所选择位的值，这个参数可以是 GPIO_PinState 的枚举值之一： (1)GPIO_PIN_RESET：清除端口引脚 (2)GPIO_PIN_SET：置位端口引脚
先决条件	无
注意事项	无

（续表）

函数名	HAL_GPIO_WritePin
返回值	无

任务评价

评价内容	评价标准	分值	自评	师评
GPIO 类型定义	准确解释 GPIO 初始化结构中的各个成员及其作用	10		
	能正确配置 GPIO 初始化结构体	10		
	学会设置和清除 GPIO 引脚状态	10		
GPIO 常量定义	准确识别并应用 GPIO 引脚编号	10		
	根据实际需求进行速度设置并了解 GPIO 上拉/下拉电阻的作用	20		
	能够合理配置上拉/下拉电阻	10		
GPIO 函数定义	准确记忆并解释 GPIO 相关函数的名称、原型、功能描述以及输入参数的含义，并能正确调用这些函数进行 GPIO 操作	30		
总分		100		

任务 4　实战- GPIO 应用实例

任务描述

本任务是 GPIO 应用实例，旨在通过实际操作加深学生对 STM32 微控制器 GPIO 功能的理解和应用能力。学生将使用 STM32CubeMX 软件配置 STM32F072VBTx 型号的微控制器，并通过编程实现 LED 灯的闪烁效果。具体步骤包括配置引脚、设置时钟、初始化 GPIO，以及编写控制 LED 闪烁的主程序代码等。

任务分析

要完成此任务，首先，学生需要熟悉 STM32CubeMX 软件的基本操作，包括新建项目、配置引脚模式、设置时钟等。其次，学生需要理解 GPIO 的工作原理和初始化过程，这涉及到 STM32 微控制器的内部结构和 HAL 库(硬件抽象层)的使用。最后，学生需要编写并调试主程序代码，以实现 LED 灯的闪烁效果，并在此过程中学会分析和解析 STM32CubeMX 生成的代码结构。

任务重点与实施

2.4.1　生成开发项目

(1)打开 STM32CubeMX 软件，单击“File → New Project”命令，会弹出“New Project”窗口，在此窗口搜索栏输入“STM32F072”“MCUs List”列表中选择微控制器的型号为“STM32F072VBTx”，然后双击。

(2)在视图选项卡的“Pinout”视图中，将“PF0”引脚的工作模式设置为“RCC_OSC_IN”，将“PF1”引脚的工作模式设置为“RCC_OSC_OUT”，将“PC13”引脚的工作模式设置为“GPIO_Output”，用于驱动 LED，如图 2-16 所示。

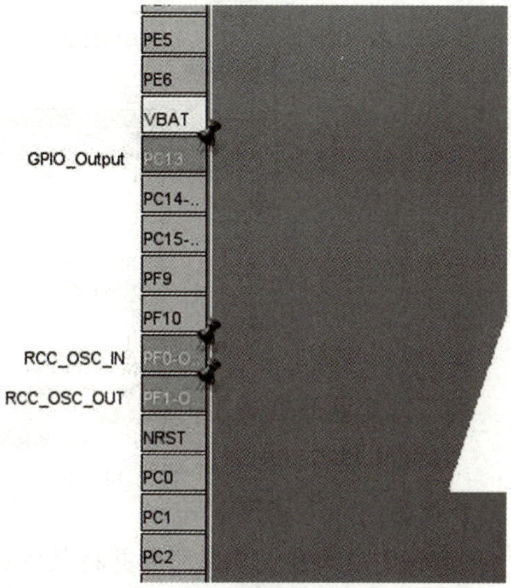

图 2-16　设置引脚

(3)在“Clock Configuration”视图中，将 HSE 时钟作为锁相环输入时钟，将锁相环时钟倍频设置为“×6”，并且将锁相环时钟设置为系统时钟，如图 2-17 所示。

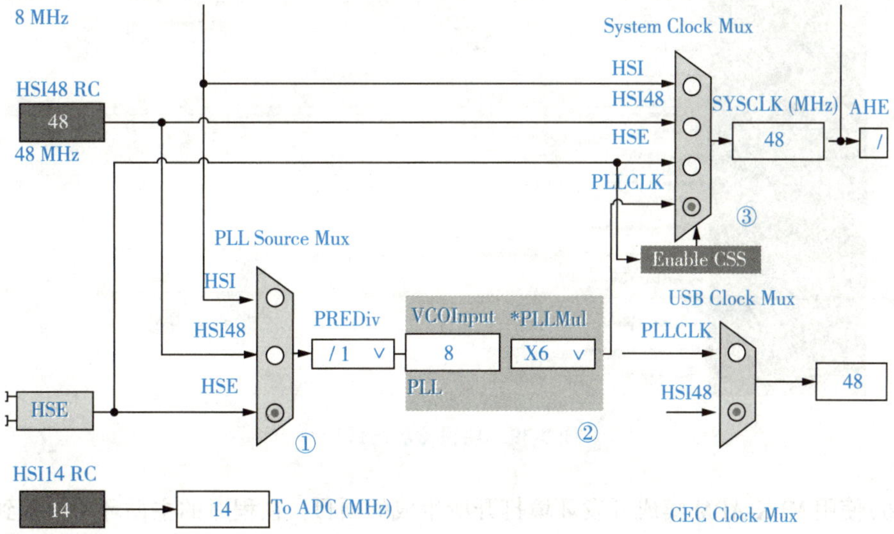

图 2-17　锁相环输入时钟

(4)单击“Pinout & Configuration”视图标签，打开配置视图，在该视图左侧“System Core”项中单击“GPIO”按钮，将 PC13 引脚的初始化电平设置为“Low”，如图 2-18 所示。

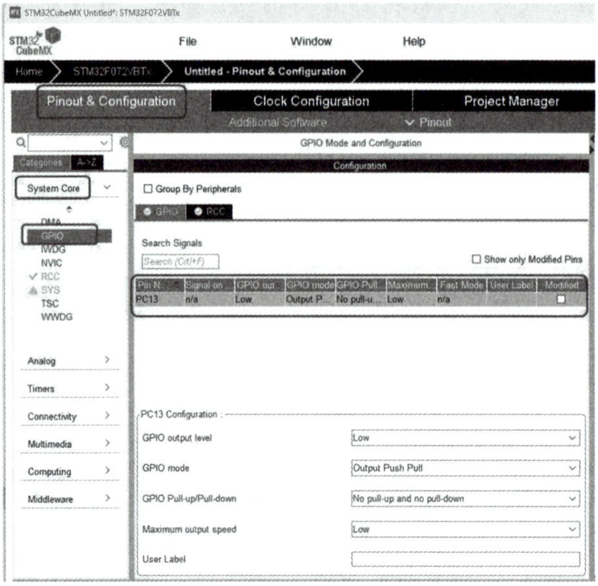

图 2-18　设置 PC13 引脚初始化电平

(5)将生成的开发项目命名并将其保存，如图 2-19 所示。

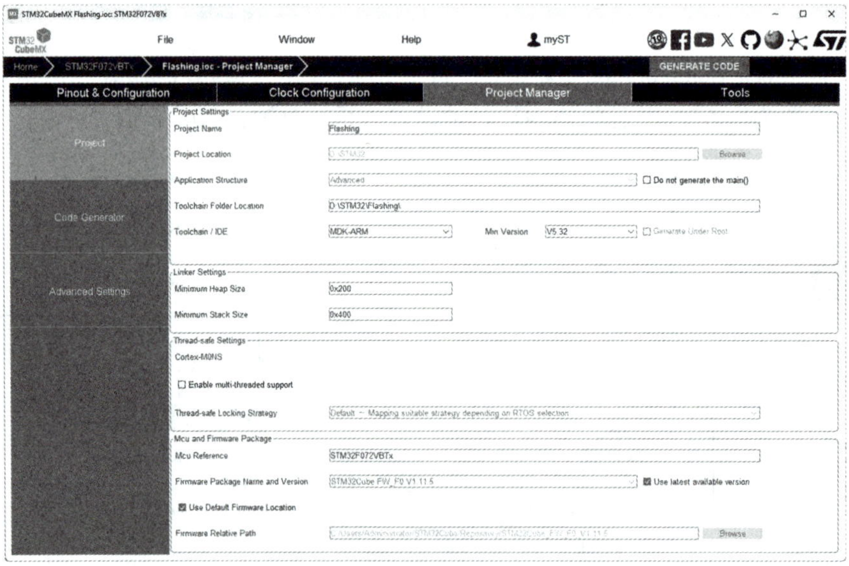

图 2-19　项目命名与保存

(6)使用 MDK-ARM 集成开发环境打开所生成的项目，在程序的主循环中，找到“/ * USER CODE BEGIN 3 * /”位置，并加入以下代码：

```
/*  USER CODE BEGIN 3 * /
/* 置位 PC13 引脚 * /
HAL_GPIO_WritePin(GPIOC, GPIO_PIN_13, GPIO_PIN_SET);
/* 延时 500ms * /
HAL_Delay(500);
/* 复位 PC13 引脚 * /
HAL_GPIO_WritePin(GPIOC, GPIO_PIN_13, GPIO_PIN_RESET);
/* 延时 500ms * /
HAL_Delay(500);
}
/*  USER CODE END 3 * /
```

在上述代码中，通过“HAL_GPIO_WritePin( )”函数控制 PC13 引脚的输出电平，使其循环输出各为 500 ms 的高低电平。这里还调用了 HAL 固件库中的延时函数“HAL_Delay( );”，用于设置高低电平的持续时间。上述代码经编译后下载至 STM32F072VBT6 系统板中，代码运行后系统板上与 PC13 引脚连接的 LED 指示灯即开始闪烁。

2.4.2 主程序文件结构解析

下面仔细分析 main. c 源文件中的代码结构，这有助于进一步理解 STM32CubeMX 软件所生成代码的功能。

(1)在程序的开始部分，是意法公司的软件版权声明，具体代码如下。

```
/*  USER CODE BEGIN Header * /
/**
******************************************************************************
  *  @file            : main. c
  *  @brief           : Main program body
******************************************************************************
  *  @attention
  *
  *  Copyright (c) 2024 STMicroelectronics.
  *  All rights reserved.
  *
  *  This software is licensed under terms that can be found in the LICENSE file
  *  in the root directory of this software component.
  *  If no LICENSE file comes with this software, it is provided AS-IS.
  *
  ******************************************************************************
  * /
/*  USER CODE END Header * /
/*  Includes ———————————————————————— * /
```

(2)在程序代码的“Includes”部分，包含了“STM32F0xx_hal. h”头文件，用于对 STM32F0 系列微控制器的支持，其他需要包含到程序中的文件可以在“/＊USER CODE BEGIN Includes＊/”之后的位置添加，具体代码如下。

```
/*  Includes ——————————————————————————— * /
#include "main. h"
#include "gpio. h"
#include "STM32F0xx_hal. h"
/*  USER CODE BEGIN Includes * /

/*  USER CODE END Includes * /
```

(3)在程序代码的专用变量定义部分，可以添加需要定义的全局变量，具体代码如下。

```
/*  Private variables ——————————————————— * /
/*  USER CODE BEGIN PV * /

/*  USER CODE END PV * /
```

(4)在程序代码的专用函数原型声明部分，软件在此对自动生成的 SystemClock_Config( )等 3 个函数进行了原型声明。在“/＊USER CODE BEGIN PFP＊/”部分可以对自行定义的函数进行声明，在“/＊USER CODE BEGIN 0＊/”部分可以加入用户需要的其他代码，这部分程序运行的具体内容如下。

```
/*  Private function prototypes ——————————————— * /
void SystemClock_Config(void);
void Error_Handler(void);
static void MX_GPIO_Init(void);
/*  USER CODE BEGIN PFP * /
/*  Private function prototypes ——————————————— * /
/*  USER CODE END PFP * /
/*  USER CODE BEGIN 0 * /
/*  USER CODE END 0 * /
```

(5)在主函数“int main(void)”中，开始部分“/＊USER CODE BEGIN 1＊/”是用户代码区，可以自行加入需要的程序代码；之后是“MCU Configuration”区，用于复位所有外设、初始化 Flash 存储器接口和系统节拍器等。软件在此自动生成了代码，其中通过调用 HAL_Init( )函数来配置 Flash、时基源、内嵌向量中断控制器(nested vectored interrupt controller，NVIC)和底层硬件；通过调用 SystemClock_Config( )函数来配置系统时钟；通过调用 MX_GPIO_Init( )函数来配置 GPIO 引脚。具体代码如下。

```
/*  USER CODE BEGIN 1 * /
/*  USER CODE END 1 * /
/*  MCU Configuration———————————————————— * /
```

```
/*  Reset of all peripherals, Initializes the Flash interface and the Systick. * /
HAL_Init();
/*  Configure the system clock * /
SystemClock_Config();
/*  Initialize all configured peripherals * /
MX_GPIO_Init();
/*  USER CODE BEGIN 2 * /
/*  USER CODE END 2 * /
```

(6)在主函数“int main(void)”的循环体中，可以加入程序中需要重复执行的部分，定义的 LED 闪烁程序行就在此加入。具体代码如下。

```
/*  Infinite loop * /
/*  USER CODE BEGIN WHILE * /
while (1)
{
/*  USER CODE END WHILE * /

/*  USER CODE BEGIN 3 * /
…… <部分代码略> ……
}
/*  USER CODE END 3 * /
```

(7)在“/ ** System Clock Configuration * /”部分，软件自动生成了系统时钟配置函数 SystemClock_Config()，并允许在时钟错误时调用 Error_Handler()函数来处理错误。具体代码如下。

```
/**  System Clock Configuration
* /
void SystemClock_Config(void)
{
RCC_OscInitTypeDef RCC_OscInitStruct;
RCC_ClkInitTypeDef RCC_ClkInitStruct;
RCC_OscInitStruct. OscillatorType = RCC_OSCILLATORTYPE_HSE;
RCC_OscInitStruct. HSEState = RCC_HSE_ON;
RCC_OscInitStruct. PLL. PLLState = RCC_PLL_ON;
RCC_OscInitStruct. PLL. PLLSource = RCC_PLLSOURCE_HSE;
RCC_OscInitStruct. PLL. PLLMUL = RCC_PLL_MUL6;
RCC_OscInitStruct. PLL. PREDIV = RCC_PREDIV_DIV1;
if (HAL_RCC_OscConfig(&RCC_OscInitStruct) ! = HAL_OK)
{
    Error_Handler();
}
RCC_ClkInitStruct. ClockType = RCC_CLOCKTYPE_HCLK|RCC_CLOCKTYPE_SYSCLK
|RCC_CLOCKTYPE_PCLK1;
```

```
RCC_ClkInitStruct. SYSCLKSource = RCC_SYSCLKSOURCE_PLLCLK;
RCC_ClkInitStruct. AHBCLKDivider = RCC_SYSCLK_DIV1;
RCC_ClkInitStruct. APB1CLKDivider = RCC_HCLK_DIV1;
if (HAL_RCC_ClockConfig(&RCC_ClkInitStruct, FLASH_LATENCY_1) ! = HAL_OK)
{
    Error_Handler();
}
HAL_SYSTICK_Config(HAL_RCC_GetHCLKFreq()/1000);
HAL_SYSTICK_CLKSourceConfig(SYSTICK_CLKSOURCE_HCLK);
/*  SysTick_IRQn interrupt configuration * /
HAL_NVIC_SetPriority(SysTick_IRQn, 0, 0);
}
```

(8)在“/ ** Configure pins as…… */”部分，可以将引脚配置成模拟、输入和输出等模式。软件在此自动生成了 MX_GPIO_Init( ) 函数来配置引脚，并在之后的“/ * USER CODE BEGIN 4 */”区域允许用户自行添加其他程序代码。具体内容如下。

```
/**  Configure pins as
*  Analog
*  Input
*  Output
*  EVENT_OUT
*  EXTI
* /
static void MX_GPIO_Init(void)
{
GPIO_InitTypeDef GPIO_InitStruct; //定义结构体变量 GPIO_InitStruct
/*  GPIO Ports Clock Enable * /
__HAL_RCC_GPIOC_CLK_ENABLE(); //使能 GPIOC 时钟
__HAL_RCC_GPIOF_CLK_ENABLE(); //使能 GPIOF 时钟
/*  Configure GPIO pin Output Level * /
HAL_GPIO_WritePin(GPIOC, GPIO_PIN_13, GPIO_PIN_RESET); //复位 PC13 引脚
/*  Configure GPIO pin : PC13 * /
GPIO_InitStruct. Pin = GPIO_PIN_13; //初始化目标引脚 PC13
GPIO_InitStruct. Mode = GPIO_MODE_OUTPUT_PP; //推挽输出模式
GPIO_InitStruct. Pull = GPIO_NOPULL; //无上下拉
GPIO_InitStruct. Speed = GPIO_SPEED_FREQ_LOW; /低速
HAL_GPIO_Init(GPIOC, &GPIO_InitStruct); //调用 GPIO 初始化函数
}
/*  USER CODE BEGIN 4 * /
/*  USER CODE END 4 * /
```

(9)在“/ ** @ brief This function is executed in case of error occurrence……”部分定义了一个空的错误处理函数 Error_ Handler(void)，可以给该函数添加相应的功能，用于应对可能发生的错误。这部分的具体代码如下。

```
/**
*   @brief This function is executed in case of error occurrence.
*   @param None
*   @retval None
* /
void Error_Handler(void)
{
/*   USER CODE BEGIN Error_Handler * /
/*   User can add his own implementation to report the HAL error return state * /
while(1)
{
}
/*   USER CODE END Error_Handler * /
}
```

(10)在主程序文件的最后部分是一个条件编译结构，其中定义了一个 assert_failed( )函数，用于检测程序中存在错误的文件名称和程序行号码。这部分的具体代码如下。

```
#ifdef USE_FULL_ASSERT
/**
*   @brief Reports the name of the source file and the source line number
*   where the assert_param error has occurred.
*   @param file: pointer to the source file name
*   @param line: assert_param error line source number
*   @retval None
* /
void assert_failed(uint8_t*   file, uint32_t line)
{
/*   USER CODE BEGIN 6 * /
/*   User can add his own implementation to report the file name and line number,
ex: printf("Wrong parameters value: file %s on line %d\r\n", file, line) * /
/*   USER CODE END 6 * /
}
#endif
```

2.4.3　外设初始化过程分析

下面以 GPIO 的初始化过程为例，分析 STM32CubeMX 软件(使用 HAL 库)是如何对外设进行初始化的。在开始分析之前，需要先回顾一下 C 语言中关于结构体的相关内容。C 语言允许定义构造类型的数据结构，它是由若干个成员组成的，每一个成员的数据类型可以不同，典型的结构体定义方法如下。

```
struct date
{
int month;
int day;
int year;
};
```

上面的代码定义了一个结构体，其类型名是“date”，由三个 int 型成员构成。结构体类型定义完成后，与其他系统定义的类型(如 int 型)一样，仅仅是多了一种数据类型而已，并不在内存中占用固定的存储空间。然而在声明了该类型的变量之后，就会在内存中为该变量分配存储单元。声明结构体变量的方法可参考以下代码。

```
struct date date1;
```

用户可以在定义结构体的同时声明结构体变量，具体方法如下。

```
struct date
{
int month;
int day;
int year;
} date1;
```

与上面例子相似的是，在 HAL 库的 STM32F0xx_hal_gpio. h 头文件中同样定义了一个结构体类型，具体如下。

```
typedef struct
{
uint32_t Pin; /*  ! < Specifies the GPIO pins to be configured.
This parameter can be any value of @ref GPIO_pins * /
uint32_t Mode; /*  ! < Specifies the operating mode for the selected pins.
This parameter can be a value of @ref GPIO_mode * /
uint32_t Pull; /*  ! < Specifies the Pull-up or Pull-Down activation for the selected pins.
This parameter can be a value of @ref GPIO_pull * /

uint32_t Speed; /*  ! < Specifies the speed for the selected pins.
This parameter can be a value of @ref GPIO_speed * /
uint32_t Alternate; /*  ! < Peripheral to be connected to the selected pins
This parameter can be a value of @ref GPIOEx_Alternate_function_selection * /
}GPIO_InitTypeDef;
```

以上代码在定义结构体类型时，使用了 C 语言的关键词“typedef”，这里还需要对这一关键词进行解读。“typedef”的作用是为一种已经存在的数据类型重新定义一个新的名字。这里所讲的数据类型包括 C 语言中默认的系统数据类型(如 int、char 型等)，也包括自定义的数据类型(如 struct、enum 型等)。“typedef”最简单的使用方法如下。

```
typedef int INTEGER;
```

在上述代码中，使用 INTEGER 代替 int 作为整型变量的类型名，这样做的好处是让代码更加清晰直观，之后就可以使用以下方法来声明整型变量。

```
INTEGER num1,num2;
```

同样，使用"typedef"也可以为结构体类型重新命名，以使程序更加具有可读性。具体可以参考如下代码。

```
typedef struct date
{
int month;
int day;
int year;
}DateStruct;
```

上述语句实际上是完成了两个步骤的操作过程。第一步是定义了一个新的结构体类型，"date"虽然是结构体类型名，但它需要与"struct"关键词一同使用来声明结构体变量。

```
struct date
{
int month;
int day;
int year;
};
```

第二步是使用"typedef"为定义好的"struct date"结构体类型重新命名，称为"Date Struct"，这相当于如下代码。

```
typedef struct date DateStruct;
```

之后，就可以使用"DateStruct"这个结构体类型名来声明结构体变量了，例如，

```
DateStruct date1;
```

其作用就相当于如下代码。

```
struct date date1;
```

有了上面对结构体和关键词"typedef"内容的解读，再回过头来分析 STM32F0xx_hal_gpio. h 头文件中关于结构体类型的定义就十分好理解了。具体如下。

```
typedef struct
{
uint32_t Pin; //定义一个 32 位的结构体成员 Pin,用于指定目标 GPIO 引脚
uint32_t Mode; //定义一个 32 位的结构体成员 Mode,用于引脚模式配置
uint32_t Pull; //定义一个 32 位的结构体成员 PuLL,用于设定引脚的上拉和下拉
```

```
uint32_t Speed; //定义一个 32 位的结构体成员 Speed,用于设定引脚的速度
uint32_t Alternate; //定义一个 32 位的结构体成员 Alternate,用于设定与外设连接的引脚
}GPIO_InitTypeDef;
```

以上代码的作用就是定义了一个“GPIO_InitTypeDef”类型的结构体变量，其成员有 5 个，均为 32 位长。成员名称分别是“Pin”“Mode”“Pull”“Speed”和“Alternate”。之后在 main. c 用户文件中，定义了一个函数用于初始化 GPIO 端口。具体代码如下。

```
static void MX_GPIO_Init(void)
{
GPIO_InitTypeDef GPIO_InitStruct; //定义结构体变量 GPIO_InitStruct
/*  GPIO Ports Clock Enable * /
__HAL_RCC_GPIOC_CLK_ENABLE(); //使能 GPIOC 时钟
__HAL_RCC_GPIOF_CLK_ENABLE(); //使能 GPIOF 时钟
/*  Configure GPIO pin Output Level * /
HAL_GPIO_WritePin(GPIOC, GPIO_PIN_13, GPIO_PIN_RESET); //复位 PC13 引脚
/*  Configure GPIO pin : PC13 * /
GPIO_InitStruct. Pin = GPIO_PIN_13; //初始化目标引脚 PC13
GPIO_InitStruct. Mode = GPIO_MODE_OUTPUT_PP; //推挽输出模式
GPIO_InitStruct. Pull = GPIO_NOPULL; //无上下拉
GPIO_InitStruct. Speed = GPIO_SPEED_FREQ_LOW; //低速
HAL_GPIO_Init(GPIOC, &GPIO_InitStruct); //调用 GPIO 初始化函数
}
```

上述函数中使用了如下的语句来定义“GPIO_InitTypeDef”类型的结构体变量，该变量用于给 GPIO 端口初始化，其名称为“GPIO_InitStruct”。

```
GPIO_InitTypeDef GPIO_InitStruct;
```

给“GPIO_InitStruct”结构体变量赋值即可完成对端口相关寄存器的初始化操作。给结构体变量赋值的方法就是分别给结构体变量的每一个成员赋值，具体代码如下。

```
GPIO_InitStruct. Pin = GPIO_PIN_13; //初始化目标引脚 PC13
GPIO_InitStruct. Mode = GPIO_MODE_OUTPUT_PP; //推挽输出模式
GPIO_InitStruct. Pull = GPIO_NOPULL; //无上下拉
GPIO_InitStruct. Speed = GPIO_SPEED_FREQ_LOW; //低速
```

赋值完成后，使用初始化函数来完成对 GPIO 端口的初始化。该函数的定义在“STM32F0xx_hal_gpio. c”文件中，函数原型如下。

```
void HAL_GPIO_Init (
GPIO_TypeDef *  GPIOx,


  GPIO_InitTypeDef *  GPIO_Init
)
```

上述函数有两个参数，其中，第一个参数是“GPIOx”，是指向“GPIO_TypeDef”结构体的指针，其值可以是 GPIOA、GPIOB 等；另一个参数是“GPIO_Init”，是一个指向

“GPIO_InitTypeDef”结构的指针。在调用“HAL_GPIO_Init( )”函数时，使用以下语句。

```
HAL_GPIO_Init(GPIOC, &GPIO_InitStruct);
```

在以上代码中，HAL 库已经将 GPIOC 定义成了指针类型的变量，指向 GPIOC 的端口地址，而 GPIO_InitStruct 是一个结构体变量，在此需要将其地址取出，所以使用了“&GPIO_InitStruct”的写法。

通过上述对于 GPIO 外设初始化过程的分析，可以触类旁通，STM32CubeMX 软件就是通过与之类似的方法对 STM32F0 系列微控制器的外设进行初始化的。

任务评价

评价内容	评价标准	分值	自评	师评
生成开发项目	能够正确打开 STM32CubeMX 软件并新建一个项目	10		
	能够正确配置 PF0、PF1 和 PC13 引脚的工作模式	10		
	能够正确设置 HSE 时钟和锁相环时钟	10		
主程序文件结构解析	理解并解释程序开始部分的软件版权声明	10		
	准确识别并解释 main. c 源文件中的代码结构，包括函数定义、变量声明和初始化等	20		
外设初始化过程分析	理解并解释 C 语言中结构体的定义和使用方法	20		
	准确识别 STM32CubeMX 生成的 GPIO 初始化代码，并理解其含义	20		
总分		100		

项目小结

本项目首先介绍了 GPIO 工作模式及功能，其次介绍了 GPIO 的时钟及寄存器，再次介绍了 GPIO 函数，最后介绍了 GPIO 的应用实例。本文详细介绍了 STM32 微控制器中的 GPIO(通用型输入输出)口的工作原理、功能配置及寄存器操作等。GPIO 作为微控制器与外部设备交互的桥梁，其灵活性和多样性在嵌入式系统设计中占据重要地位。通过本项目的学习，学生能够学会配置 GPIO 端，编程控制 GPIO，为项目开发打下鉴实基础。

项目习题

一、选择题

1. GPIO 代表什么？(　　)

A. General-purpose Input/Output　　B. Graphics Processing Unit

C. Global Positioning System　　D. Graphics Processing Interface

2. STM32 中 I/O 引脚可以被配置成几种不同的模式？(　　)

A. 4 种　　B. 6 种　　C. 8 种　　D. 10 种

3. 下列哪项不是 STM32 GPIO 的输入模式？(　　)

A. 上拉输入　　B. 下拉输入　　C. 浮空输入　　D. 推挽输出

4. GPIO 的配置寄存器包括以下哪些？(　　)

A. GPIOx_CRL　　B. GPIOx_IDR

C. GPIOx_BSRR　　D. GPIOx_AFRH

5. 在 STM32 中，哪个库函数用于使能 GPIO 端口的时钟？(　　)

A. RCC_AHBPeriphClockCmd( )　　B. RCC_APB2PeriphClockCmd( )

C. RCC_APB1PeriphClockCmd( )　　D. RCC_ClockCmd( )

二、填空题

1. 在 STM32 中，GPIO 端口可以分为________、________、________等不同的组。

2. GPIO 端口的输出状态可以通过________寄存器来控制。

3. 在 STM32F0 系列微控制器中，GPIO 端口的复用功能可以通过________寄存器来实现。

三、问答题

1. 简述 GPIO 的 8 种工作模式。

2. 什么是 GPIO 的位操作？以及它如何影响 GPIO 端口的输出？

3. 描述 GPIO 端口锁定机制的作用。

4. 阐述 STM32F0 系列微控制器的 GPIO 端口复用功能映射的工作原理。

5. 说明在 STM32CubeMX 软件中生成开发项目的基本步骤。

项目3　系统配置及串口应用

项目导读

本项目聚焦于STM32F0系列微控制器的系统配置及串口应用，旨在深入理解STM32F0微控制器的架构、存储器组织、启动配置及Flash存储器的详细操作。通过学习STM32F0的总线结构、存储映射、Flash编程与保护机制，以及选项字节的配置方法，学生将掌握STM32F0的基本配置与高级应用技巧。此外，项目还涉及Flash中断管理与CRC计算单元的使用，确保数据的完整性与安全。

学习目标

◆ 知识目标

- 深入理解STM32F0系列系统架构，包括总线结构和存储器组织。
- 理解Flash存储器的读写与擦除操作。

◆ 技能目标

- 能够配置STM32F0的启动模式。
- 能够熟练运用CRC计算单元进行数据校验。

◆ 素质目标

- 引导学生树立真学实干强本领、砥砺笃行勇担当的责任与担当意识。
- 通过探索微控制器的配置与应用，激发学生创新思维和解决问题能力。

思政目标

● 通过本项目的学习和实践，学生应树立正确的工程伦理观念，了解并遵守相关的法律法规和道德规范，不传播恶意代码，不从事任何违法违规的活动。

● 学生在学习过程中应增强社会责任感，关注技术对社会生活的影响，努力将所学知识用于造福社会，推动科技进步和社会发展。

任务1 系统架构

任务描述

本任务旨在全面介绍 STM32F0 系列微控制器的系统架构，包括其总线结构、存储器的组织以及启动配置。学生需通过此任务，深入了解 STM32F072 微控制器的系统总线、DMA 总线、总线矩阵、AHB 到 APB 桥的工作原理，掌握存储器的编址方式、数据存取特性及 Flash 存储器的划分，并熟悉微控制器的启动模式配置及其在实际应用中的选择。

任务分析

要完成此任务，首先学生需要掌握 STM32F0 系列微控制器的总体架构，明确主模块(Cortex-M0 内核、DMA 通道)和从模块(SRAM、Flash、AHB1 和 AHB2 总线)之间的关系。其次，学生需深入理解总线结构的工作原理，包括系统总线、DMA 总线、总线矩阵的仲裁机制以及 AHB 到 APB 桥的同步连接功能。同时，学生还需了解存储器的组织方式，包括程序存储器、数据存储器、寄存器以及 I/O 口的统一编址和数据的存取特性。

任务重点与实施

3.1.1 总线结构

STM32 USART
(串口通信)原理解析

纵观 STM32F0 系列微控制器的总体架构，主要由 2 个主模块和 4 个从模块构成。主模块有 Cortex-M0 内核和 DMA 通道，从模块有 SRAM、Flash、AHB1 和 AHB2 总线。在从模块中，AHB1 总线是 AHB 到外围总线(advanced peripheral bus，APB)的桥，所有的外设都挂在 APB 总线上，而 AHB2 总线则专门用于连接 GPIO 端口。STM32F072 微控制器的系统架构如图 3-1 所示。

(1)系统总线：连接 Cortex-M0 内核的系统总线到总线矩阵，总线矩阵用来协调内核和 DMA 间的总线访问控制。

(2)DMA 总线：连接 DMA 的 AHB 主控接口与总线矩阵，总线矩阵用于协调 CPU 和 DMA 到 SRAM、闪存和外设的访问控制。

（3）总线矩阵：管理系统总线与 DMA 总线的访问仲裁，总线矩阵由 3 个主模块总线（CPU、DMA1 和 DMA2）及 4 个从模块总线（FLITF、SRAM、AHB1 附带 AHB 至 APB 桥和 AHB2）组成。AHB 外设通过总线矩阵与系统总线相连并允许 DMA 访问。

（4）AHB 到 APB 桥：在 AHB 与 APB 总线间提供同步连接。在每次复位之后，除了 SRAM 和 FLITF 外所有的外设时钟都关闭。在使用外设前，需要在 RCC_AHBENR、RCC_APB2ENR 或 RCC_APB1ENR 寄存器中打开外设相应的时钟使能位。当对 APB 寄存器进行 8 位或者 16 位访问时，会将此自动转换成 32 位的访问，而且桥会自动将 8 位或 16 位数据扩展以配合 32 位的宽度。

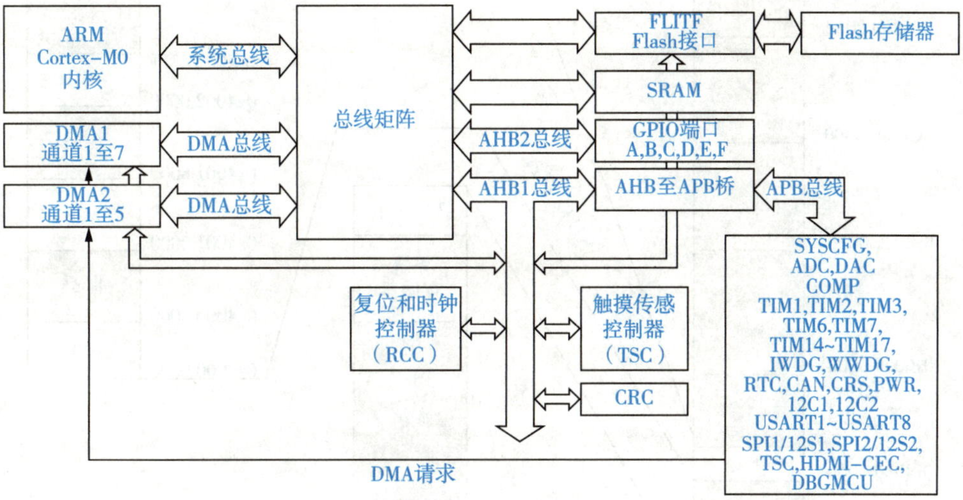

图 3-1　STM32F072 微控制器的系统架构

3.1.2　存储器的组织

STM32F0 系列微控制器将程序存储器、数据存储器、寄存器以及 I/O 口统一编址，其线性地址空间可以达到 4 GB。数据字节以小端格式存放在存储器中，一个字里的最低地址字节被认为是该字的最低有效字节，而最高地址字节是最高有效字节。微控制器的寻址空间共分成 8 块，每块 512 MB，没有分配给片上存储器和外设的存储器空间都是保留的地址空间。STM32F072VBT6 存储器映射如图 3-2 所示。

1. SRAM

STM32F072VBT6 微控制器内置 16 KB 的静态随机存取储器（static random-access memory，SRAM），可以以字节（8 位）、半字（16 位）或字（32 位）进行访问。CPU 及 DMA 在访问 SRAM 存储器时可以使用最快的系统时钟，不用插入任何等待时间。

SRAM 具有校验检测功能，通过编程选项字节中 RAM_PARITY_CHECK 位，可以使能校验检测功能。STM32F0 系列微控制器的数据总线宽度为 36 位，其中 32 位为用于数据传输，余下的 4 位用于奇偶校验（每字节 1 位），以确保数据的存取安全。当写入 SRAM 时，奇偶校验位自动计算并存储。当读数据时微控制器会自动校验这些数据的正确性，如果某一位发生错误，则会产生 NMI 中断，同样的错误还可触发 TIM1 的刹车输入等。

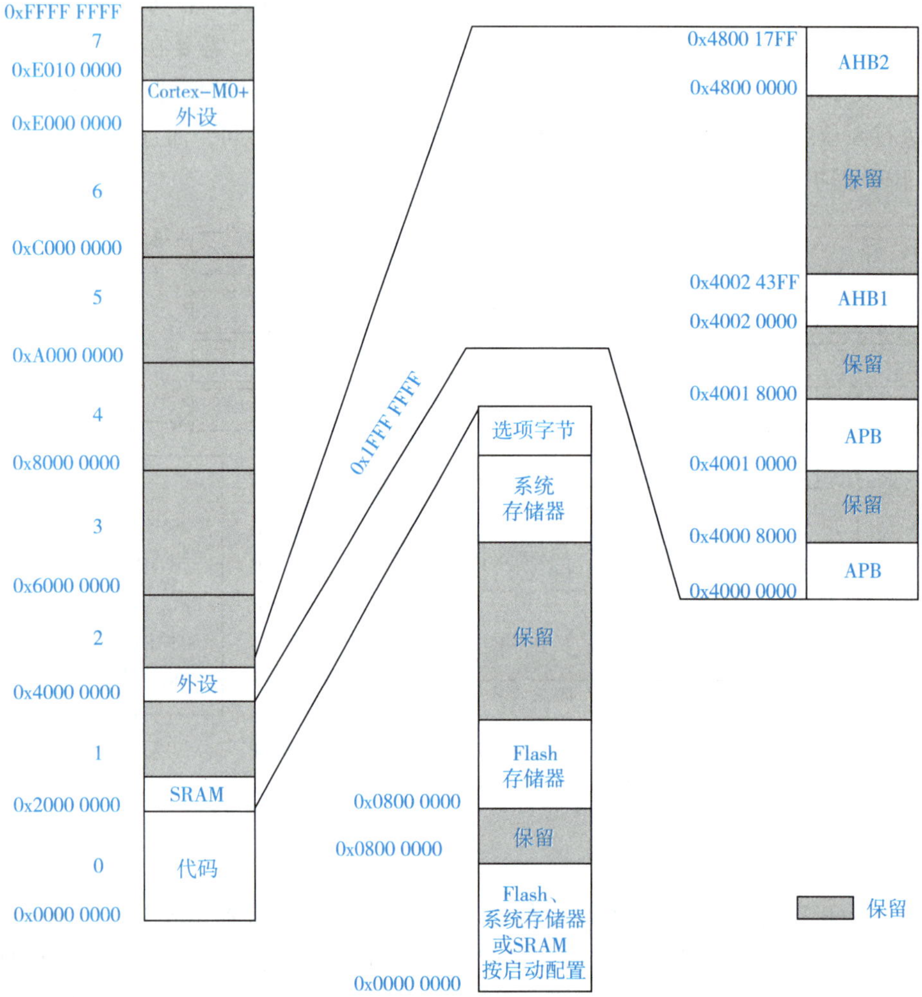

图 3-2 存储器映射

2. Flash 存储器

STM32F072VBT6 微控制器具有 128 KB 的 Flash 存储器，并且划分为两个不同的存储区域。

(1) 主 Flash 存储器块：包括应用程序区和用户数据区。

(2) 信息块：包含选项字节和系统存储器(含 boot loader 代码)。

3.1.3 启动配置

STM32F0 系列启动模式的选择有别于 F1 系列。F0 系列通过 BOOT0 引脚和用户选项字节中启动配置位 nBOOT1 来选择启动方式，而不是利用两个引脚进行设置，具体配置详见表 3-1。

STM32F0 系列微控制器复位后，在 SYSCLK 的第 4 个上升沿锁存启动模式配置。在启动延迟之后，CPU 从地址 0x0000 0000 获取堆栈顶的地址，并从启动存储器 0x0000 0004 指示的地址开始执行代码。

表 3-1　启动模式配置

启动模式配置				模式
nBOOT1 位	BOOT0 引脚	BOOT_SET 位	nBOOT0 位	
×	0	1	×	选择主 Flash 存储器作为启动区
1	1	1	×	选择系统存储器作为启动区
0	1	1	×	选择内置的 SRAM 作为启动区
×	×	0	1	选择主 Flash 存储器作为启动区
1	×	0	0	选择系统存储器作为启动区
0	×	0	0	选择内置的 SRAM 作为启动区

注：表中阴影部分只适用于 STM32F04x 和 STM32F09x。

当从待机模式唤醒时，CPU 也同样会重新采样启动模式配置，因此在有待机应用的场合也需要保持启动模式的正确设置。按照配置的不同，微控制器可以从主闪存存储器、系统存储器或 SRAM 启动。

(1)从主闪存存储器启动：主闪存存储器被映射到启动存储空间(0x0000 0000)，但仍然能从原有的地址空间(0x0800 0000)访问。从主闪存存储器启动是微控制器最常用的启动方式，用于执行用户应用程序。

(2)从系统存储器启动：系统存储器被映射到启动空间(0x0000 0000)，但仍然能够在它原有的地址空间(0x1FFF C800)访问。内嵌的自举程序存放在系统存储器中，自举程序由意法公司在芯片生产时写入，用于通过使用 USART、I2C 或 USB 串行接口编程 Flash 存储器。

(3)从内置的 SRAM 启动：SRAM 映射到启动空间(0x0000 0000)，但其仍然能够在它原有的地址空间(0x2000 0000)访问。

任务评价

评价内容	评价标准	分值	自评	师评
总线结构	能够准确描述 STM32F0 系列微控制器的总线结构	40		
存储器的组织	能够详细描述存储器的编址方式、数据存取特性	30		
	了解 Flash 存储器的划分	10		

（续表）

评价内容	评价标准	分值	自评	师评
启动配置	能够理解并解释 STM32F0 系列微控制器的启动模式配置	20		
总分		100		

任务 2　Flash 存储器

任务描述

本任务旨在全面介绍 STM32F0 系列微控制器的 Flash 存储器操作，包括 Flash 的读操作、写和擦除操作、读保护、写保护、中断处理以及 CRC 计算单元的使用。

任务分析

要完成此任务，首先，学生需要了解 Flash 存储器的读操作过程，包括预取指缓冲区的工作原理及其对 CPU 读取效率的影响。其次，学生需掌握 Flash 存储器的写和擦除操作，包括解锁 Flash 存储器、编程 Flash 存储器以及擦除 Flash 存储器的步骤和注意事项。同时，学生还需了解 Flash 存储器的读保护和写保护机制，掌握如何通过配置选项字节来保护 Flash 存储器的数据不被非法访问或修改。

任务重点与实施

3.2.1　Flash 的读操作

Flash 存储器可以像普通存储空间一样直接寻址访问，但对 Flash 的读操作须经过专门的判断过程。无论是取指令还是取数据，任何对 Flash 的读操作都是通过 AHB 总线进行的。

1. 预取指缓冲区

Cortex-M0 通过 AHB 总线读取指令，使能预取指缓冲区后可以提高 CPU 运行速度。预取指缓冲区分为 3 块，每块 8 字节，复位后预取指缓冲区的默认状态是打开的，预取控制器会根据预取指缓冲区的可用空间来把握访问 Flash 的时机。当预取指缓冲区中至少有一块可用空间时，预取控制器会发起一次读取请求。预取指缓冲区的存在可以大大提高 CPU 的读取效率，当 CPU 取第一个字的指令时，下一个字的指令内容页已经存在于预取指缓冲区中了，这意味着可以达到 2 倍的取指速度。

2. 访问延迟

为了确保对 Flash 的正确读取，必须在 Flash 访问控制寄存器中的 LATENCY[2：0]位域中指定预取控制器的速度比，该数值等于每次访问 Flash 到下次访问之间所需要插入的等待周期的个数。复位后该值默认为 0，即不插入等待周期。当系统时钟(SYSCLK)高于 24 MHz 时，需要插入 1 个等待周期。

3.2.2　Flash 的写和擦除操作

STM32F0 系列微控制器的 Flash 存储器支持在线编程(in-circuit programmer，ICP)和在应用编程(in application programming，IAP)。ICP 是指使用 SWD 或 Boot loader 的方法在线改变 Flash 的内容，将用户代码烧录到微控制器中。ICP 提供了一种简单高效的芯片编程方法，可以先将芯片焊接在 PCB 上再写入程序，免除了烧写芯片时的芯片装夹等问题。与 ICP 方法不同的是，IAP 能够使用微控制器支持的任何通信接口，如 I/O、USB、CAN、UART、I2C 和 SPI 等下载程序并保存至 Flash，IAP 允许用户在运行程序的过程中重写自身的应用程序。在对 Flash 进行写/擦除操作的同时，任何对 Flash 的访问都会令总线停止，也就是说，在写/擦除 Flash 的同时不可以再对它进行读操作。另外，在对 Flash 空间做写/擦除操作时，内部 RC 振荡器(high speed internal，HSI)必须处于开启状态。

1. Flash 解锁

复位后，Flash 存储器默认为写保护状态，以防止意外的擦除操作，FLASH_CR 寄存器不允许被改写。只有执行一系列针对 FLASH_KEYR 寄存器的解锁操作后，才能开启对 FLASH_CR 的访问权限。解锁操作由下面两个写操作构成。

(1)写关键字 1：0x4567 0123。

(2)写关键字 2：0xCDEF 89AB。

任何错误的写顺序将会锁死 FLASH_CR 寄存器直至下次复位。当发生关键字错误时，会引发硬件错误中断。

2. Flash 编程

主闪存编程每次都以 16 位为单位，当 FLASH_CR 寄存器中的 PG 位为 1 时，直接对相应的地址写一个半字(16 位)即一次编程操作，试图写入其他长度将引发硬件错误中断。Flash 存储器接口会预读 Flash 待编程字节是否全为 1，如果不是则编程操作会自动取消，并将 FLASH_SR 寄存器的 PGERR 位置“1”来提示编程错误。如果与待编程地址对应的 FLASH_WRPR 寄存器中相应的写保护位有效，上述编程操作将不能进行，并会产生编程错误提示。编程结束后，FLASH_SR 寄存器的 EOP 位会硬件置“1”指示编程结束。

Flash 编程步骤如下。

(1)检查 FLASH_SR 寄存器的 BSY 位，以确认上次编程操作已经结束。

(2)将 FLASH_CR 寄存器的 PG 位置 1。

(3)以半字为单位向目标地址写入数据。

(4)等待 FLASH_SR 寄存器中的 BSY 清 0。

(5)检测 FLASH_SR 寄存器的 EOP 标志(当编程操作成功时该位置位)，并软件清除此标志。

对 Flash 的编程操作可以参考以下代码。

```
FLASH- >CR | = FLASH_CR_PG;
* (__IO uint16_t* )(flash_addr) = data;
while ((FLASH- >SR & FLASH_SR_SY) ! = 0);
```

3. Flash 擦除

Flash 存储器可以按页为单位擦除(page erase)，也可以整片擦除(mass erase)，即一次擦除整个 Flash 用户区，但信息块不会受这个命令影响。

Flash 页擦除步骤如下。

(1)检查 FLASH_SR 中的 BSY 位，以确认上次编程操作已经结束。

(2)将 FLASH_CR 寄存器的 PER 位置“1”。

(3)写 FLASH_AR 寄存器以选择待擦除的页。

(4)将 FLASH_CR 寄存器的 STRT 位置“1”。

(5)等待 FLASH_SR 中的 BSY 清 0。

(6)检测 FLASH_SR 寄存器的 EOP 标志(当擦除操作成功时该位置位)，并软件清除此标志。

对 Flash 的页擦除操作可以参考以下代码。

```
FLASH- >CR | = FLASH_CR_PER;
FLASH- >AR = page_addr;
FLASH- >CR | = FLASH_CR_STRT;
while ((FLASH- >SR & FLASH_SR_BSY) ! = 0) ;
if ((FLASH- >SR & FLASH_SR_EOP) ! = 0)
{
FLASH- >SR = FLASH_SR_EOP;
}
else
{
/* 错误管理 * /
}
FLASH- >CR &= ~FLASH_CR_PER; /* 复位 PER 位以禁止页擦除 * /
```

Flash 整片擦除步骤如下。

(1)检查 FLASH_SR 中的 BSY 位，以确认上次编程操作已经结束。

(2)将 FLASH_CR 寄存器的 MER 位置“1”。

(3)将 FLASH_CR 寄存器的 STRT 位置“1”。

(4)等待 BSY 位归 0。

(5)检测 FLASH_SR 寄存器的 EOP 标志(当擦除操作成功时该位置位)，并软件清除此标志。

对 Flash 的整片擦除操作可以参考以下代码。

```
FLASH->CR |= FLASH_CR_MER;
FLASH->CR |= FLASH_CR_STRT;
while ((FLASH->SR & FLASH_SR_BSY) != 0) ;
if ((FLASH->SR & FLASH_SR_EOP) != 0)
{
FLASH->SR = FLASH_SR_EOP;
}
else
{
/* 错误管理 */
}
FLASH->CR &= ~FLASH_CR_MER; /* 复位 MER 位以禁止整片擦除 */
```

3.2.3 Flash 读保护

读保护可以防范用户 Flash 区的代码被可疑代码读出。编程选项字节中的 RDP 位，然后重新复位微控制器，即可激活 Flash 读保护。读保护可以分为 Level 0 ~ Level 2 三个级别，具体定义如下。

(1)Level 0：无读保护。将 0xAA 写入读保护选项字节 RDP 时，读保护级别设置为 Level 0。这时从 Flash、RAM 启动或进入调试模式时，均可执行对 Flash 或备份 SRAM 的读/写操作。

(2)Level 1：使能读保护。这是擦除选项字节后默认的保护级别，将除 0xAA 和 0xCC 的任意值写入 RDP 选项字节时，可以激活读保护 Level 1，这时在连接调试功能或从 RAM 或系统存储器启动时，不能对 Flash 或备份 SRAM 进行访问(读取、擦除、编程)，读请求将导致总线错误；从 Flash 启动时，允许通过用户代码对 Flash 和备份 SRAM 进行访问。激活 Level 1 后，如果将保护选项字节 RDP 编程为 Level 0，则将对 Flash 和备份 SRAM 执行全部擦除。

(3)Level 2：禁止调试/芯片读保护。将 0xCC 写入 RDP 选项字节时可激活读保护级别 Level 2。当设置了读保护 Level 2 后，Cortex-M0 的调试功能被禁止。存储器读保护 Level 2 是不可更改的，即激活 Level 2 后保护级别不能再降回 Level 0 或 Level 1。

当设置读保护 Level 2 后，由 Level 1 提供的所有保护均有效，芯片不再允许从

RAM 或系统存储器启动，JTAG、SWD 调试处于禁止状态，用户选项字节不能再进行更改；当从 Flash 启动时，允许通过用户代码对 Flash 和备份 SRAM 进行访问（读取、擦除、编程）。这里需要注意的是，系统存储区不受读保护字节的影响，但该区域不允许编程和擦除操作。读保护的设置方法详见表 3-2。

表 3-2　Flash 存储器读保护设置

读保护级别	RDP 字节值	RDP 补码值
Level 0	0xAA	0x55
Level 1	除 0xAA 或 0xCC 的任意值	除 0x55 和 0x33 任意值（不要求互补）
Level 2	0xCC	0x33

3.2.4　Flash 写保护

1. Flash 写保护

Flash 写保护以扇区为单位来控制，配置选项字节中的 WRP[1：0]位，然后通过 FLASH_CR 寄存器的 FORCE_OPTLOAD 位强制重新加载选项字节即可使能写保护。如果试图写入或擦除一个受保护的扇区，会引起 FLASH_SR 寄存器的 WRPRTERR 标志置位。解除写保护同时解除读保护步骤如下。

（1）使用 FLASH_CR 寄存器的 OPTER 位擦除整个选项字节区域。

（2）向 RDP 写入 0xAA 解除所有保护，会引发整片擦除。

（3）设置 FLASH_CR 寄存器的 FORCE_POTLOAD 位，会引发选项字节重新加载。

2. 选项字节的写保护

选项字节默认是写保护，但其在任何时候都可读。为了对选项字节进行写/擦除操作，必须对 FLASH_OPTKEYR 寄存器顺序写入关键字。正确的关键字会引起 FLASH_CR 中的 POTWRE 置位，表明解锁成功。同样，通过对该位清零，能够再次禁止对选项字节的写操作。

3.2.5　Flash 中断

Flash 中断请求可以分为操作结束中断、写保护错误中断和编程错误中断 3 类，Flash 中断事件及控制逻辑详见表 3-3。

表 3-3　Flash 中断请求

中断事件	事件标志	使能控制位
操作结束	EOP	EOPIE
写保护错误	WRPRTERR	ERRIE
编程错误	PGERR	ERRIE

3.2.6 CRC 计算单元

CRC 计算单元可以按照既定的多项式算法，依据输入数据快速计算出循环冗余校验的结果。使用循环冗余校验可以检查数据经传输或存储过程后的完整性。CRC 计算单元的结构如图 3-3 所示。

STM32F0 系列微控制器的 CRC 计算单元中包含一个 32 位可读/写的数据寄存器 CRC_DR，它既可以用来输入新的计算数据(写操作)，也可以用来输出上一次的计算结果(读操作)。每次对该寄存器的写操作都会使得 CRC 计算单元将所写入的数据和上次计算得到的数据进行综合计算，并得到一个新的计算结果。

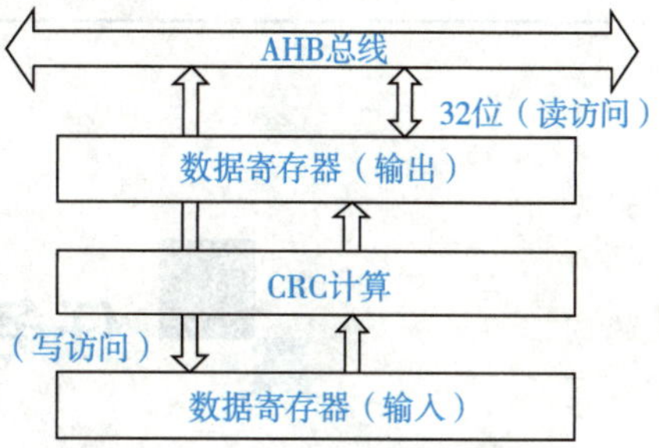

图 3-3 CRC 计算单元结构

CRC 计算单元可以处理 8、16、32 位数据，根据写入数据的格式不同，CRC 计算单元自行决定是整字计算还是逐字节计算。CRC_DR 寄存器可以按字访问，也可以按找右对齐的半字或者右对齐的字节的方式访问。根据数据宽度不同，计算的持续时间也不相同，其中 32 位计算需要 4 个 AHB 时钟周期，而 16 位和 8 位计算分别需要 2 个和 1 个 AHB 时钟周期。在默认情况下，CRC 计算单元采用与以太网标准相同的 CRC-32 多项式(0x04C1 1DB7)，即：$X^{32}+X^{26}+X^{23}+X^{22}+X^{16}+X^{12}+X^{11}+X^{10}+X^{8}+X^{7}+X^{5}+X^{4}+X^{2}+X+1$。

另外，软件编程 CRC 多项式寄存器(CRC_POL)可以更改 CRC 计算系数，即可以使用其他多项式。CRC 计算初始值可以通过 CRC 初值寄存器(CRC_INIT)预置，该值默认为 0xFFFFFFFF。在初始化时，CRC 初值自动更新到 CRC_DR 寄存器中，CRC_IDR 寄存器则用来保存 CRC 计算的结果。该寄存器不受 CRC_CR 寄存器的 RESET 位影响。

任务评价

评价内容	评价标准	分值	自评	师评
Flash 的读操作	能够准确描述 Flash 存储器的读操作过程	20		
Flash 的写和擦除操作	能够解锁 Flash 存储器、编程 Flash 存储器	20		
	学会擦除 Flash 存储器	10		
Flash 读保护	能够划分读保护级别	10		
Flash 写保护	能够划分写保护扇区	10		
Flash 中断	能够识别并处理 Flash 中断请求	10		

（续表）

评价内容	评价标准	分值	自评	师评
CRC 计算单元	掌握如何使用 CRC 计算单元来校验数据的完整性	20		
总分		100		

任务 3　选 项 字 节

任务描述

本任务旨在全面介绍 STM32F0 系列微控制器的选项字节配置与使用。选项字节是存储在微控制器信息块中的一组特殊字节，用于配置微控制器的启动模式、读保护级别、写保护扇区，以及用户自定义数据等关键参数。通过正确配置选项字节，用户可以实现对微控制器行为的精细控制，从而满足不同的应用需求。

任务分析

要完成此任务，学生需要熟悉 STM32F0 系列微控制器的选项字节结构及配置方法。首先，学生需了解选项字节的格式，包括用户和读保护选项字节、用户数据选项字节及写保护选项字节等，并理解每个选项字节的具体含义和作用。其次，需掌握选项字节的编程方法，包括解锁 Flash 访问限制、写入关键字以启用选项字节编程、按半字为单位写入目标地址等步骤。

任务重点与实施

3.3.1　选项字节的格式

每个选项字节都有与其值相对应的补码数据并保存在信息块中，其目的是用于校验选项字节的正确性。当选项字节装载后，CPU 会对其进行检查，若与其补码不一致，会产生选项字节校验错误（OPTERR），这时 CPU 会强制相应的选项字节值变为 0xFF。当选项字节与其补码都为 0xFF（擦除状态）时，CPU 将不会比较其与补码之间的差异，选项字节格式详见表 3-4。

表 3-4　选项字节格式

位 31 ~ 24	位 23 ~ 16	位 15 ~ 8	位 7 ~ 0
选项字节 1 补码	选项字节 1	选项字节 0 补码	选项字节 0

选项字节在信息块中的结构详见表 3-5，它可以从表 3-5 中所列的地址读取或从寄存器 FLASH_OBR 中读取。这里需要特别注意的是：修改后的选项字节在系统复位后不会生效，只有在上电复位(poher-on reset，POR)或将 OBL_LAUNCH 位置“1”时才能重新装入。

表 3-5　选项字节结构

地址	[31：24]	[23：16]	[15：8]	[7：0]
0x1FFF F800	nUSER	USER	nRDP	RDP
0x1FFF F804	nDatal	Datal	nData0	Data0
0x1FFF F808	nWRP1	WRP1	nWRP0	WRP0
0x1FFF F80C	nWRP3	WRP3	nWRP2	WRP2

1. 用户和读保护选项字节

用户和读保护选项字节如图 3-4 所示。

31	30	29	28	27	26	25	24	23	22	21	20	19	18	17	16
nUSER								USER							
								BOOT_SEL	RAM_PARITY_CHECK	VDDA_MONITOR	nBOOT1	nBOOT0	nRST_STDBY	nRST_STOP	WDG_SW
rw	rw	rw	rw	rw	rw	rw	rw	rw	rw	rw	rw	rw	rw	rw	rw

15	14	13	12	11	10	9	8	7	6	5	4	3	2	1	0
nRDP								RDP							
rw	rw	rw	rw	rw	rw	rw	rw	rw	rw	rw	rw	rw	rw	rw	rw

图 3-4　用户和读保护选项字节

Flash 存储器地址：0x1FFF F800。

ST 产品值：0x00FF 55AA。

位[31：24] nUSER：用户选项字节补码。

位[23：16] USER：用户选项字节(保存于 FLASH_OBR[15：8])。

位[23](BOOT_SEL)：0—BOOT0 信号由 nBOOT0 选项位定义；1—BOOT0 信号由 nBOOT0 引脚值定义(原有模式)。注：该位只有在 STM32F04x 和 STM32F09x 器件上可用，在其他器件上该位被识别为 1。

位[22](RAM_PARITY_CHECK)：0—RAM 校验检测使能；1—RAM 校验检测禁用。

位[21](VDDA_MONITOR)：0—VDDA 电源电压监控失能；1—VDDA 电源电压监控使能。

位[20](nBOOT)：连同 BOOT0 引脚选择从主闪存存储器、SRAM 或系统内存启动。

位[19](nBOOT0)：当 BOOT_SEL 位清除时，nBOOT0 位定义 BOOT0 信号值，用于选择器件的启动模式。(注：该位只有在 STM32F04x 和 STM32F09x 器件上可用。)

位[18](nRST_STDBY)：0—当进入待机模式产生复位；1—不产生复位。

位[17](nRST_STOP)：0—当进入停机模式产生复位；1—不产生复位。

位[16](WDG_SW)：0—硬件看门狗；1—软件看门狗。

位[15：8] nRDP：读保护选项字节补码。

位[7：0] RDP：读保护选项字节。该字节的值决定 Flash 存储器保护级别。

0xAA：Level 0。

0xXX(除 0xAA 和 0xCC 之外)：Level 1。

0xCC：Level 2。

2. 用户数据选项字节

用户数据选项字节如图 3-5 所示。

Flash 存储器地址：0x1FFF F804。

ST 产品值：0x00FF 00FF。

31	30	29	28	27	26	25	24	23	22	21	20	19	18	17	16
nData1								Data1							
rw	rw	rw	rw	rw	rw	rw	rw	rw	rw	rw	rw	rw	rw	rw	rw
15	**14**	**13**	**12**	**11**	**10**	**9**	**8**	**7**	**6**	**5**	**4**	**3**	**2**	**1**	**0**
nData0								Data0							
rw	rw	rw	rw	rw	rw	rw	rw	rw	rw	rw	rw	rw	rw	rw	rw

图 3-5　用户数据选项字节

Datax：两字节的用户数据。这些地址可由选项字节编程过程进行编程。

位[31：24] nData1：用户数据字节 1 补码。

位[23：16] Data1：用户数据字节 1 值(保存于 FLASH_OBR[25：18])。

位[15：8] nData0：用户数据字节 0 补码。

位[7：0] Data0：用户数据字节 0 值(保存于 FLASH_OBR[23：16])。

3. 写保护选项字节

写保护选项字节如图 3-6 所示。这些寄存器用于 Flash 存储器的写保护，清除 WRPx 字段的相应位(同时设置 nWRPx 字段的相应位)将会写保护相应的存储器扇区

(对于 STM32F03x、STM32F04x、STM32F05x 和 STM32F07x 器件，WRP 位从 0 至 31 用于保护 Flash 存储器的 4 KB 扇区。对于 STM32F09x 器件，WRP 位从 0～30 用于保护开始的 124 KB，位 31 用于保护最后的 132 KB)。

Flash 存储器地址：0x1FFF F808。

ST 产品值：0x00FF 00FF。

31	30	29	28	27	26	25	24	23	22	21	20	19	18	17	16
nWRP1								WRP1							
rw	rw	rw	rw	rw	rw	rw	rw	rw	rw	rw	rw	rw	rw	rw	rw

15	14	13	12	11	10	9	8	7	6	5	4	3	2	1	0
nWRT0								WRP0							
rw	rw	rw	rw	rw	rw	rw	rw	rw	rw	rw	rw	rw	rw	rw	rw

图 3-6　写保护选项字节

位[31：24] nWRP1：Flash 存储器写保护选项字节 1 补码。

位[23：16] WRP1：Flash 存储器写保护选项字节 1 值(保存于 FLASH_WRPR[15：8])。

位[15：8] nWRP0：Flash 存储器写保护选项字节 0 补码。

位[7：0] WRP0：Flash 存储器写保护选项字节 0 值(保存于 FLASH_WRPR[7：0])。

1：写保护使能；0：写保护失能。注：仅 STM32F03x 和 STM32F04x 器件内嵌 WRP0 和 nWRP0。

4. 写保护选项字节(仅 STM32F07x 和 STM32F09x 器件可用)

写保护选项字节(仅 STM32F07x 和 STM32F09x 器件可用)如图 3-7 所示。

Flash 存储器地址：0x1FFF F80C。

ST 产品值：0x00FF 00FF。

位[31：24] nWRP3：Flash 存储器写保护选项字节 1 补码。

位[23：16] WRP3：Flash 存储器写保护选项字节 1 值(保存于 FLASH_WRPR[15：8])。

位[15：8] nWRP2：Flash 存储器写保护选项字节 0 补码。

位[7：0] WRP2：Flash 存储器写保护选项字节 0 值(保存于 FLASH_WRPR[7：0])。

31	30	29	28	27	26	25	24	23	22	21	20	19	18	17	16
nWRP3								WRP3							
rw	rw	rw	rw	rw	rw	rw	rw	rw	rw	rw	rw	rw	rw	rw	rw

15	14	13	12	11	10	9	8	7	6	5	4	3	2	1	0
nWRP2								WRP2							
rw	rw	rw	rw	rw	rw	rw	rw	rw	rw	rw	rw	rw	rw	rw	rw

图 3-7　写保护选项字节

3.3.2 选项字节编程

对选项字节的编程需要先解除 Flash 的访问限制，再针对 FLASH_OPTKEYR 寄存器完成关键字写入操作，这时 FLASH_CR 寄存器的 OPTWRE 位会置“1”，之后就可以通过置位 FLASH_CR 寄存器的 OPTPG 位，按半字为单位写目标地址。

选项字节编程步骤如下。

(1)检查 FLASH_SR 寄存器中的 BSY 位，以确保上次编程结束。

(2)解锁 FLASH_CR 寄存器中的 OPTWRE 位。

(3)将 FLASH_CR 寄存器的 OPTPG 位置“1”。

(4)写数据(半字)到目标地址。

(5)等待 BSY 位清 0。

(6)读取并校验。

对选项字节的编程操作可以参考以下代码。

```
FLASH- >CR | = FLASH_CR_OPTPG;
* opt_addr = data;
while ((FLASH- >SR & FLASH_SR_BSY) ! = 0);
if ((FLASH- >SR & FLASH_SR_EOP) ! = 0)
{
FLASH- >SR = FLASH_SR_EOP; /* 清除 EOP 位 * /
}
else
{
/* 错误管理 * /
}
FLASH- >CR &= ~FLASH_CR_OPTPG; /* 复位 PG 位禁用编程 * /
```

擦除选项字节步骤如下。

(1)检查 FLASH_SR 寄存器中的 BSY 位，以确保上次编程结束。

(2)解锁 FLASH_CR 寄存器中的 OPTWRE 位。

(3)将 FLASH_CR 寄存器的 OPTER 位置“1”。

(4)将 FLASH_CR 寄存器的 STRT 位置“1”。

(5)等待 BSY 位清 0。

(6)读取并校验。

擦除选项字节的过程可以参考以下代码。

```
FLASH- >CR | = FLASH_CR_OPTER;
FLASH- >CR | = FLASH_CR_STRT;
while ((FLASH- >SR & FLASH_SR_BSY) ! = 0) ;
if ((FLASH- >SR & FLASH_SR_EOP) ! = 0) /* 检测 EOP 标志 * /
```

```
{
FLASH->SR = FLASH_SR_EOP; /* 清除 EOP 标志 */
}
else
{
/* 错误管理 */
}
FLASH->CR &= ~FLASH_CR_OPTER; /* 复位 PER 位禁用页擦除 */
```

注意：当读保护选项字节由保护状态改成非保护状态时，会自动引发一次整片擦除。如果用户只想改写其他字节，则不会引发整片擦除，这个机制用于保护 Flash 的内容。

任务评价

评价内容	评价标准	分值	自评	师评
选项字节的格式	能够准确描述 STM32F0 系列微控制器选项字节的格式	30		
选项字节编程	熟悉 STM32F0 系列微控制器选项字节的编程步骤	30		
	能够编写正确的代码实现选项字节的编程和擦除操作	40		
总分		100		

任务4　串口通信简介

任务描述

本任务旨在全面介绍串口通信的基本概念、分类，以及 STM32 微控制器中的串行通信方式。串口通信作为一种广泛应用的通信方式，在不同的电气标准及协议下，如 RS-232-C、RS-422、RS-485 以及 USB 等，发挥着重要的数据传输作用。通过本任务的学习，学生将深入理解串口的定义、工作原理及其在不同场景下的应用，同时掌握 STM32 微控制器支持的串行通信方式，为后续的实际应用打下坚实基础。

任务分析

要完成此任务，学生需要熟悉串口通信的基本概念，包括串口的定义、串行接口电路的工作原理以及通用同步异步收发器(USART)的功能和特点。在此基础上，学生需进一步了解串口通信的分类，包括单工、半双工和全双工 3 种通信方式，并理解它们在实际应用中的差异和适用场景。最后，学生需重点关注 STM32 微控制器中的串行通信方式，包括同步通信(如 SPI、I2C)和异步通信，熟悉这些通信方式的具体通信标准和引脚说明，为后续的实际编程和应用做好准备。

任务重点与实施

3.4.1 串口概述

stm32 串口通信协议

串口叫作串行接口，也称串行通信接口，按电气标准及协议来分包括 RS-232-C、RS-422、RS-485、USB 等。RS-232-C、RS-422 与 RS-485 标准只对接口的电气特性做出规定，不涉及接外挂程式、电缆或协议。USB 是近几年发展起来的新型接口标准，主要用于高速数据传输领域。

串行接口是一种可以将接收来自 CPU 的并行数据字符转换为连续的串行数据流发送出去，同时可将接收的串行数据流转换为并行的数据字符供给 CPU 的器件。一般完成这种功能的电路，称为串行接口电路。

通用同步异步收发器(universal synchronous/asynchronous receiver/transmitter，USART)提供了一种灵活的方法，与使用工业标准的 NRZ 异步串行数据格式的外部设备之间进行全双工数据交换。USART 利用分数波特率发生器提供宽范围的波特率选择。它支持同步单向通信和半双工单向通信，也支持局部互联网(local inter-connect network，LIN)、智能卡协议和红外数据组织(infrared data association，IrDA) SIR ENDEC 规范，以及调制解调器(CTS/RTS)操作。它还允许多处理器通信。使用多缓冲器配置的 DMA 方式，可以实现高速数据通信。

3.4.2 串口通信分类

串口通信按照数据传送方向，分为以下几类。

(1)单工：数据传输只支持数据在一个方向上传输，如图 3-8(a)所示。

(2)半双工：允许数据在两个方向上传输，但是在某一时刻，只允许数据在一个方向上传输，它实际上是一种切换方向的单工通信，如图 3-8(b)所示。

(3)全双工：允许数据同时在两个方向上传输，因此，全双工通信是两个单工通信方式的结合，它要求发送设备和接收设备都有独立的接收和发送能力，如图 3-8(c)所示。

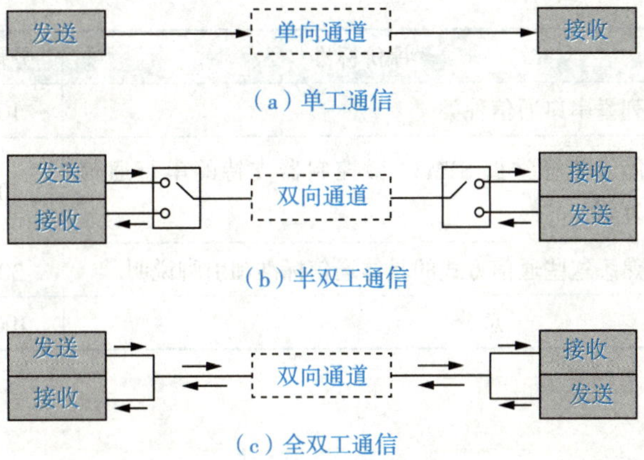

图 3-8　串口通信

3.4.3　STM32 串行通信的通信方式

STM32 串行通信方式有两种：一种是同步通信，带时钟同步信号传输，如 SPI、I2C 通信接口；另一种是异步通信，不带时钟同步信号。具体通信标准和引脚说明见表 3-6。

表 3-6　常见串行通信接口

通信标准	引脚说明	通信方式	通信方向
UART (通用异步收发器)	TXD：发送端	异步通信	全双工
	RXD：接收端		
	GND：公共地		
单总线(1-wire)	DQ：发送/接收端	异步通信	半双工
SPI	SCK：同步时钟	同步通信	全双工 半双工
	MISO：主机输入，从机输出		
	MOSI：主机输出，从机输入		
I2C	SCL：同步时钟	同步通信	
	SDA：数据输入/输出端		

任务评价

评价内容	评价标准	分值	自评	师评
串口概述	能够准确理解串口的基本概念	10		
	了解串行接口电路的工作原理以及 USART 的功能和特点	20		

（续表）

评价内容	评价标准	分值	自评	师评
串口通信分类	列举串口通信种类	10		
STM32 串行通信的通信方式	能够熟练掌握 STM32 微控制器支持的串行通信方式	30		
	熟悉这些通信方式的具体通信标准和引脚说明	30		
总分		100		

任务 5　STM32 的串口通信

任务描述

本任务旨在全面介绍 STM32 微控制器中的串口通信功能。STM32 的串口通信以其强大的通用同步异步收发器(USART)为核心，不仅支持基本的同步、异步通信，还具备 LIN 总线功能(局域互联网)、IRDA 功能(红外通信)和 SmartCard 功能，广泛应用于各种嵌入式系统中。

任务分析

要完成此任务，学生需要了解波特率的定义和串口结构、收发控制寄存器的功能和配置方法，以及数据存储转移部分的工作原理，包括设置波特率、配置收发控制寄存器、实现数据的发送和接收等。同时，学生还需了解 STM32 串口通信的高级功能，如 LIN 总线、IRDA 和 SmartCard 等，以便在实际应用中根据需求进行选择和配置。

任务重点与实施

STM32 的串口非常强大，其通用同步异步收发器(USART)支持最基本的通用串口同步、异步通信，此外，还具有 LIN 总线功能、IRDA 功能、SmartCard 功能。STM32 的串口主要由 3 个部分组成：波特率的控制部分(图 3-9 中标号①)、收发控制部分(图 3-9 中标号②)和数据存储转移部分(图 3-9 中标号③)。

3.5.1　波特率控制

波特率，即每秒传输的二进制位数，用 b/s(bps)表示，通过对时钟的控制可以改变波特率。在配置波特率时，向波特比率寄存器 USART_BRR 写入参数，修改串口时钟的分频值 USARTDIV。USART_BRR 寄存器包括两部分，分别是 DIV_Mantissa(USARTDIV 的整数部分)和 DIVFraction(USARTDIV 的小数)，最终计算公式为

$$USARTDIV=DIV\_Mantissa+(DIVFraction/16)$$

USARTDIV 是对串口外设的时钟源进行分频，对于 USART1，由于它挂载在 APB2 总线上，所以它的时钟源为 f_{PLCK2}；而 USART2、USART3 挂载在 APB1 上，时钟源则为 $fPLCK_2$，串口的时钟源经过 USARTDIV 分频后分别输出作为发送器时钟和接收器时钟，用来控制发送和接收的时序。

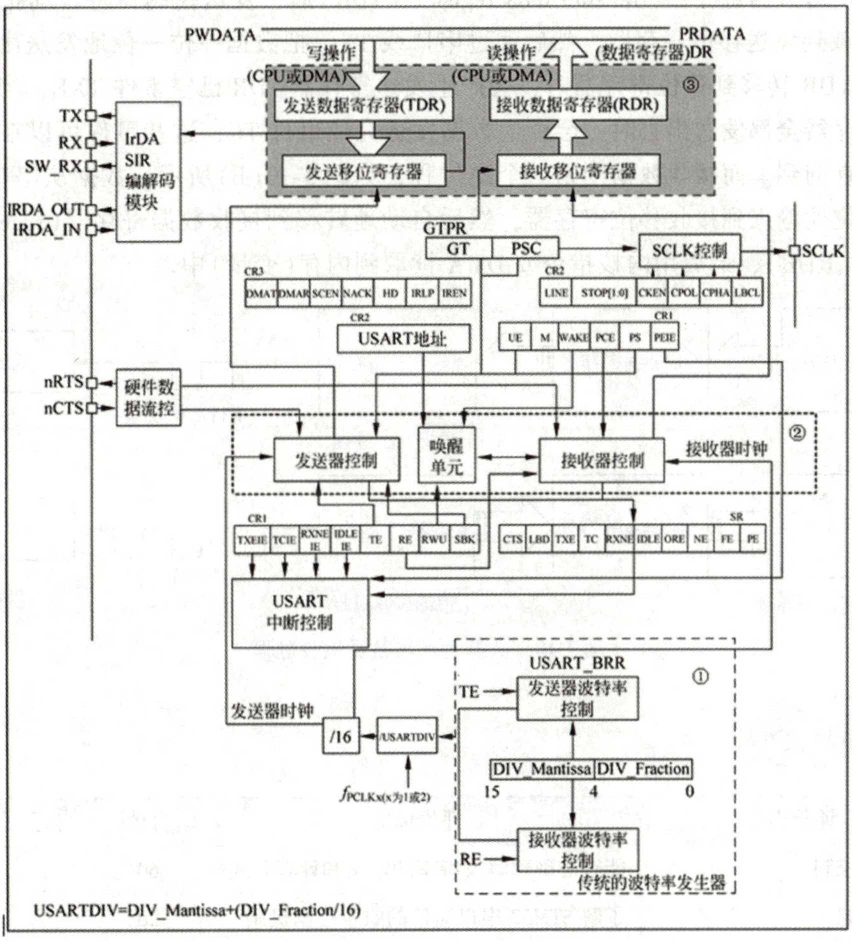

图 3-9　STM32 的串口结构

3.5.2　收发控制

围绕着发送器和接收器控制部分，有很多寄存器：CR1、CR2、CR3、SR，即 USART 的 3 个控制寄存器(control register)和 1 个状态寄存器(status register)。通过向寄

存器写入各种控制参数来控制发送和接收，如奇偶校验位、停止位等，还包括对 USART 中断的控制；串口的状态在任何时候都可以从状态寄存器中查询得到。具体的控制和状态检查，都是使用库函数来实现的。

3.5.3 数据存储转移部分

将图 3-9 中标号③的部分，即串口数据发送接收的过程做一个简单的图示，如图 3-10 所示。收发控制器根据寄存器配置，对数据存储转移部分的移位寄存器进行控制。当需要发送数据时，如图 3-10(a)所示，内核或 DMA 外设把数据从内存(变量)写入到发送数据寄存器(transmit data register，TDR)后，发送控制器将自动把数据从 TDR 加载到发送移位寄存器，然后通过串口线 TX，把数据一位一位地发送出去，在数据从 TDR 转移到移位寄存器时，会产生发送寄存器 TDR 已空事件 TXE，当数据从移位寄存器全部发送出去时，会产生数据发送完成事件 TC，这些事件可以在状态寄存器中查询到。而接收数据则是一个逆过程，如图 3-10(b)所示，数据从串口线 RX 一位一位地输入到接收移位寄存器，然后自动地转移到接收数据寄存器(receive data register，RDR)，最后用内核指令或 DMA 读取到内存(变量)中。

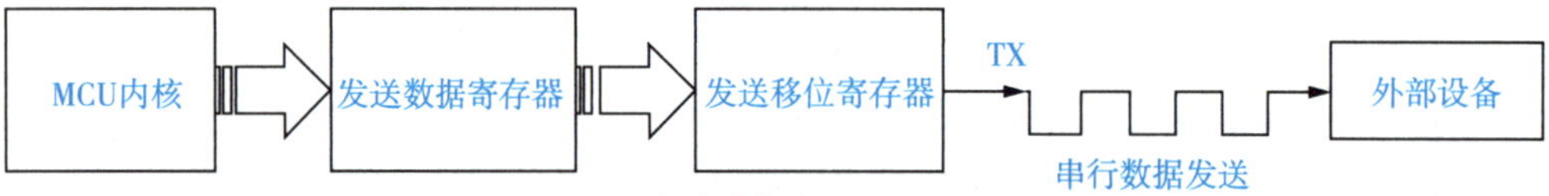

(a) 数据发送过程

(b) 数据接收过程

图 3-10　数据发送与数据接收过程

任务评价

评价内容	评价标准	分值	自评	师评
波特率控制	能够准确理解波特率的定义和计算公式	60		
收发控制	了解 STM32 串口通信的收发控制机制	20		
数据存储转移部分	理解 STM32 串口通信中数据存储转移部分的工作原理	20		
总分		100		

任务6　实战-串口通信

任务描述

本任务旨在通过实战演练，全面介绍 STM32 微控制器串口通信的开发流程。学生将通过 STM32CubeMX 软件和 Keil 编译环境，从生成开发项目、配置串口参数、编写源代码到编译下载，完整地体验 STM32 串口通信项目的开发过程。

任务分析

要完成此任务，学生需要首先熟悉 STM32CubeMX 软件和 Keil 编译环境的基本操作。在此基础上，学生需按照任务要求，逐步完成开发项目的生成、串口参数的配置、源代码的编写，以及程序的编译下载。在生成开发项目时，学生需正确选择芯片型号，配置时钟，并设置串口参数，如波特率、数据位长度、奇偶校验位和停止位等。在编写源代码时，学生需了解 STM32 HAL 库函数的使用方法，掌握串口初始化函数的编写和 printf 函数的调用。最后，学生需将编写好的程序编译下载到 STM32 开发板上，通过串口助手或其他串口工具验证程序的正确性。

任务重点与实施

3.6.1　生成开发项目

(1)首先打开 STM32CubeMX 软件，选择需要使用的芯片型号。如果已经将经常使用的芯片型号收藏了，这里直接点击星号找到收藏的芯片类型，双击选中即可。如果之前没有收藏芯片，则直接在搜索栏中搜索自己想要使用的芯片，参考前面项目中的新建工程部分。

(2)选择完所要使用的芯片型号之后，接下来就可以设置 RCC 时钟。这里是选择外部高速时钟“Crystal/Ceramic Resonator”。

(3)时钟配置完毕(其实没有完全设置完成，具体会在第 4 步详细配置)，接下来就可以配置相关串口了。开发板 USART1 连接 USB 转 TTL 芯片(CH340 芯片)，所以这里选择串口 1 进行配置。先在左边选中“Connectivity”，在里面找到“USART1”，如图 3-11 所示。然后配置 Mode 为异步模式“Asynchronous”。

接下来在下方的配置栏里配置“Parameter Settings”相关参数：“Baud Rate”(波特率)为 115 200 bit/s，“World Length”(数据位长度)为 8 bit。“Parity”奇偶校验位设置为 None，无需奇偶校验位。“Stop Bits”(停止位)长度为 1 bit。

如果想要设置串口中断也是直接设置。选择“NVICSettings”，然后勾选串口中断选项“USART1 global interrupt”，如图 3-11 和图 3-12 所示。

配置完图 3-11 及图 3-12 的步骤后，就可以看到芯片的 PA9 和 PA10 引脚已经设置为串口的发送和接收模式了。

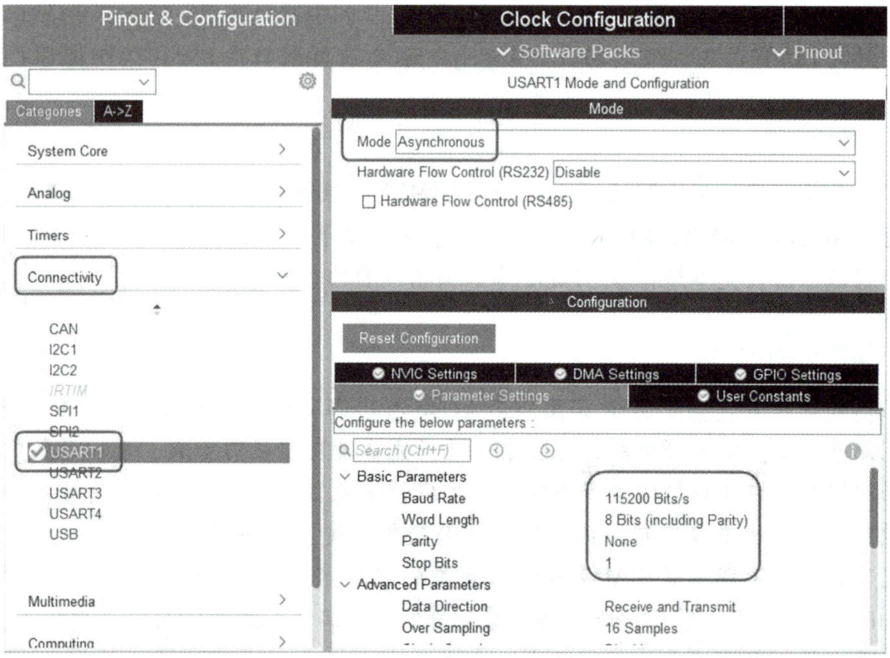

图 3-11　USART 配置

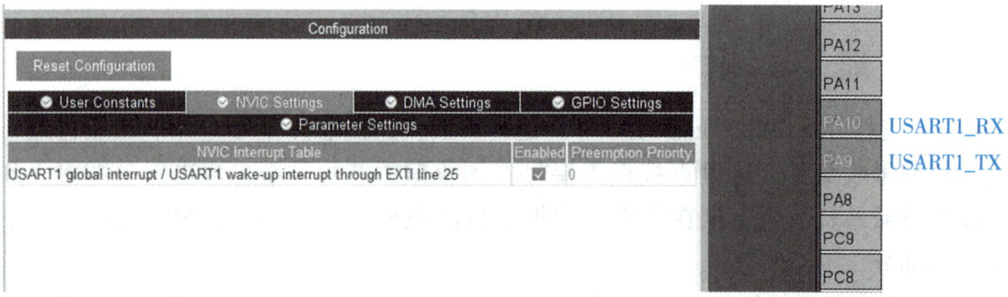

图 3-12　PA9 和 PA10 引脚

(4)配置完串口后还需要配置时钟，可能大家会有疑惑：前面已经配置过时钟了，为什么这里还要配置？其实前面配置的时钟是外部高速时钟，通俗来说也就是连接外部晶振，然而具体使用的时钟频率大小还是没有确定的，现在涉及到通信的问题，则时钟必须准确，否则数据传输会出问题。现在需要做的是将外部高速时钟配置为具体的工作频率 48 MHz，如图 3-13 所示。

① 图 3-12 中的第 1 步表示的就是前面设置的外部高速时钟外界连接的晶振(high-speed external clock，HSE)。

② 第 2 步，设置锁相环倍频（phase-locked loop，PLL）为 6 倍。

③ 第 3 步，SYSCLK 选择系统时钟路线，选择锁相环时钟。

④ 当看到最终的系统时钟频率为 48 MHz 时，发现后面的时钟频率变成了红色。这是因为后面的系统总线的时钟频率超过了其最大频率，需要再次进行分频。接下来就需要修改 APB1 的分频系数，需要设置为 2 分频，因为 PCLK1 的最大时钟频率为 36 MHz，而我们的系统时钟频率是 48 MHz，所以说这里的分频系数最小也要设置为 2。

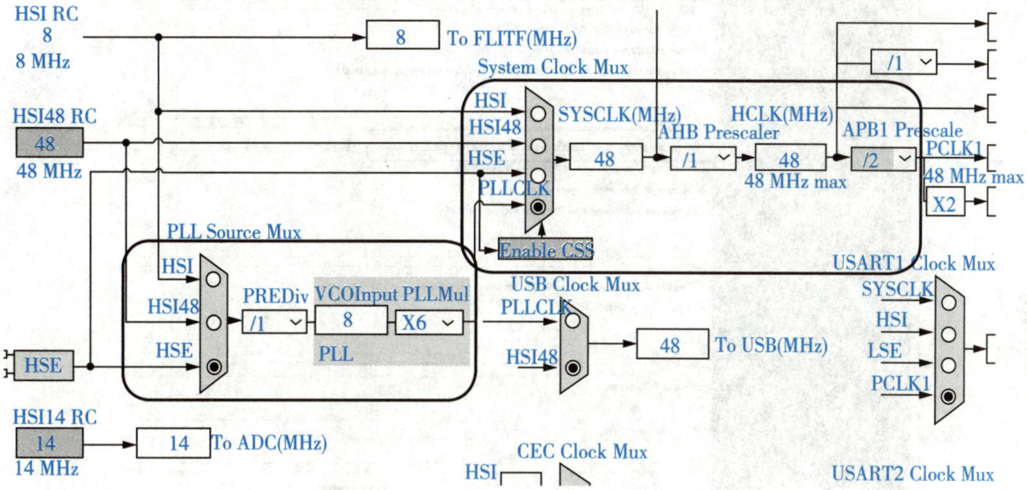

图 3-13　串口时钟配置

⑤ 配置完图 3-13 的步骤之后，可以直接选择保存路径，设置工程名称。具体需要注意的地方在图 3-14 中已经框选起来了，这里尤其需要注意，在保存的时候，保存路径一定不能有中文路径。

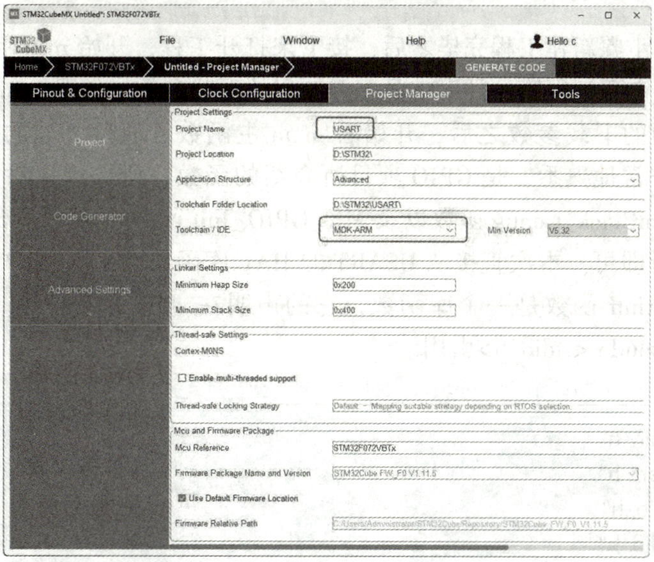

图 3-14　设置保存路径和工程名称

⑥ 选择“generate peripheral intialization as a pair of'. c/. h'files per peripheral”，如图 3-15 中的框选 1 所示，上面的配置步骤完毕后，单击 GENERATE CODE 生成工程文件。

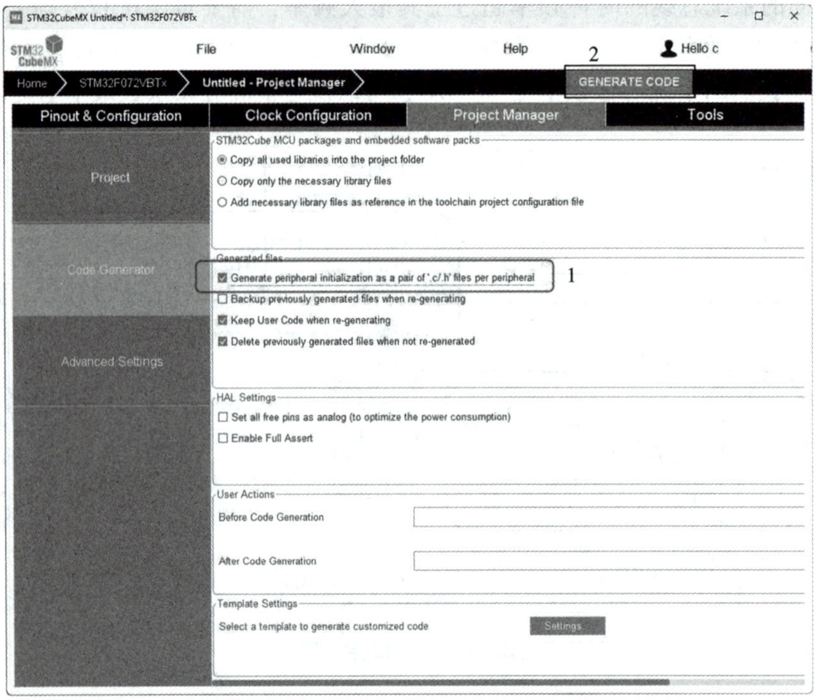

图 3-15　复制 . c 和 . h 文件

3.6.2　源代码介绍

按照前面的步骤新建工程完毕之后，接下来打开工程，开始分析相关的工程代码。打开工程后，一定要记得第一件事就是配置工程的下载参数，如图 3-16 所示。

配置完前面的下载参数之后，开始看 main 主函数。通过下面的代码可以看到，前面几个函数非常地熟悉，是 GPIO 项目所介绍的函数，所以这里对于前面的 HAL_Init 函数、SystemClock_Config 函数以及 MX_GPIO_Init 函数不做过多介绍，参考前面项目的代码分析即可。本次直接从 USART 的 HAL 库函数 MX_USART1_UART_Init 开始介绍。注意 printf 函数是一个库函数，它的声明在 stdio. h 文件里。所以，要在源文件中加上 #include <stdio. h>引用。

```
/*  Includes ——————————————————————————— * /
#include "main. h"
#include "usart. h"
#include "gpio. h"
#include "stdio. h"
……
```

```
int main(void)
{
  HAL_Init();
  /*  Configure the system clock * /
  SystemClock_Config();
  /*  Initialize all configured peripherals * /
  MX_GPIO_Init();
  MX_USART1_UART_Init();
  while (1)
  {
    /*  USER CODE END WHILE * /
printf("嵌入式技术及应用\r\n");
HAL_Delay(1000);
    /*  USER CODE BEGIN 3 * /
  }
  /*  USER CODE END 3 * /
}
```

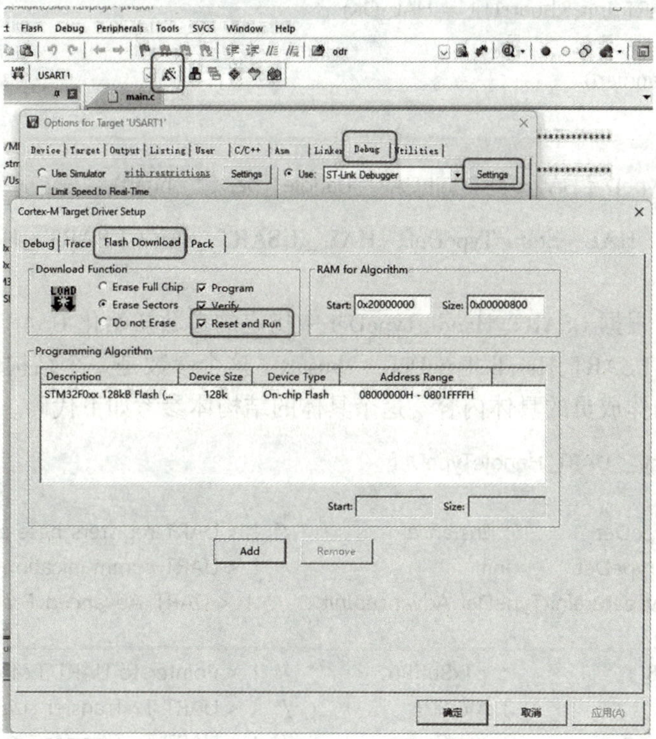

图 3-16　Keil 编译配置

通过 main 主函数的 USART 初始化函数跳转过来可以看到下面的代码。在下方的函数中，可以看到通过对结构体进行赋值的方式设置了相关的参数，例如波特率、数据位数、发送接收使能等。在后面有一个函数 HAL_UART_Init，它的参数是 huart1，参数在函数中已经定义，也就是在判断函数之前对 huart1 这个结构体进行赋值其实就是在初始化串口 1，接下来主要分析 HAL_UART_Init 这个函数。或者直接在工程代码中跳转也可以。

```
UART_HandleTypeDef huart1;
/*  USART1 init function * /
void MX_USART1_UART_Init(void)
{
  huart1. Instance = USART1;
  huart1. Init. BaudRate = 115200;
  huart1. Init. WordLength = UART_WORDLENGTH_8B;
  huart1. Init. StopBits = UART_STOPBITS_1;
  huart1. Init. Parity = UART_PARITY_NONE;
  huart1. Init. Mode = UART_MODE_TX_RX;
  huart1. Init. HwFlowCtl = UART_HWCONTROL_NONE;
  huart1. Init. OverSampling = UART_OVERSAMPLING_16;
  huart1. Init. OneBitSampling = UART_ONE_BIT_SAMPLE_DISABLE;
  huart1. AdvancedInit. AdvFeatureInit = UART_ADVFEATURE_NO_INIT;
  if (HAL_UART_Init(&huart1) ! = HAL_OK)
  {
    Error_Handler();
  }
}
HAL_StatusTypeDef HAL_UART_Init(UART_HandleTypeDf *  huart)
```

函数原型：HAL _ StatusTypeDef、HAL _ USART _ Init (USART _ HandleTypeDef * husart)。

函数功能：根据 USART_HandleTypeDef 中指定的参数初始化 USART 模式。

函数参数：USART_HandleTypeDef * husart。这个参数是一个结构体指针，那么需要知道这个结构体成员的具体内容。这个具体的结构体参考如下代码。

```
typedef struct __UART_HandleTypeDef
{
  USART_TypeDef           * Instance;          /* ! < UART registers base address* /
  UART_InitTypeDef        Init;                /* ! < UART communication parameters* /
  UART_ AdvFeatureInitTypeDef AdvancedInit;    /* ! < UART Advanced Features initialization
parameters * /
  const uint8_t           * pTxBuffPtr;        /* ! < Pointer to UART Tx transfer Buffer * /
  uint16_t                TxXferSize;          /* ! < UART Tx Transfer size* /
  __IO uint16_t           TxXferCount;         /* ! < UART Tx Transfer Counter* /
  uint8_t                 * pRxBuffPtr;        /* ! < Pointer to UART Rx transfer Buffer * /
  uint16_t                RxXferSize;          /* ! < UART Rx Transfer size* /
  __IO uint16_t           RxXferCount;         /* ! < UART Rx Transfer Counter* /
  uint16_t                Mask;                /* ! < UART Rx RDR register mask* /
```

```
    __IO HAL_UART_RxTypeTypeDef ReceptionType;
                                            /* ! < Type of ongoing reception* /
    __IO HAL_UART_RxEventTypeTypeDef RxEventType;
                                            /* ! < Type of Rx Event* /
    void (* RxISR)(struct __UART_HandleTypeDef * huart);
                                            /* ! < Function pointer on Rx IRQ handler* /
    void (* TxISR)(struct __UART_HandleTypeDef * huart);
                                            /* ! < Function pointer on Tx IRQ handler* /
    DMA_HandleTypeDef    * hdmatx;          /* ! < UART Tx DMA Handle parameters* /
    DMA_HandleTypeDef    * hdmarx;          /* ! < UART Rx DMA Handle parameters* /
    HAL_LockTypeDef      Lock;              /* ! < Locking object* /
  __ IO HAL_ UART_ StateTypeDefgState;      /* ! < UART state information related to
global Handle management and also related to Tx operations. This parametercan be a value of @
ref HAL_UART_StateTypeDef* /
  __IO HAL_UART_StateTypeDef    RxState;    /* ! < UART state information related to Rx
operations. This parameter can be a value of @ref HAL_UART_StateTypeDef* /
  __IO uint32_t         ErrorCode;          /* ! < UART Error code* /
  ……
  } UART_HandleTypeDef;
```

函数返回值：HAL 的状态标志(实际上就是初始化是否成功，在下面也会介绍)。

上面的代码就是串口初始化函数参数的结构体成员，需要注意的是，这里的结构体成员的类型，有的是基本类型，但是有的却是构造体类型(这里的是结构体类型)。如果想要知道这个构造类型是什么，可以直接右击进行跳转。

在结构体成员中，常用到的就是第一个和第二个成员变量。第一个成员变量表示串口寄存器的基地址(表示的是选择哪一个串口外设)，这在程序中也可以看到。

```
  huart1. Instance = USART1；
```

这里的配置选择的外设是串口 1。

通过串口初始化函数的参数可知，这个函数的参数是一个结构体。

第一个成员变量表示的是最终使用的外设到底是哪一个串口，可以右击跳转到第一个成员的成员类型，看到如图 3-17 所示的界面。

```
typedef struct
{
    __IO uint32_t SR;         /*!< USART Status register,                  Address offset: 0x00 */
    __IO uint32_t DR;         /*!< USART Data register,                    Address offset: 0x04 */
    __IO uint32_t BRR;        /*!< USART Baud rate register,               Address offset: 0x08 */
    __IO uint32_t CR1;        /*!< USART Control register 1,               Address offset: 0x0C */
    __IO uint32_t CR2;        /*!< USART Control register 2,               Address offset: 0x10 */
    __IO uint32_t CR3;        /*!< USART Control register 3,               Address offset: 0x14 */
    __IO uint32_t GTPR;       /*!< USART Guard time and prescaler register, Address offset: 0x18 */
} USART_TypeDef;
```

图 3-17　串口寄存器结构体

如果以前了解过 USART 模块或者对这个模块比较熟悉，就可以看到这个结构体的成员其实就是 USART 的相关寄存器名称。对于寄存器的取值，这个成员的取值为 USART1，右击跳转至 Definition，可以看到实际上这个 USARTI 就是一个宏定义。

```
#define USART1((USART_TypeDef* )USART1_BASE)
```

宏定义的内容还是不清楚的，那么继续跳转。

```
#define USARTI_BASE(APB2PERIPH_BASE+0X00003800UL)
```

发现 USART1_BASE 的宏定义还有未知值，继续跳转。

```
#define APB2PERIPH_BASE(PERIPH_BASE + 0X00010000UL)
#define PERIPH_BASE OX40000000UL
```

根据上面的宏定义可以知道，最终 USART1 表示的是使用一个宏定义表示的数值，这个数值是通过配置寄存器需要设置的值，至于是什么数值，需要具体去查看寄存器的相关配置。相关寄存器名称如下。

(1)状态寄存器：USARTx_SR。

(2)数据寄存器：USARTx_DR。

(3)波特比率寄存器：USARTx_BRR。

(4)控制寄存器 1：USARTx_CR1。

(5)控制寄存器 2：USARTx_CR2。

(6)控制寄存器 3：USARTx_CR3。

(7)保护时间和预分频寄存器：USARTx_GTPR。

通过配置相关寄存器，可以给不同寄存器不同的数值，从而实现配置 USART1 的功能。

第二个成员变量表示需要设置的参数，在代码中可以看到第二个成员变量是 Init，在程序中可以看到如下代码。

```
void MX_USART1_UART_Init(void)
{
  huart1. Instance = USART1;
  huart1. Init. BaudRate = 115200;
  huart1. Init. WordLength = UART_WORDLENGTH_8B;
  huart1. Init. StopBits = UART_STOPBITS_1;
  huart1. Init. Parity = UART_PARITY_NONE;
  huart1. Init. Mode = UART_MODE_TX_RX;
  huart1. Init. HwFlowCtl = UART_HWCONTROL_NONE;
  huart1. Init. OverSampling = UART_OVERSAMPLING_16;
  if (HAL_UART_Init(&huart1) ! = HAL_OK)
  {
```

```
        Error_Handler();
    }

}
```

通过代码可以看到，所使用的这个结构体的成员的类型也是结构体类型，接下来可以跳转到这个结构体里查看。

右击跳转到 UART_InitTypeDef 这个函数类型，可以看到如下代码。

```
typedef struct
{
uint32_t BaudRate;   /* ! < This member configures the UART communication baud rate.
The baud rate is computed using the following formula:
- IntegerDivider = ((PCLKx) / (16 *  (huart- >Init. BaudRate)))
- FractionalDivider = ((IntegerDivider - ((uint32_t) IntegerDivider)) *  16) + 0. 5 * /
uint32_t WordLength;   /* ! < Specifies the number of data bits transmitted or received in a frame.
This parameter can be a value of @ref UART_Word_Length * /
uint32_t StopBits;   /* ! < Specifies the number of stop bits transmitted.
This parameter can be a value of @ref UART_Stop_Bits * /
uint32_t Parity;      /* ! < Specifies the parity mode.
This parameter can be a value of @ref UART_Parity
@note When parity is enabled, the computed parity is inserted
at the MSB position of the transmitted data (9th bit when
the word length is set to 9 data bits; 8th bit when the
word length is set to 8 data bits). * /
uint32_t Mode;      /* ! < Specifies whether the Receive or Transmit mode is enabled or disabled.
This parameter can be a value of @ref UART_Mode * /
uint32_t HwFlowCtl;    /* ! < Specifies whether the hardware flow control mode is enabled or
disabled.
This parameter can be a value of @ref UART_Hardware_Flow_Control * /
uint32_ t OverSampling;      /* ! < Specifies whether the Over sampling 8 is enabled or
disabled, to achieve higher speed (up to fPCLK/8).
This parameter can be a value of @ref UART_Over_Sampling. This feature is only available
on STM32F00xx family, so OverSampling parameter should always be set to 16. * /
} UART_InitTypeDef;
```

串口初始化，设置参数实际上是一个结构体嵌套(结构体成员的类型还是结构体类型)。需要特别注意的就是这个结构体，因为基本的串口的相关参数都是在这个结构体中定义的。

接下来继续看以下代码。

```
if (HAL_UART_Init(&huart1) ! = HAL_OK)
{
    Error_Handler();
}
```

可以看到第一行的函数其实就是串口初始化代码，将前面设置的串口所定义的结构体数值添加到串口初始化中，串口初始化代码有一个返回值，返回值的类型实际上是一个枚举，具体内容如下。

```
typedef enum
{
    HAL_OK = 0x00U,
    HAL_ERROR = 0x01U,
    HAL_BUSY = 0x02U,
    HAL_TIMEOUT = 0x03U
}
HAL_StatusTypeDef;
```

通过上面的代码可以看到，串口初始化函数的返回值其实就是一个枚举，返回对应的初始化状态。在上面的代码中判断，如果串口初始化函数的返回值等于 HAL_OK，则认为初始化成功；如果不等于 HAL_OK，则进入 if 语句，进入 Errcr-Hamdler 函数。

跳转到 Errcr-Hamdler 这个函数后可以看到，这个函数的主要功能是，如果初始化错误会进入此函数。进入此函数后，想要执行什么代码可以自行添加，这里添加的是一个 while(1)死循环，如图 3-18 所示。如果初始化失败，进入这里后 CPU 会在这里进行死循环，不再往下执行程序。或者读者可以把这里修改为有返回值的函数，如果初始化失败，可以让它返回 0。

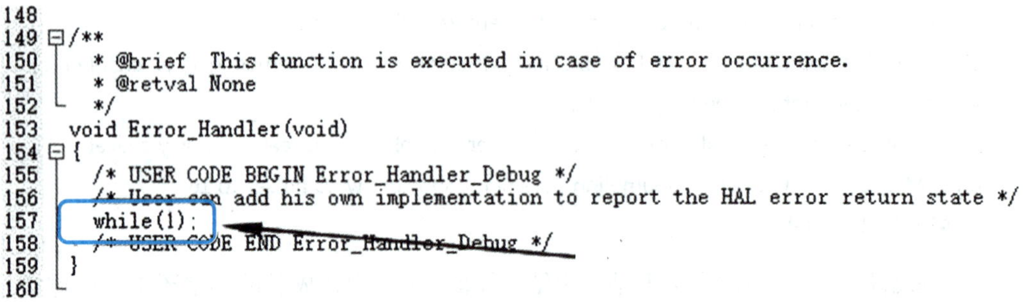

图 3-18　添加代码

接下来是串口引脚的初始化函数，参考代码如下。

```
void HAL_UART_MspInit(UART_HandleTypeDef*  uartHandle)
{
GPIO_InitTypeDef GPIO_InitStruct = {0};
if(uartHandle->Instance==USART1)
{
    __HAL_RCC_USART1_CLK_ENABLE();
    __HAL_RCC_GPIOA_CLK_ENABLE();
    GPIO_InitStruct.Pin = GPIO_PIN_9;
    GPIO_InitStruct.Mode = GPIO_MODE_AF_PP;
    GPIO_InitStruct.Speed = GPIO_SPEED_FREQ_HIGH;
    HAL_GPIO_Init(GPIOA, &GPIO_InitStruct);
    GPIO_InitStruct.Pin = GPIO_PIN_10;
    GPIO_InitStruct.Mode = GPIO_MODE_INPUT;
    GPIO_InitStruct.Pull = GPIO_NOPULL;
    HAL_GPIO_Init(GPIOA, &GPIO_InitStruct);
    /* USART1 interrupt Init */
    HAL_NVIC_SetPriority(USART1_IRQn, 0, 0);
    HAL_NVIC_EnableIRQ(USART1_IRQn);
    /* USER CODE BEGIN USART1_MspInit 1 */
    /* USER CODE END USART1_MspInit 1 */
  }
}
```

上面的这个函数是串口 1 引脚初始化，所使用的是串口 1，引脚是 PA9，PA10。接下来是其中的相关函数。

```
__HAL_RCC_USART1_CLK_DISABLE();//串口1时钟使能函数
__HAL_RCC_GPIOA_CLK_ENABLE();//PA 口时钟使能函数
```

下面这两个函数是串口中断初始化函数。

```
HAL_NVIC_SetPriority(USART1_IRQn,0,0);        //设置具体的中断源以及中断优先级等级
```

注：前面新建串口工程的时候没有设置它的具体的中断优先级，那么它的优先级默认为 0，0。

```
HAL_NVIC_EnableIRQ(USART1_IRQn);      //使能具体的中断源
```

"HAL_GPIO_Init();"这个函数是对具体 GPIO 口进行初始化，在前面 GPIO 项目已经介绍过了。

3.6.3 编译下载

本示例主要的功能是在串口上利用 printf 函数直接进行打印，按前面的步骤添加完代码之后，编译下载程序，最终效果是在串口助手或其他串口工具中实现每秒打印一次“嵌入式技术及应用”，运行结果如图 3-19 所示。

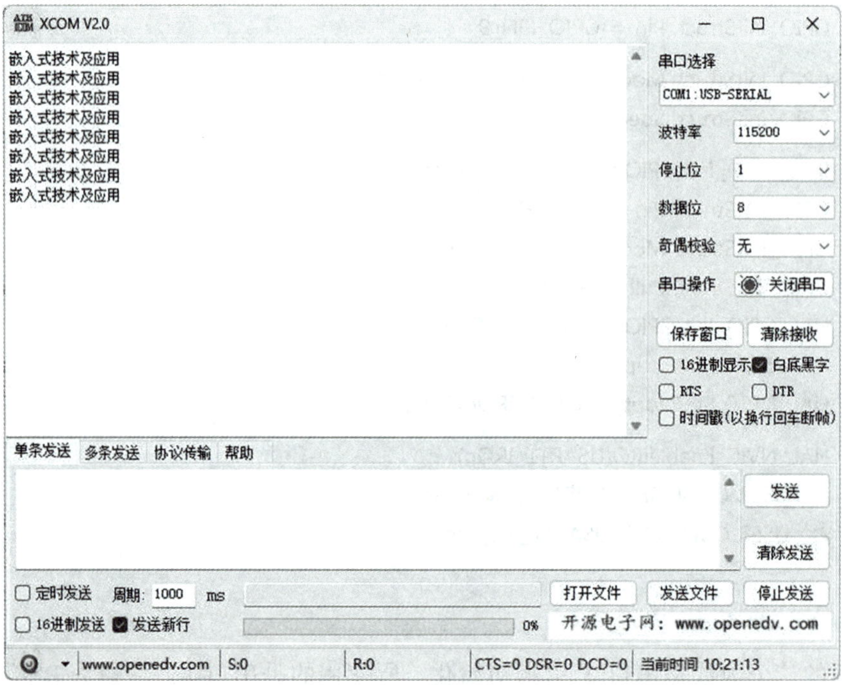

图 3-19 运行结果

任务评价

评价内容	评价标准	分值	自评	师评
生成开发项目	能够正确选择芯片型号	10		
	能够配置 RCC 时钟	10		
	学会设置串口参数	10		
	能够生成开发项目	10		
源代码介绍	掌握串口初始化函数的编写	10		
	能够进行 printf 函数的调用	20		

（续表）

评价内容	评价标准	分值	自评	师评
编译下载	能够将编写好的程序正确编译下载到 STM32 开发板上	20		
	能够验证程序的正确性	10		
总分		100		

项目小结

本项目首先介绍了 STM32F0 系列微控制器的系统架构；其次介绍了 Flash 存储器操作；最后介绍了选项字节配置以及串口通信技术。通过理论学习与实战操作，学生能够掌握总线结构、存储器组织、启动配置等基础知识，并深入了解了 Flash 的读写保护、中断处理及 CRC 校验等高级功能。同时，学生也学会了如何配置和使用 STM32 的串口进行通信，从波特率控制到数据收发，再到实战项目的开发流程，每一步都让读者对串口通信有了更深入的理解。

项目习题

一、选择题

1. STM32F0 系列微控制器的核心内核是由哪家公司提供的？（　　）

A. Intel　　B. ARM

C. Qualcomm　　D. NVIDIA

2. STM32F0 系列微控制器的系统架构中，AHB1 总线的主要作用是什么？（　　）

A. 连接 CPU 和 SRAM　　B. 连接 GPIO 端口

C. 作为 AHB 到 APB 的桥　　D. 连接 Flash 存储器

3. 在 STM32F0 系列微控制器中，以下哪个不是存储器的组成部分？（　　）

A. SRAM　　B. Flash　　C. EEPROM　　D. AHB2 总线

4. STM32F0 系列微控制器的启动模式配置不包括以下哪项？（　　）

A. 通过 BOOT0 引脚和 nBOOT1 选项位　　B. 通过两个引脚进行设置

C. 从主闪存存储器启动　　D. 从内置的 SRAM 启动

5. STM32F0 系列微控制器的 Flash 存储器的写保护设置是通过什么实现的？（　　）

A. 通过编程选项字节中的 RDP 位　　B. 通过修改 FLASH_CR 寄存器

C. 通过外部硬件开关　　D. 通过软件算法加密

二、填空题

1. STM32F072VBT6 微控制器内置________KB 的静态 SRAM。

2. STM32F072VBT6 微控制器具有________KB 的 Flash 存储器，并且划分为两个不同的存储区域：主 Flash 存储器块和________块。

3. STM32F0 系列微控制器的 CRC 计算单元默认采用的多项式是________。

三、问答题

1. 简述 STM32F0 系列微控制器的总线结构。
2. 解释 STM32F0 系列微控制器的存储器是如何组织的。
3. 什么是 STM32F0 系列微控制器的启动配置？它与 F1 系列有何不同？
4. 说明 STM32F0 系列微控制器的 Flash 存储器的读操作是如何进行的。
5. 阐述 STM32F0 系列微控制器的 Flash 存储器的写保护和读保护是如何设置的。

项目4 时　钟

项目导读

本项目聚焦于STM32F0系列微控制器的时钟系统配置与优化。通过深入理解HSI、HSE、PLL及HSI48 4种时钟源的工作原理与配置方法，掌握PLL时钟倍频技术以提升系统性能。同时，将学习时钟安全系统、复位机制及时钟切换技术，确保微控制器在不同应用场景下的稳定运行。通过本项目，学生将能够独立完成时钟系统的配置与优化，为微控制器的整体性能提升奠定坚实基础。

学习目标

◆ 知识目标

- 掌握STM32F0系列微控制器的4种时钟源配置方法。
- 理解PLL时钟的倍频原理及其在提升系统性能中的作用。

◆ 技能目标

- 能够根据实际需求选择合适的时钟源，并配置系统时钟。
- 能够识别不同复位源。

◆ 素质目标

- 引导学生树立严谨的学习态度，关注时钟源配置的每一个细节。
- 树立学生的团队协作意识，在时钟配置中理解团队合作的重要性。

思政目标

- 在低功耗模式下的时钟管理中，引导学生思考如何在保证系统性能的同时，通过优化时钟配置来降低能耗，培养学生的环保意识和节能减排的责任感。
- 在学习时钟系统的过程中，引导学生认识到作为技术人员，在设计和配置时钟系统时应遵循的职业道德和责任感，为社会的可持续发展贡献自己的力量。

任务1　时钟概述

任务描述

本任务旨在全面介绍STM32F0系列微控制器的时钟系统，包括时钟树的结构、时钟源的选择与配置、时钟安全机制、时钟的应用以及低功耗模式下的时钟管理，还有复位操作。

任务分析

要完成此任务，学生需要深入了解时钟树的结构，包括各种时钟源（如HSE、HSI、PLL等）的特性和选择原则，以及它们如何驱动系统时钟（SYSCLK）、AHB时钟（HCLK）和APB时钟（PCLK）。此外，学生还需要了解时钟安全系统（CSS）和时钟恢复系统（CRS）的工作原理，以及它们如何保护系统免受时钟故障的影响。在时钟应用方面，学生需要掌握如何配置和使用系统时钟、ADC时钟、RTC时钟等，以及如何通过时钟输出功能来监测和调试系统。

任务重点与实施

4.1.1　时钟树的结构

单片机的心脏
时钟频率

STM32F072VBT6微控制器时钟树结构如图4-1所示。从图中可以看出，微控制器可以使用的外部时钟源有外部高速晶体振荡器和外部低速（low-speed external，LSE）晶体振荡器。除了外部时钟源以外，微控制器片内还有8 MHz的内部高速RC振荡器（high-speed interconnect，HSI）、40 kHz的内部低速RC振荡器时钟（loco-speed interconnect，LSI）、ADC专用的14 MHz内部高速RC振荡器（HSI14）和为USB模块提供高精度时钟的HSI48 RC振荡器。

有4种不同的时钟源可以用作系统时钟，以驱动CPU、AHB总线和存储器，这些时钟源分别是HSI时钟、HSE时钟、PLL时钟和HSI48时钟，其中PLL时钟的输入可以源自HSI时钟、HSE时钟或HSI48时钟，锁相环输入时钟经倍频后可以为系统提供更高速的时钟。

系统时钟（SYSCLK）经AHB预分频器后生成AHB时钟（HCLK），用于为AHB总线、Cortex内核、存储器以及DMA提供时钟。HCLK时钟经APB预分频器后生成APB时钟（PCLK），用于驱动APB外围设备。STM32F0系列微控制器的AHB和APB时钟频率最高为48 MHz。Cortex系统定时器（SysTick）由AHB时钟驱动，其时钟输入可以在AHB和AHB/8之间选择。

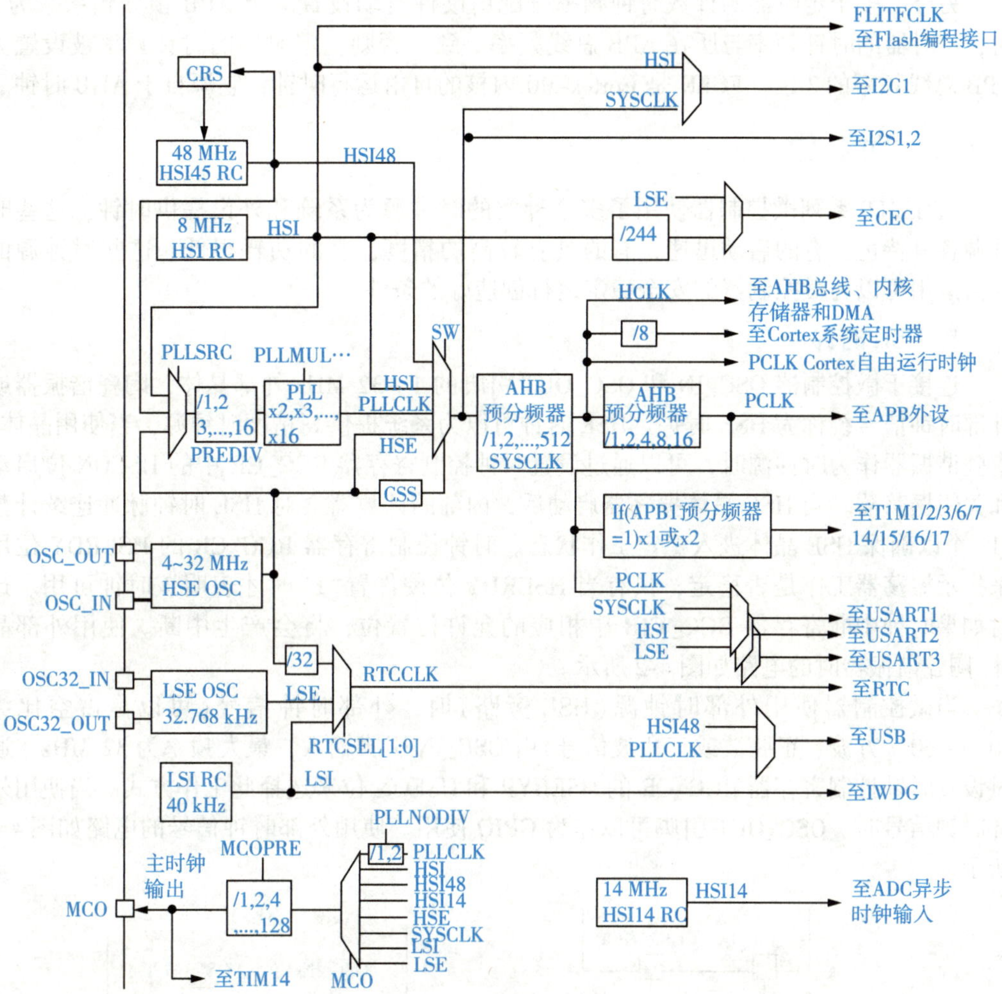

图 4-1　时钟树的结构

所有的外设时钟由其所在的总线时钟(HCLK 或 PCLK)驱动，但比较特殊的有以下几个。

(1)闪存编程接口时钟(FLITFCLK)总是由 HSI 时钟驱动。

(2)选项字节装载器时钟由 HSI 时钟驱动。

(3)ADC 可以使用专门的 HSI14 时钟或 APB 时钟(PCLK)的 2 或 4 分频。

(4)USART1 的时钟可以在系统时钟(SYSCLK)、HSI 时钟、LSE 时钟和 APB 时钟(PCLK)之间选择。

(5)I2C1 的时钟可以是系统时钟或 HSI 时钟。

(6)CEC 时钟来自于 HSI/244 或者 LSE。

(7)I2S1 时钟为系统时钟。

(8)RTC 时钟来自于 LSE、LSI 或 HSE/32。

(9)IWWDG 时钟只能源于 LSI。

(10)USB 时钟可以是 HSI48 或锁相环(PLL)时钟。

另外，多个定时器的计数时钟频率分配由硬件自动设置。当 APB 预分频系数为 1 时，定时器的时钟频率与所在 APB 总线频率一致。否则，定时器的时钟频率被设置为 APB 总线频率的 2 倍。FCLK 是 Cortex-M0 内核的自由运行时钟，它源自于 AHB 时钟。

4.1.2 时钟源

STM32F0 系列微控制器使用了多个种类的时钟源为系统和外设提供时钟，这些时钟源各具特色，有的启动迅速，有的具有较高的精度，有的功耗很低。这些时钟源的灵活运用可以为微控制器的安全稳定运行创造好的条件。

1. HSE 时钟

连接于微控制器 OSC_IN 和 OSC_OUT 引脚的 4 ~ 32 MHz 外部晶体、陶瓷谐振器或外部时钟信号统称为 HSE 时钟。HSE 时钟可以为系统提供高精度时钟源，当使用晶体/陶瓷谐振器作为时钟源时，可以通过设置时钟控制寄存器 RCC_CR 中的 HSEON 位启动和关闭振荡器。当 HSE 晶体振荡器启动后，内部的计数器会对 HSE 时钟脉冲连续计数 512 个以确保 HSE 晶体进入稳定工作状态。时钟控制寄存器 RCC_CR 的 HSERDY 位用来指示振荡器工作是否稳定，只有当 HSERDY 位硬件置“1”时才表明该时钟可用。这时如果时钟中断寄存器 RCC_CIR 中相应的允许位置位，将会产生中断。使用外部晶体/陶瓷谐振器时的电路如图 4-2 所示。

当微控制器使用外部时钟源（HSE 旁路）时，外部时钟信号（可以是占空比为 40% ~60% 方波、正弦波或三角波信号）由 OSC_IN 引脚输入，最大频率为 32 MHz。通过设置时钟控制寄存器 RCC_CR 的 HSEBYP 和 HSEON 位来选择此工作方式。当使用外部时钟信号时，OSC_OUT 引脚可以作为 GPIO 使用。使用外部时钟信号的电路如图 4-3 所示。

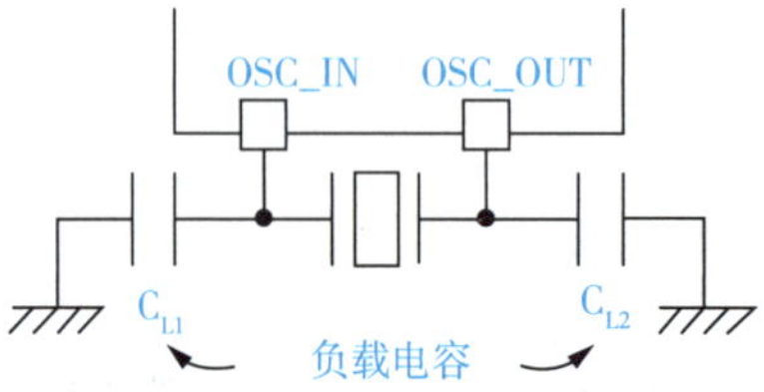

图 4-2 连接晶体/陶瓷谐振器

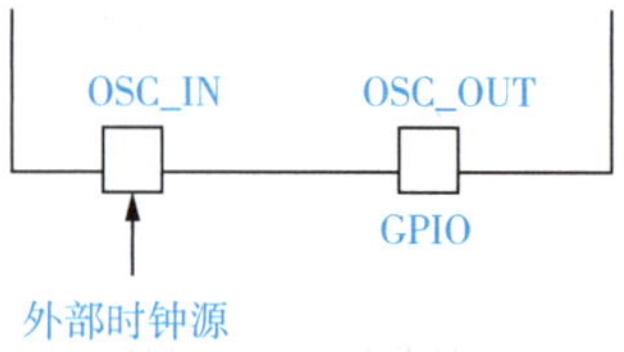

图 4-3 连接外部时钟

2. HSI 时钟

HSI 时钟由内部 8 MHz 的 RC 振荡器产生，该时钟可以直接作为系统时钟或在 2 分频后作为锁相环（PLL）时钟输入。使用 HSI_RC 振荡器能够在不需要任何外部器件的情况下为系统提供时钟。HSI_RC 振荡器的启动时间比 HSE 晶体振荡器短，但频率精度比晶体振荡器稍差。HSI_RC 可由时钟控制寄存器 RCC_CR 的 HSION 位来使能和关闭，HSIRDY 位用来指示 HSI_RC 振荡器的工作状态是否稳定。

由于制造工艺所限，不同芯片的 RC 振荡器频率会有所不同，意法公司在每个芯片出厂前都对 HSI 时钟频率进行了校准，确保在 25 ℃的温度下频率误差在 1% 以内。当微控制器复位时，工厂校准值会自动装载到时钟控制寄存器 RCC_CR 的 HSICAL[7：0]

位。如果微控制器的工作环境与上述校准状态差异较大，将会影响 RC 振荡器的精度，这时可以通过设置时钟控制寄存器 RCC_CR 的 HSITRIM[4：0]位来调整 HSI 频率。

3. PLL 时钟

内部锁相环(PLL)时钟可以通过 HSI、HSE 或 HSI48 倍频得到。对于 PLL 时钟的设置，如选择输入时钟、倍频因子等，必须在使能 PLL 之前配置好。PLL 输出频率设置的范围是 16 ~48 MHz，一旦 PLL 使能后，这些参数将不能更改。

配置 PLL 时钟步骤如下。

(1)设置 PLLON=0 禁用 PLL。

(2)等待 PLLRDY 位清 0，当 PLLRDY 位清 0 时表明 PLL 已经停止工作。

(3)重新设置 PLL 参数。

(4)设置 PLLON=1 重新使能 PLL。

(5)如果使能了时钟中断寄存器 RCC_CIR 的 PLLRDYIE 允许位，当 PLL 时钟就绪时会产生一个中断。

配置 PLL 时钟的方法可以参考如下代码。

```
if ((RCC- >CFGR & RCC_CFGR_SWS) = = RCC_CFGR_SWS_PLL) /* 检测 PLL 是否作为系统时钟 * /
{
RCC- >CFGR &= (uint32_t) ( ~RCC_CFGR_SW); /* 选择 HSI 作为系统时钟 * /
while ((RCC- >CFGR & RCC_CFGR_SWS) ! = RCC_CFGR_SWS_HSI) /* 等待切换到 HSI * /
{
/* 为增强系统的鲁棒性,可以在此添加超时管理 * /
}
}
RCC- >CR &= (uint32_t)( ~RCC_CR_PLLON); /* 禁用 PLL * /
while((RCC- >CR & RCC_CR_PLLRDY) ! = 0) /* 等待直至 PLLRDY 位清除 * /
{
/* 为增强系统的鲁棒性,可以在此添加超时管理 * /
}
RCC- >CFGR = RCC- >CFGR & ( ~RCC_CFGR_PLLMUL) | (RCC_CFGR_PLLMUL6); /* 设置 PLL 倍
频系数为 6 * /
RCC- >CR |= RCC_CR_PLLON; /* 使能 PLL * /
while((RCC- >CR & RCC_CR_PLLRDY) = = 0) /* 等待直至 PLLRDY 置位 * /
{
/* 为增强系统的鲁棒性,可以在此添加超时管理 * /
}

RCC- >CFGR |= (uint32_t) (RCC_CFGR_SW_PLL); /* 选择 PLL 作为系统时钟 * /
while ((RCC- >CFGR & RCC_CFGR_SWS) ! = RCC_CFGR_SWS_PLL) /* 等待直至切换到 PLL 时钟 * /
{
/* 为增强系统的鲁棒性,可以在此添加超时管理 * /
}
```

4. LSE 时钟

LSE 时钟可以通过连接在微控制器外部的 32.768 kHz 低速外部晶体或陶瓷谐振器得到。它可以为实时时钟（real-time clock，RTC）或其他定时功能提供一个低功耗且精确的时钟源。LSE 晶体振荡器可以通过备份域控制寄存器 RCC_BDCR 的 LSEON 位来使能或关闭，RCC_BDCR 寄存器的 LSEDRV[1：0]位用来控制对 LSE 晶体的驱动能力，在设置时需要综合考虑时钟的稳定性、启动时间及功耗。备份域寄存器 RCC_BDCR 的 LSERDY 位用于指示 LSE 晶体振荡是否已经就绪，如果在时钟中断寄存器 RCC_CIR 中允许，LSE 晶体工作稳定时将产生中断请求。

LSE 也可以连接 32.768 kHz 的外部时钟源（LSE 旁路），通过设置备份域控制寄存器 RCC_BDCR 的 LSEBYP 和 LSEON 位来选择此工作方式，外部时钟信号（50% 占空比的方波、正弦波或三角波）从 OSC32_IN 引脚输入，OSC32_OUT 引脚可以作为 I/O 口使用。

5. LSI 时钟

LSI_RC 振荡器是低功耗的内部时钟源，它可以在停机和待机模式下保持运行，为独立看门狗和 RTC 提供时钟。LSI 时钟频率为 40 kHz，它可以由时钟控制状态寄存器 RCC_CSR 的 LSION 位控制，而 LSIRDY 位用于指示 LSI 是否稳定，如果在时钟中断寄存器 RCC_CIR 中被允许，LSI 稳定后将产生中断请求。

6. HSI48 时钟

部分 STM32F0 微控制器内部集成有 48 MHz 的 HSI48_RC 振荡器，主要用于为 USB 外设提供高精度时钟，通过一个特殊的时钟恢复系统（clock recovery system，CRS），可以确保将 HSI48_RC 时钟调整到一个非常精确的范围以适应 USB 总线的要求。另外，HSI48_RC 时钟也可以直接用作系统时钟或作为锁相环的输入时钟。

只有当系统处在运行模式时，HSI48_RC 时钟才可以作为系统时钟使用，当系统进入停止或待机模式时，HSI48_RC 将被禁用。时钟控制寄存器 RCC_CR 的 HSI48RDY 标志用于指示 HSI48_RC 是否稳定工作。在系统启动时，只有当 HSI48RDY 标志硬件置位后，HSI48_RC 时钟输出才有效。时钟控制寄存器的 HSI48ON 位可以用于使能和关闭 HSI48_RC 时钟，当 USB 外设使能并选择 HSI48 作为时钟源时，硬件会强制将 HSI48ON 置位以启用此振荡器。HSI48 时钟也可以作为 MCO 输出，为其他应用提供时钟。

4.1.3 时钟安全

1. 时钟安全系统（CSS）

时钟安全系统可以由软件使能，用于监测 HSE 的工作是否正常。时钟安全系统激活后，时钟监测器将在 HSE 振荡器启动延迟后被使能，并在 HSE 时钟关闭后关闭。在时钟监测器工作期间，HSE 时钟在发生故障时将被关闭，系统时钟自动切换到 HSI 振荡器上，时钟失效事件也将同时被送到高级定时器（TIM1 和 TIM8）的刹车输入中，并产生时钟安全中断 CSSI，使用户可以使用软件完成系统的相应补救处理。在使用时钟安全系统时需要注意以下几点。

(1) CSSI 连接到 Cortex-M0 的不可屏蔽中断(non-maskable interrupt，NMI)，一旦 CSS 被激活并且 HSE 时钟出现故障，CSSI 就会产生，相应地 NMI 也将自动产生。

(2) NMI 产生后将不断被执行，直到 CSSI 挂起位被清除。因此在 NMI 的中断处理程序中必须通过设置 RCC_CIR 寄存器的 CSSC 位来清除 CSSI。

(3) 如果 HSE 振荡器被直接或间接地(通过 PLL)用作系统时钟，时钟故障将导致系统时钟自动切换到 HSI 振荡器，同时外部 HSE 振荡器被关闭。在时钟失效时，如果 HSE 振荡器作为 PLL 的输入时钟，PLL 也将被关闭。

2. 时钟恢复系统(CRS)

CRS 是一个先进的数字控制器，它基于一个可选择的同步信号来对 HSI48_RC 振荡器的频率进行精确修正，以减少其频率误差，同时也可以使用手动的方式来修正 HSI48_RC 振荡器的频率。

使用时钟恢复系统的目的就是为 USB 外设提供精确的时钟信号，用于校正的同步信号有多种类型可供选择：既可以是来自 USB 总线上的帧起始(start of frame，SOF)包信号、USB 主机发送的 1 ms 时钟脉冲、LSE 振荡器输出和从外部引脚输入时钟，又可以直接由用户软件生成。

4.1.4 时钟应用

1. 系统时钟(SYSCLK)

系统时钟(SYSCLK)有 4 种时钟源，即 HSI、HSE、PLL 和 HSI48。系统复位后，HSI 振荡器被选为系统时钟，当时钟源被直接或通过 PLL 间接作为系统时钟时，它将不能被停止。时钟的切换只有在目标时钟源可用的情况下才能进行。假如系统选择了未准备好的时钟源作为当前系统时钟，那么只有在目标时钟源准备好后才能执行时钟切换，时钟控制寄存器 RCC_CR 指示当前系统时钟采用哪个时钟源作为系统时钟。

2. ADC 时钟

ADC 时钟可从专用的 14 MHz RC 振荡器(HSI14)获得，也可以由 PCLK/2 或 PCLK/4 得到。当 ADC 时钟源于 PCLK 时，其时钟相位为 PCLK 时钟的反相信号。14 MHz 的 HSI_RC 振荡器可以配置成由 ADC 接口打开或者关闭，也可以配置成常开模式。当 APB 时钟被选为 ADC 模块时钟时，HSI_RC 振荡器将不能被 ADC 接口打开。

3. RTC 时钟

通过设置备份域控制寄存器 RCC_BDCR 的 RTCSEL[1：0]位，可以配置 RTC 时钟源为 HSE/32、LSE 或 LSI。除非备份域复位，此选择不能被改变。系统必须按照 PCLK 时钟频率必须高于或等于 RTCCLK 频率的标准，合理配置时钟才能正确使用 RTC。LSE

时钟属于备份域，但 HSE 和 LSI 不属于备份域。因此，在配置 RTC 时钟时还需要注意以下几个方面。

(1)当 LSE 被选为 RTC 时钟时，只要维持 V_{BAT} 正常供电，即使 V_{DD} 掉电，RTC 仍会继续工作。

(2)当 LSI 被选为 RTC 时钟时，如果 V_{DD} 掉电后，RTC 将处于不定的状态。

(3)当 HSE/32 被选为 RTC 时钟时，如果 V_{DD} 或内部电压调压器掉电时，RTC 将处于不定的状态。

4. 看门狗时钟

如果独立看门狗已经由硬件使能或软件启动，LSI 振荡器将被强制在打开状态，并且不能被关闭，当 LSI 振荡器稳定后将为独立看门狗提供时钟。

5. 时钟输出

微控制器可以软件选择将 HSI14、SYSCLK、HSI、HSE、PLL/2、LSE、LSI 和 HSI48 时钟信号从 MCO 引脚输出，这时与 MCO 对应的 GPIO 引脚须配置为复用功能模式，MCO 输出的时钟选择由时钟配置寄存器 RCC_CFGR 的 MCO[3：0]位设定。

4.1.5 低功耗模式下的时钟

APB 外设时钟和 DMA 时钟都可以通过软件禁止。在睡眠模式下，CPU 时钟停止，相应地存储器接口时钟(Flash 和 RAM)也可以被停止。当连接到 APB 范围内的所有外设时钟禁止后，进入睡眠模式时 AHB 至 APB 桥的时钟也将由 CPU 硬件关闭。

在停止模式下将停止所有内核供电域时钟，并且禁止 PLL、HSI、HSI14 和 HSE 时钟。HDMI-CEC、USART1 和 I2C1 外设在微控制器进入停止模式后仍可以打开 HSI 振荡器(如果 HSI 被选为这些外设的时钟)。HDMI-CEC 和 USART1 在系统进入停止模式下也可由 LSE 振荡器驱动(如果 LSE 被选为这些外设时钟)，但是这些外设不能打开 LSE 振荡器。

在待机模式下将停止内核供电域时钟，并且禁止 PLL、HSI、HSI14 和 HSE 时钟。当系统从停止或从待机模式唤醒后，HSI 振荡器将被选为系统时钟，而无论进入停止或待机模式之前选用的是何种时钟。

4.1.6 复位

STM32F0 系列微控制器有 3 种复位方式，分别是系统复位、电源复位和备份域复位，复位电路原理如图 4-4 所示。外部复位以及内部的多个复位源将最终作用于 NRST 引脚，脉冲发生器保证每一个内部复位源都能有至少 20 μs 的脉冲延时，并且内部复位信号会在 NRST 引脚上输出。复位入口地址被固定在 0x0000 0004 处，通过查看控制状态寄存器 RCC_CSR 中的复位状态标志位可以分辨复位事件的来源。

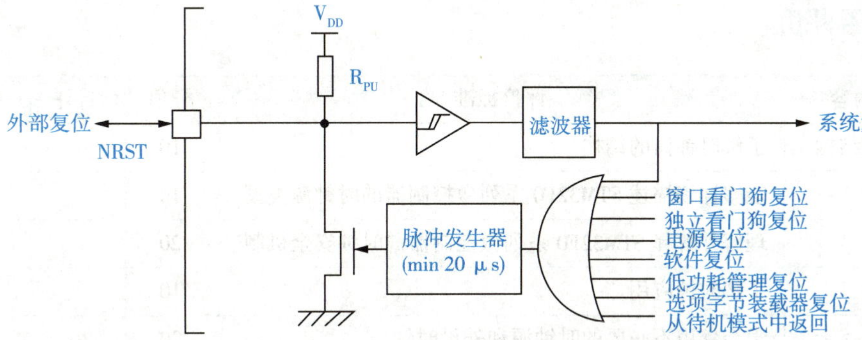

图4-4　复位电路的原理

1. 系统复位

系统复位将使微控制器的寄存器初始化至其复位值，但时钟控制状态寄存器RCC_CSR的复位标志和备份域寄存器除外。当以下事件发生时微控制器将产生系统复位。

(1)NRST引脚上的低电平(外部复位)。

(2)窗口看门狗事件(WWDG复位)。

(3)独立看门狗事件(WDG复位)。

(4)软件复位(SW复位)。即将Cortex-M0中断和复位控制寄存器中的SYSRESETREQ位置“1”可实现软件复位。

(5)低功耗管理复位。当选项字节中的nRST_STDBY位置“1”，且在执行进入待机模式的过程时，系统将被复位而不是进入待机模式；当选项字节中的nRST_STOP位置“1”，且在执行进入停机模式的过程时，系统将被复位而不是进入停机模式。

(6)选项字节装载器复位。当FLASH_CR寄存器的FORCE_OBL位置“1”，且软件读取选项字节时将产生选项字节装载器复位。

2. 电源复位

电源复位将复位除备份域外的所有寄存器，当以下事件发生时将产生电源复位。

(1)上电/掉电复位(POR/PDR复位)。

(2)从待机模式中返回。

3. 备份域复位

备份域复位只影响备份域寄存器，对系统其他寄存器无影响。当以下事件发生时将产生备份域复位。

(1)当备份域控制寄存器RCC_BDCR的BDRST位置位时将软件复位备份域。

(2)在当 V_{DD} 和 V_{BAT} 都掉电的情况下，V_{DD} 和 V_{BAT} 再次上电时将产生备份域复位。

任务评价

评价内容	评价标准	分值	自评	师评
时钟树的结构	了解时钟树的结构	10		
时钟源	能够详细描述 STM32F0 系列微控制器的时钟源类型	10		
时钟安全	理解并解释 STM32F0 系列微控制器的时钟安全机制	20		
时钟应用	了解时钟应用	10		
低功耗模式下的时钟	学会禁用不必要的时钟源和外设时钟	20		
	学会优化系统性能以降低功耗	10		
复位	了解 STM32F0 系列微控制器的复位机制	10		
	能够通过复位操作来恢复系统的正常工作状态	10		
总分		100		

任务 2　RCC 函数

任务描述

本任务旨在全面介绍 STM32F0 系列微控制器的 RCC 函数及其相关类型定义和常量定义。

任务分析

要完成此任务，学生需要深入了解 RCC 函数的类型定义、常量定义和函数定义。RCC 类型定义包括输出类型(如内部/外部振荡器配置结构、系统/AHB/APB 总线时钟配置结构、PLL 配置结构等)和扩展时钟结构定义等。RCC 常量定义则涵盖了各种时钟源、时钟配置、PLL 倍频因数、外设时钟选择等相关的常量值。RCC 函数定义则提供了一系列用于配置和控制时钟系统的函数，如时钟使能/禁用、时钟源选择、时钟频率配置等。

任务重点与实施

4.2.1 RCC 类型定义

RCC 类型定义见表 4-1 ~ 表 4-6。

表 4-1 输出类型(内部/外部振荡器(HSE、HIS、LSE 和 LSI)配置结构定义)

```
RCC_OscInitTypeDef
typedef struct;
{
uint32_t OscillatorType;          /* 待配置的振荡器,该参数可以是 RCC_oscillator_Type 的值之一* /
uint32_t HSEState;                /* HSE 的状态,该参数可以是 RCC_HSE_Config 的值之一* /
uint32_t LSEState;                /* LSE 的状态,该参数可以是 RCC_LSE_Config 的值之一* /
uint32_t HSIState;                /* HSI 的状态,该参数可以是 RCC_HSI_Config 的值之一* /
uint32_t HSICalibrationValue;     /* HSI 校准调整值(默认为 RCC_HSICALIBRATION_DEFAULT)
                                     HSICalibrationValue;该参数必须在 Min_Data =0x00 和 Max_
                                     Data =0x1f 之间* /
uint32_t HSI14State;              /* HSI14 的状态,该参数可以是 RCC_HSI14_Config 的值之一* /
uint32_t HSI14CalibrationValue;   /* HSI14 校准调整值(默认为 RCC_HSI14CALIBRATION_DEFAULT),
                                     该参数必须在 Min_Data =0x00 和 Max_Data =0x1F 之间* /
uint32_t LSIState;                /* LSI 的状态,该参数可以是 RCC_LSI_Config 的值之一* /
uint32_t HSI48State;              /* HSI48 的状态,该参数可以是 RCC_HSI48_Config 的值之一
                                     (仅对支持 HSI48 时钟的器件有效)* /
RCC_PLLInitTypeDef PLL;           /* PLL 结构参数* /
}RCC_OscInitTypeDef;
```

表 4-2 输出类型(RCC 系统、AHB 和 APB 总线时钟配置结构定义)

```
RCC_clkInitTypeDef
typedef struct
{
uint32_t ClockType;         /* 待配置的时钟, 该参数可以是 RCC_System_Clock_Type 的值之一* /
uint32_t SYSCLKSource;      /* 作为系统时钟(SYSCLKS)的时钟源, 该参数可以是 RCC_System_Clock_
                               Source 的值之一* /
uint32_t AHBCLKDivider;     /* AHB 时钟(HCLK)分频器, 此时钟来源于系统时钟(SYSCLK), 该参数可
                               以是 RCC_AHB_Clock_Source 的值之一* /
uint32_t APB1CLKDivider;    /* APB1 时钟(PCLK1)分频器, 该时钟源自 AHB 时钟(HCLK), 该参数可以
                               是 RCC_ APB1_Clock_Source 的值之一* /
}RCC_ClkInitTypeDef;
```

表 4-3 输出类型(RCC_PLL 配置结构定义)

RCC_PLLInitTypeDef	
typedef struct	
{	
uint32_t PLLState;	/* PLL 的状态,该参数可以是 RCC_PLL_Config 的值之一* /
uint32_t PLLSource;	/* PLL 输入时钟源,该参数可以是 RCC_PLL_Clock_Source 的值之一* /
uint32_t PLLMUL;	/* PLL VCO 输入时钟倍频因数,该参数必须是 RCC_PLL_Multiplication_Factor 的值之一* /
uint32_t PREDIV;	/* PLL VCO 输入时钟预分频因数,该参数必须是 RCC_PLL_Prediv_Factor 的值之一* /
} RCC_PLLInitTypeDef;	

表 4-4 输出类型(RCC 扩展时钟结构定义，适用于 STM32F072xB)

RCC_PeriphCLKInitTypeDef	
typedef struct	
{	
uint32_t PeriphClockSelection;	/* 扩展时钟配置,该参数可以是 RCCEx_Periph_Clock_Selection 的值之一* /
uint32_t RTCClockSelection;	/* 指定 RTC 时钟预分频选择,该参数可以是 RCC_RTC_Clock_Source 的值之一* /
uint32_t Usart1ClockSelection;	/* USART1 时钟源,该参数可以是 RCC_USART1_Clock_Source 的值之一* /
uint32_t Usart2ClockSelection;	/* USART2 时钟源,该参数可以是 RCC_USART2_Clock_Source 的值之一* /
uint32_t I2c1ClockSelection;	/* I2C1 时钟源,该参数可以是 RCC_I2C1_Clock_Source 的值之一* /
uint32_t CecClockSelection;	/* HDMI CEC 时钟源,该参数可以是 RCCEx_CEC_Clock_Source 的值之一* /
uint32_t UsbClockSelection;	/* USB 时钟源,该参数可以是 RCCEx_USB_Clock_Source 的值之一* /
}RCC_PeriphCLKInitTypeDef;	

表 4-5 输出类型(RCC_CRS 初始化结构定义)

RCC_CRSInitTypeDef	
typedef struct	
{	
uint32_t Prescaler;	/* 指定同步信号的分频系数,该参数可以是 RCCEx_CRS_SynchroDivider 的值之一* /
uint32_t Source;	/* 指定同步信号源,该参数可以是 RCCEx_CRS_SynchroSource 的值之一* /

（续表）

RCC_CRSInitTypeDef	
uint32_t Polarity;	/* 指定同步信号源的输入极性,该参数可以是 RCCEx_CRS_SynchroPolarity 的值之一* /
uint32_t ReloadValue;	/* 指定每一个同步事件要装入频率错误计数器的值，它们可以通过_HAL_RCC_CRS_ RELOADVALUE_CALCULATE(_FTARGET_, _FSYNC_)宏来计算，该参数的值必须在 0 至 0xFFFF 之间，或为 RCCEx _CRS_ReloadValueDefault 的值* /
uint32_t ErrorLimitValue;	/* 指定用于评估捕捉频率错误值，该参数的值必须在 0 至 0xFF 之间，或为 RCCEx_CRS_Error Limit Default 的值* /
uint32_t HSI48CalibrationValue;	/* 指定对 HSI48 振荡器的用户可编程修改值，该参数必须在 0 至 0x3F 之间，或为 RCCEx_ CRS _ HSI48CalibrationDefault 的值* /
}RCC_CRSInitTypeDef;	

表 4-6　输出类型(RCC_CRS 同步结构定义)

RCC_CRSSynchroInfoTypeDef	
typedef struct	
{	
uint32_t ReloadValue;	/* 指定计数器的重装值,该参数必须在 0 至 0xFFFF 之间* /
uint32_t HSI48CalibrationValue;	/* 指定装入 HSI48 振荡器的平滑校准值,该参数必须在 0 至 0x3F 之间* /
uint32_t FreqErrorCapture;	/* 指定装入 FECAP 的值,频率错误计数值锁存在最后一个同步事件发生的时间* /
uint32_t FreqErrorDirection;	/* 指定装入 FEDIR 的值,频率错误计数器的计数方向锁存在最后一个同步事件,它显示实际的频率是否低于或高于目标值,该参数必须是 RCCEx_ CRS_Freq ErrorDirection 的值之一* /
}RCC_CRSSynchroInfoTypeDef;	

4.2.2　RCC 常量定义

RCC 常量定义见表 4-7 ~ 表 4-42。

表 4-7　输出常量(PLL 时钟源)

状态定义	释义
RCC_PLLSOURCE_HSE	HSE 时钟选择作为 PLL 输入时钟

表 4-8　输出常量(时钟振荡器类型)

状态定义	释义
RCC_OSCILLATORTYPE_NONE	无
RCC_OSCILLATORTYPE_HSE	HSE
RCC_OSCILLATORTYPE_HSI	HSI
RCC_OSCILLATORTYPE_LSE	LSE
RCC_OSCILLATORTYPE_LSI	LSI
RCC_OSCILLATORTYPE_HSI14	HSI14
RCC_OSCILLATORTYPE_HSI18	HSI18

表 4-9　输出常量(HSE 配置)

状态定义	释义
RCC_HSE_OFF	HSE 时钟禁用
RCC_HSE_ON	HSE 时钟激活
RCC_HSE_BYPASS	外部时钟源作为 HSE 时钟

表 4-10　输出常量(LSE 配置)

状态定义	释义
RCC_LSE_OFF	LSE 时钟禁用
RCC_LSE_ON	LSE 时钟激活
RCC_LSE_BYPASS	外部时钟源作为 LSE 时钟

表 4-11　输出常量(HSI 配置)

状态定义	释义
RCC_HSI_OFF	HSI 时钟禁用
RCC_HSI_ON	HSI 时钟激活
RCC_HSICALIBRATION_DEFAULT	默认 HIS 校准调整值

表 4-12　输出常量(HSI14 配置)

状态定义	释义
RCC_HSI14_OFF	HSI14 关闭
RCC_HSI14_ON	HSI14 开启
RCC_HSI14_ADC_CONTROL	ADC 接口控制 HSI14 振荡器开启或禁用
RCC_HSI14CALIBRATION_DEFAULT	默认 HSI14 校准调整值

表 4-13 输出常量(LSI 配置)

状态定义	释义
RCC_LSI_OFF	LSI 时钟禁用
RCC_LSI_ON	LSI 时钟激活

表 4-14 输出常量(HSI48 配置)

状态定义	释义
RCC_HS148_OFF	HS148 时钟禁用
RCC_HS148_ON	HS148 时钟激活

表 4-15 输出常量(PLL 配置)

状态定义	释义
RCC_PLL_NONE	PLL 没有配置
RCC_PLL_OFF	PLL 禁用
RCC_PLL_ON	PLL 激活

表 4-16 输出常量(系统时钟类型)

状态定义	释义
RCC_CLOCKTYPE_SYSCLK	配置 SYSCLK
RCC_CLOCKTYPE_HCLK	配置 HCLK
RCC_CLOCKTYPE_PCLK1	配置 PCLK1

表 4-17 输出常量(系统时钟源)

状态定义	释义
RCC_SYSCLKSOURCE_HSI	HSI 选择作为系统时钟
RCC_SYSCLKSOURCE_HSE	HSE 选择作为系统时钟
RCC_SYSCLKSOURCE_PLLCLK	PLL 选择作为系统时钟

表 4-18 输出常量(系统时钟源状态)

状态定义	释义
RCC_SYSCLKSOURCE_STATUS_HSI	HSI 作为系统时钟
RCC_SYSCLKSOURCE_STATUS_HSE	HSE 作为系统时钟
RCC_SYSCLKSOURCE_STATUS_PLLCLK	PLL 作为系统时钟

表 4-19　输出常量(AHB 时钟源)

状态定义	释义
RCC_SYSCLK_DIV1	SYSCLK 不分频
RCC_SYSCLK_DIV2	SYSCLK 除以 2
RCC_SYSCLK_DIV4	SYSCLK 除以 4
RCC_SYSCLK_DIV8	SYSCLK 除以 8
RCC_SYSCLK_DIV16	SYSCLK 除以 16
RCC_SYSCLK_DIV64	SYSCLK 除以 64
RCC_SYSCLK_DIV128	SYSCLK 除以 128
RCC_SYSCLK_DIV256	SYSCLK 除以 256
RCC_SYSCLK_DIV512	SYSCLK 除以 512

表 4-20　输出常量(APB1 时钟源)

状态定义	释义
RCC_HCLK_DIV1	HCLK 不分频
RCC_HCLK_DIV2	HCLK 除以 2
RCC_HCLK_DIV4	HCLK 除以 4
RCC_HCLK_DIV8	HCLK 除以 8
RCC_HCLK_DIV16	HCLK 除以 16

表 4-21　输出常量(RTC 时钟源)

状态定义	释义
RCC_RTCCLKSOURCE_NO_CLK	无时钟
RCC_RTCCLKSOURCE_LSE	LSE 振荡器时钟作为 RTC 时钟
RCC_RTCCLKSOURCE_LSI	LSI 振荡器时钟作为 RTC 时钟
RCC_RTCCLKSOURCE_HSE_DIV32	HSE 振荡器时钟除以 32 作为 RTC 时钟

表 4-22　输出常量(PLL 倍频因数)

状态定义	释义
RCC_PLL_MUL2	PLL2 倍频
RCC_PLL_MUL3	PLL3 倍频
RCC_PLL_MUL4	PLL4 倍频
RCC_PLL_MUL5	PLL5 倍频

（续表）

状态定义	释义
RCC_PLL_MUL6	PLL6 倍频
RCC_PLL_MUL7	PLL7 倍频
RCC_PLL_MUL8	PLL8 倍频
RCC_PLL_MUL9	PLL9 倍频
RCC_PLL_MUL10	PLL10 倍频
RCC_PLL_MUL11	PLL11 倍频
RCC_PLL_MUL12	PLL12 倍频

表 4-23　输出常量（PLL 预分频因数）

状态定义	释义
RCC_PREDIV_DIV1	PLL 预分频因数为 1
RCC_PREDIV_DIV2	PLL 预分频因数为 2
RCC_PREDIV_DIV3	PLL 预分频因数为 3
RCC_PREDIV_DIV4	PLL 预分频因数为 4
RCC_PREDIV_DIV5	PLL 预分频因数为 5
RCC_PREDIV_DIV6	PLL 预分频因数为 6
RCC_PREDIV_DIV7	PLL 预分频因数为 7
RCC_PREDIV_DIV8	PLL 预分频因数为 8
RCC_PREDIV_DIV9	PLL 预分频因数为 9
RCC_PREDIV_DIV10	PLL 预分频因数为 10
RCC_PREDIV_DIV11	PLL 预分频因数为 11
RCC_PREDIV_DIV12	PLL 预分频因数为 12
RCC_PREDIV_DIV13	PLL 预分频因数为 13
RCC_PREDIV_DIV14	PLL 预分频因数为 14
RCC_PREDIV_DIV15	PLL 预分频因数为 15
RCC_PREDIV_DIV16	PLL 预分频因数为 16

表 4-24　输出常量（USART1 时钟源）

状态定义	释义
RCC_USART1CLKSOURCE_PCLK1	PCLK 被选为 USART1 的时钟源（默认值）
RCC_USART1CLKSOURCE_SYSCLK	系统时钟（SYSCLK）被选为 USART1 的时钟源
RCC_USART1CLKSOURCE_LSE	LSE 时钟被选为 USART1 的时钟源

（续表）

状态定义	释义
RCC_USART1CLKSOURCE_HSI	HSI 时钟被选为 USART1 的时钟源

表 4-25　输出常量(RCC I2C1 时钟源)

状态定义	释义
RCC_12C1CLKSOURCE_HSI	HSI 时钟被选为 12C1 时钟源(默认值)
RCC_12C1CLKSOURCE_SYSCLK	系统时钟(SYSCLK)被选为 12C1 的时钟源

表 4-26　输出常量(RCC MCO 时钟源)

状态定义	释义
RCC_MCO1SOURCE_NOCLOCK	MCO 引脚上没有时钟输出
RCC_MCO1SOURCE_LSI	LSI 时钟输出
RCC_MCO1SOURCE_LSE	LSE 时钟输出
RCC_MCO1SOURCE_SYSCLK	系统时钟(SYSCLK)输出
RCC_MCO1SOURCE_HSI	HSI 时钟输出
RCC_MCO1SOURCE_HSE	HSE 时钟输出
RCC_MCO1SOURCE_PLLCLK_DIV2	PLL/2 时钟输出
RCC_MCO1SOURCE_HSI14	HSI14 时钟输出

表 4-27　输出常量(外设时钟选择)

状态定义	释义
RCC_PERIPHCLK_USART1	USART1 时钟
RCC_PERIPHCLK_USART2	USART2 时钟
RCC_PERIPHCLK_12C1	12C1 时钟
RCC_PERIPHCLK_CEC	CEC 时钟
RCC_PERIPHCLK_RTC	RTC 时钟
RCC_PERIPHCLK_USB	USB 时钟

表 4-28　输出常量(USB 时钟源)

状态定义	释义
RCC_USBCLKSOURCE_HS148	HS148 时钟选择作为 USB 时钟源
RCC_USBCLKSOURCE_PLL	PLL 时钟(PLLCLK)选择作为 USB 时钟

注：适用于 STM32F072×B。

表 4-29　输出常量(USART2 时钟源)

状态定义	释义
RCC_USART2CLKSOURCE_PCLK1	PCLK 选择作为 USART2 时钟源(默认值)
RCC_USART2CLKSOURCE_SYSCLK	系统时钟(SYSCLK)作为 USART2 时钟源
RCC_USART2CLKSOURCE_LSE	LSE 时钟作为 USART2 时钟源
RCC_USART2CLKSOURCE_HSI	HSI 时钟作为 USART2 时钟源

表 4-30　输出常量(CEC 时钟源)

状态定义	释义
RCC_CECCLKSOURCE_HSI	HSI 时钟除以 244 作为 CEC 时钟(默认值)
RCC_CECCLKSOURCE_LSE	LSE 时钟作为 CEC 时钟

表 4-31　输出常量(MCOx 时钟预分频)

状态定义	释义
RCC_MCODIV_1	预分频因数为 1
RCC_MCODIV_2	预分频因数为 2
RCC_MCODIV_4	预分频因数为 4
RCC_MCODIV_8	预分频因数为 8
RCC_MCODIV_16	预分频因数为 16
RCC_MCODIV_32	预分频因数为 32
RCC_MCODIV_64	预分频因数为 64
RCC_MCODIV_128	预分频因数为 128

表 4-32　输出常量(LSE 驱动配置)

状态定义	释义
RCC_LSEDRIVE_LOW	晶体模式低驱动能力
RCC_LSEDRIVE_MEDIUMLOW	晶体模式中低驱动能力
RCC_LSEDRIVE_MEDIUMHIGH	晶体模式中高驱动能力
RCC_LSEDRIVE_HIGH	晶体模式高驱动能力

表 4-33　输出常量(CRS 状态)

状态定义	状态值	释义
RCC_CRS_NONE	((uint32_t)0x0000 0000)	无
RCC_CRS_TIMEOUT	((uint32_t)0x0000 0001)	超时
RCC_CRS_SYNCOK	((uint32_t)0x0000 0002)	同步事件 OK
RCC_CRS_SYNCWARN	((uint32_t)0x0000 0004)	同步警告
RCC_CRS_SYNCERR	((uint32_t)0x0000 0008)	同步错误
RCC_CRS_SYNCMISS	((uint32_t)0x0000 0010)	同步丢失
RCC_CRS_TRIMOVF	((uint32_t)0x0000 0020)	校准上溢或下溢

表 4-34　输出常量(CRS 同步源)

状态定义	释义
RCC_CRS_SUNC_SOURCE_GPIO	同步信号源为 GPIO
RCC_CRS_SUNC_SOURCE_LSE	同步信号源为 LSE
RCC_CRS_SUNC_SOURCE_USB	同步信号源为 USB SOF(默认)

表 4-35　输出常量(CRS 同步预分频器)

状态定义	释义
RCC_CRS_SYNC_DIV1	同步信号源不分频
RCC_CRS_SYNC_DIV2	同步信号除以 2
RCC_CRS_SYNC_DIV4	同步信号除以 4
RCC_CRS_SYNC_DIV8	同步信号除以 8
RCC_CRS_SYNC_DIV16	同步信号除以 16
RCC_CRS_SYNC_DIV32	同步信号除以 32
RCC_CRS_SYNC_DIV64	同步信号除以 64
RCC_CRS_SYNC_DIV128	同步信号除以 128

表 4-36　输出常量(CRS 默认错误限制值)

状态定义	释义
RCC_CRS_ERRORLIMIT_DEFAULT	默认频率误差限制

表 4-37　输出常量(CRS 同步信号极性)

状态定义	释义
RCC_CRS_SYNC_POLARITY_RISING	同步激活在上升沿(默认)

（续表）

状态定义	释义
RCC_CRS_SYNC_POLARITY_FALLING	同步激活在下降沿

表 4-38　输出常量(CRS 默认装入值)

状态定义	释义
RCC_CRS_RELOADVALUE_DEFAULT	复位值重新加载字段，相当于 48 MHz 的目标频率和 1 kHz 的同步信号(来自 USB 的 SOF 信号)

表 4-39　输出常量(CRS 默认 HSI48 校准)

状态定义	释义
RCC_CRS_HSI48CALIBRATION_DEFAULT	默认值是 32，相当于中度的校准间隔

表 4-40　输出常量(CRS 频率错误检测)

状态定义	释义
RCC_CRS_FREQERRORDIR_UP	向上计数，实际频率高于目标频率
RCC_CRS_FREQERRORDIR_DOWN	向下计数，实际频率低于目标频率

表 4-41　输出常量(CRS 中断源)

状态定义	释义
RCC_CRS_IT_SYNCOK	同步事件 OK
RCC_CRS_IT_SYNCWARN	同步报警
RCC_CRS_IT_ERR	错误
RCC_CRS_IT_ESYNC	预期同步
RCC_CRS_IT_SYNCERR	同步错误
RCC_CRS_IT_SYNCMISS	同步丢失
RCC_CRS_IT_TRIMOVF	校准上溢或下溢

表 4-42　输出常量(CRS 标志位)

状态定义	释义
RCC_CRS_FLAG_SYNCOK	同步事件 OK 标志位
RCC_CRS_FLAG_SYNCWARN	同步报警标志位

（续表）

状态定义	释义
RCC_CRS_FLAG_ERR	错误标志位
RCC_CRS_FLAG_ESYNC	预期同步标志位
RCC_CRS_FLAG_SYNCERR	同步错误标志位
RCC_CRS_FLAG_SYNCMISS	同步丢失标志位
RCC_CRS_FLAG_TRIMOVF	校准上溢或下溢标志位

4.2.3 RCC 函数定义

RCC 函数定义见表 4-43 ~ 表 4-67。

表 4-43 函数

函数名	HAL_RCC_ClockConfig
函数原型	HAL_StatusTypeDefHAL_RCC_ClockConfig (RCC_ClkInitTypeDef * RCC_ClkInitStruct, uint 32_t FLatency)
功能描述	根据 RCC_ClkInitStruct 中指定的参数初始化 CPU、AHB 和 APB 总线时钟
输入参数 1	RCC_ClkInitStruct：指向 RCC_OscInitTypeDef 结构的指针，包含 RCC 外设的配置信息
输入参数 2	Flatency：Flash 延迟，该参数的值取决于器件的系列
先决条件	无
注意事项	无
返回值	HAL 状态

表 4-44 函数

函数名	HAL_RCC_DeInit
函数原型	voidHAL_RCC_DeInit (void)
功能描述	重置 RCC 时钟配置至默认的复位状态
输入参数	无
先决条件	无
注意事项	默认的复位状态时钟配置下，HIS 打开并且作为系统时钟源，所有中断禁用
返回值	无

表 4-45　函数

函数名	HAL_RCC_OscConfig
函数原型	HAL_StatusTypeDefHAL_ RCC_ OscConfig（RCC_ OscInitTypeDef * RCC_ Os-cInitStruct ）
功能描述	按照 RCC_OscInitTypeDef 中指定参数初始化 RCC 振荡器
输入参数	RCC_OscInitStruct：指向 RCC_OscInitTypeDef 结构的指针，包含 RCC 振荡器的配置信息
先决条件	无
注意事项	无
返回值	HAL 状态

表 4-46　函数

函数名	HAL_RCC_CSSCallback
函数原型	void HAL_RCC_CSSCallback(void)
功能描述	RCC 时钟安全系统中断回调
输入参数	无
先决条件	无
注意事项	无
返回值	无

表 4-47　函数

函数名	HAL_RCC_Disablescc
函数原型	voidHAL_RCC_Disablecss (void)
功能描述	禁用时钟安全系统
输入参数	无
先决条件	无
注意事项	无
返回值	无

表 4-48　函数

函数名	HAL_RCC_EnableCSS
函数原型	void HAL_RCC_EnableCSS (void)
功能描述	使能时钟安全系统

（续表）

函数名	HAL_RCC_EnableCSS
输入参数	无
先决条件	无
注意事项	如果检测到 HSE 时钟振荡器故障，HSE 振荡器自动禁用，并生成一个时钟安全系统中断（CSSI），使微控制器可以执行救援行动。时钟安全系统中断连接至 Cortex-M0 的不可屏蔽中断向量（NMI）
返回值	无

表 4-49　函数

函数名	HAL_RCC_GetClockConfig
函数原型	voidHAL_RCC_GetClockConfig (RCC_ClkInitTypeDef *　RCC_ClkInitStruct, uint32_t *　pFLatency)
功能描述	根据内部 RCC 配置寄存器获取 RCC_ClkInitStruct
输入参数 1	RCC_ClkInitStruct：指向 RCC_ClkInitTypeDef 结构的指针，包含当前的时钟配置
输入参数 2	pFlatency：延迟指针
先决条件	无
注意事项	无
返回值	无

表 4-50　函数

函数名	HAL_RCC_GetHCLKFreq
函数原型	uint32_tHAL_RCC_GetHCLKFreq (void)
功能描述	返回 HCLK 频率
输入参数	无
先决条件	无
注意事项	每次 HCLK 变化时，必须调用此函数来更新正确的 HCLK 值。否则，任务基于该函数的配置将是不正确的
返回值	HCLK 频率

表 4-51　函数

函数名	HAL_RCC_GetOscConfig
函数原型	voidHAL_RCC_GetOscConfig（RCC_OscInitTypeDef *　RCC_OscInitStruct）
功能描述	根据内部 RCC 配置寄存器配置 RCC_OscInitStruct 结构
输入参数	RCC_OscInitStruct：指向 RCC_OscInitTypeDef 结构的指针，用于将来的配置中
先决条件	无
注意事项	无
返回值	无

表 4-52　函数

函数名	HAL_RCC_GetPCLK1Freq
函数原型	uint32_tHAL_RCC_GetPCLK1Freq（void）
功能描述	返回 PCLK1 频率
输入参数	无
先决条件	无
注意事项	每次 PCLK1 变化，必须调用此函数来更新正确的 PCLK1 值。否则，任何基于该函数的配置将是不正确的
返回值	PCLK1 频率

表 4-53　函数

函数名	HAL_RCC_GetSysClockFreq
函数原型	uint32_tHAL_RCC_GetSysClockFreq（void）
功能描述	返回系统时钟频率
输入参数	无
先决条件	无
注意事项	无
返回值	系统时钟频率

表 4-54　函数

函数名	HAL_RCC_MCOConfig
函数原型	voidHAL_RCC_MCOConfig (　uint32_t　RCC_MCOx, 　uint32_t　RCC_MCOSource, 　uint32_t　RCC_MCODiv,)

（续表）

函数名	HAL_RCC_MCOConfig
功能描述	选择用于 MCO 引脚输出的时钟源
输入参数 1	RCC_MCOx：指定时钟元的输出方向，该参数可以是以下值 ● RCC_MCO1：时钟源输出至 MCO1 引脚(PA8)
输入参数 2	RCC_MCOSource：指定输出的时钟源，该参数可以是以下值之一 ● RCC_MCO1SOURCE_NOCLOCK：没有时钟被选择； ● RCC_MCO1SOURCE_SYSCLK：选择系统时钟作为 MCO 时钟； ● RCC_MCO1SOURCE_HSI：选择 HIS 作为 MCO 时钟； ● RCC_MCO1SOURCE_HSE：选择 HSE 作为 MCO 时钟
输入参数 2	RCC_MCO1SOURCE_LSI：选择 LSI 作为 MCO 时钟 ● RCC_MCO1SOURCE_LSE：选择 LSE 作为 MCO 时钟； ● RCC_MCO1SOURCE_HSI14：选择 HSI14 作为 MCO 时钟； ● RCC_MCO1SOURCE_HSI48：选择 HSI48 作为 MCO 时钟； ● RCC_MCO1SOURCE_PLLCLK：选择 PLLCLK 作为 MCO 时钟； ● RCC_MCO1SOURCE_ PLLCLK_DIV2：选择 PLLCLK 两分频作为 MCO 时钟
输入参数 3	RCC_MCODiv：指定 MCO 分频值，该参数可以是下列值之一 ● RCC_MCODIV_1：MCO 时钟不分频； ● RCC_MCODIV_2：除 2 用于 MCO 时钟； ● RCC_MCODIV_4：除 4 用于 MCO 时钟； ● RCC_MCODIV_8：除 8 用于 MCO 时钟； ● RCC_MCODIV_16：除 16 用于 MCO 时钟； ● RCC_MCODIV_32：除 32 用于 MCO 时钟； ● RCC_MCODIV_64：除 64 用于 MCO 时钟； ● RCC_MCODIV_128：除 128 用于 MCO 时钟
先决条件	无
注意事项	MCO 引脚应该配置成复用功能模式
返回值	无

表 4-55　函数

函数名	HAL_RCC_NMI_IRQHandler
函数原型	voidHAL_RCC_NMI_IRQHandler (void)
功能描述	该函数用于处理 RCC 时钟安全系统中断
输入参数	无
先决条件	无
注意事项	该用户应用程序需要在 NMI_Handler( ) 中被调用
返回值	无

表 4-56 函数

函数名	HAL_RCCEx_GetPeriphCLKConfig
函数原型	voidHAL_RCCEx_GetPeriphCLKConfig (RCC_PeriphCLKInitTypeDef * PeriphClkInit)
功能描述	通过内部 RCC 配置寄存器获取 RCC_ClkInitStruct
输入参数	PeriphClkInit：指向 RCC_PeriphCLKInitTypeDef 结构的指针，返回扩展外设的时钟(USART、PTC、12C、CEC 和 USB)的配置信息
先决条件	无
注意事项	无
返回值	无

表 4-57 函数

函数名	HAL_RCCEx_GetPeriphCLKFreq
函数原型	uint32_tHAL_RCCEx_GetPeriphCLKFreq (uint32_t PeriphClk)
功能描述	返回外设时钟频率
输入参数	PeriphClk：外设时钟标识，该参数可以是下列值之一 • RCC_PERIPHCLK_RTC：RTC 外设时钟； • RCC_PERIPHCLK_USART1：USART1 外设时钟； • RCC_PERIPHCLK_12C1：12C1 外设时钟； • RCC_PERIPHCLK_USART2：USART2 外设时钟； • RCC_PERIPHCLK_USB：USB 外设时钟； • RCC_PERIPHCLK_CEC：CEC 外设时钟
先决条件	无
注意事项	如果外设时钟参数未知则返回 0
返回值	以 Hz 为单位的频率值

表 4-58 函数

函数名	HAL_RCCEx_PeriphCLKConfig
函数原型	HAL _ StatusTypeDefHAL _ RCCEx _ PeriphCLKConfig (RCC _ PeriphCLKInit TypeDef * PeriphClkInit)
功能描述	按照 RCC_PeriphCLKInitTypeDef 中指定的参数初始化 RCC 扩展外设的时钟
输入参数	PeriphClkInit：指向 RCC_PeriphCLKInitTypeDef 结构的指针，包含扩展外设时钟(USART、RTC、12C、CEC 和 USB)的配置信息
先决条件	无

（续表）

函数名	HAL_RCCEx_PeriphCLKConfig
注意事项	当 HAL_RCCEx_PeriphCLKConfig( )用于选择 RTC 时钟源时必须小心，在这钟情况下，为了修改 RTC 时钟源，备份域将被重新设置，RTC 寄存器(包括备份寄存器)和 RCC_BDCR 寄存器将被重置
返回值	HAL 状态

表 4-59　函数

函数名	HAL_RCCEx_CRS_ErrorCallback
函数原型	voidHAL_RCCEx_CRS_ErrorCallback (uint32_t　Error)
功能描述	RCC 时钟恢复系统错误中断回调
输入参数	Error：错误状态的组合，该参数可以是以下值的组合 • RCC_CRS_SYNCERR • RCC_CRS_SYNCMISS • RCC_CRS_TRIMOVF
先决条件	无
注意事项	无
返回值	无

表 4-60　函数

函数名	HAL_RCCEx_CRS_ExpectedSyncCallback
函数原型	voidHAL_RCCEx_CRS_ExpectedSyncCallback (void)
功能描述	RCC 时钟恢复系统预期同步中断回调
输入参数	无
先决条件	无
注意事项	无
返回值	无

表 4-61　函数

函数名	HAL_RCCEx_CRS_IRQHandler
函数原型	void HAL_RCCEx_CRS_IRQHandler (void)
功能描述	处理时钟恢复系统中断请求
输入参数	无
先决条件	无
注意事项	无

（续表）

函数名	HAL_RCCEx_CRS_IRQHandler
返回值	无

表 4-62　函数

函数名	HAL_RCCEx_CRS_SyncOkCallback
函数原型	void HAL_RCCEx_CRS_SyncOkCallback (void)
功能描述	RCC 时钟恢复系统同步成功中断回调
输入参数	无
先决条件	无
注意事项	无
返回值	无

表 4-63　函数

函数名	HAL_RCCEx_CRS_SyncWarnCallback
函数原型	voidHAL_RCCEx_CRS_SyncWarnCallback (void)
功能描述	RCC 时钟恢复系统同步警告中断回调
输入参数	无
先决条件	无
注意事项	无
返回值	无

表 4-64　函数

函数名	HAL_RCCEx_CRSConfig
函数原型	voidHAL_RCCEx_CRSConfig (RCC_CRSInitTypeDef * pInit)
功能描述	在查询模式下开始自动同步
输入参数	pInit：指向 RCC_CRSInitTypeDef 结构指针
先决条件	无
注意事项	无
返回值	无

表 4-65　函数

函数名	HAL_RCCEx_CRSGetSynchronizationInfo
函数原型	voidHAL_RCCEx_CRSGetSynchronizationInfo （RCC_CRSSynchroInfoTypeDef * pSynchroInfo)
功能描述	返回同步信息
输入参数	pSynchroInfo：RCC_CRSSynchroInfoTypeDef 结构指针
先决条件	无
注意事项	无
返回值	无

表 4-66　函数

函数名	HAL_RCCEx_CRSSoftwareSynchronizationGenerate
函数原型	void HAL_RCCEx_CRSSoftwareSynchronizationGenerate (void)
功能描述	创建软件同步事件
输入参数	无
先决条件	无
注意事项	无
返回值	无

表 4-67　函数

函数名	HAL_RCCEx_CRSWaitSynchronization
函数原型	uint32_tHAL_RCCEx_CRSWaitSynchronization (uint32_t Timeout)
功能描述	等待 CRS 同步状态
输入参数	Timeout：超时持续时间
先决条件	无
注意事项	无
返回值	同步状态，可以是以下值的组合 ● RCC_CRS_TIMEOUT ● RCC_CRS_SYNCOK ● RCC_CRS_SYNCWARN ● RCC_CRS_SYNCERR ● RCC_CRS_SYNCMISS ● RCC_CRS_TRIMOVF

任务评价

评价内容	评价标准	分值	自评	师评
RCC 类型定义	理解和描述 RCC 类型定义	40		
RCC 常量定义	能够详细列出并解释 RCC 常量定义	30		
RCC 函数定义	掌握并准确描述 RCC 函数定义	30		
总分		100		

任务3 实战-时钟控制

任务描述

本任务为实战操作，要求在完成复位后，将系统时钟从 HSI 切换到 HSE，并将 HSE 作为 PLL(相位锁定环)的输入时钟，PLL 倍频系数设置为6，使得 PLL 输出时钟频率达到48 MHz，即 STM32F0 系列微控制器 AHB 和 APB 总线时钟的最大值。

任务分析

要完成此任务，学生需要掌握掌握 STM32F072VBT6 微控制器的时钟系统配置方法，包括 HSI、HSE 以及 PLL 的使用和配置。此外，学生还需要熟悉 STM32CubeMX 软件的使用，通过该软件配置微控制器的引脚和时钟系统。任务实施过程中，学生需要了解系统默认的时钟配置，并理解如何通过软件将时钟从 HSI 切换到 HSE。在切换过程中，学生需要正确设置 PLL 的倍频系数，以确保 AHB 和 APB 总线时钟频率达到最大值。最后，学生需要编写代码控制 PC13 引脚连接的 LED 灯，通过 LED 灯的闪烁频率来验证时钟切换的成功与否以及微控制器工作速度的变化。

任务重点与实施

在默认情况下，复位后 STM32F072VBT6 微控制器使用内部8 MHz 的 HSI 时钟作为系统时钟，AHB 和 APB 预分频系数均为1时，AHB 和 APB 总线时钟频率为8 MHz。系统默认的时钟配置如图 4-5 所示。

在本例中要演示的是时钟的切换。当系统复位后，微控制器使用上述 HSI 时钟工作，一段时间后，将微控制器的时钟切换至 HSE，而且将 HSE 作为 PLL 的输入时钟，PLL 倍频系数设置为6，PLL 输出时钟频率为48 MHz，达到了 STM32F0 系列微控制器 AHB 和 APB 总线时钟的最大值。切换后的时钟配置如图 4-6 所示。这里只是使用该图来说明一下时钟切换至 HSE 时的工作状态，具体的切换过程需要通过 HAL 库函数来实现。

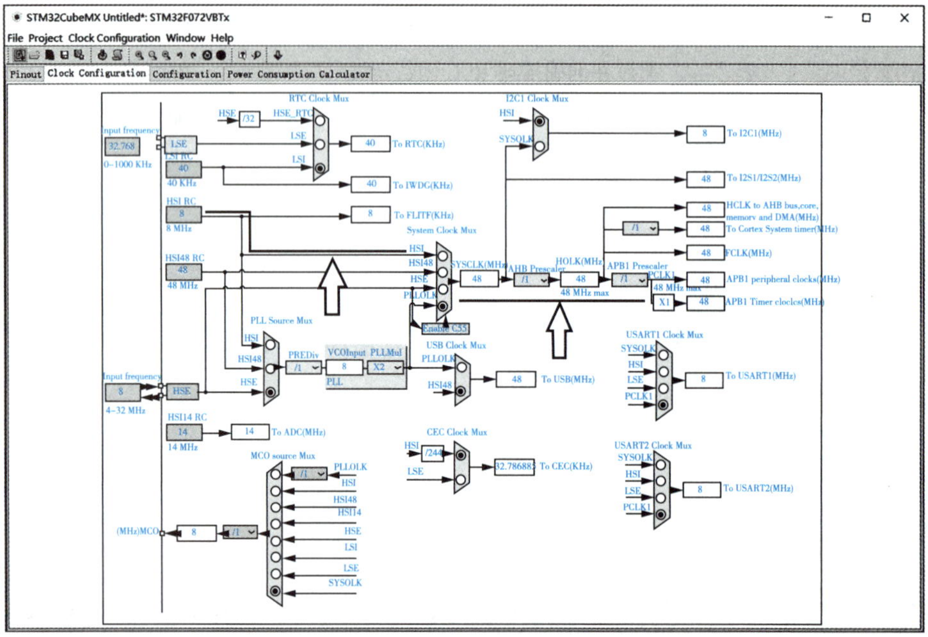

图 4-5　系统默认的时钟配置

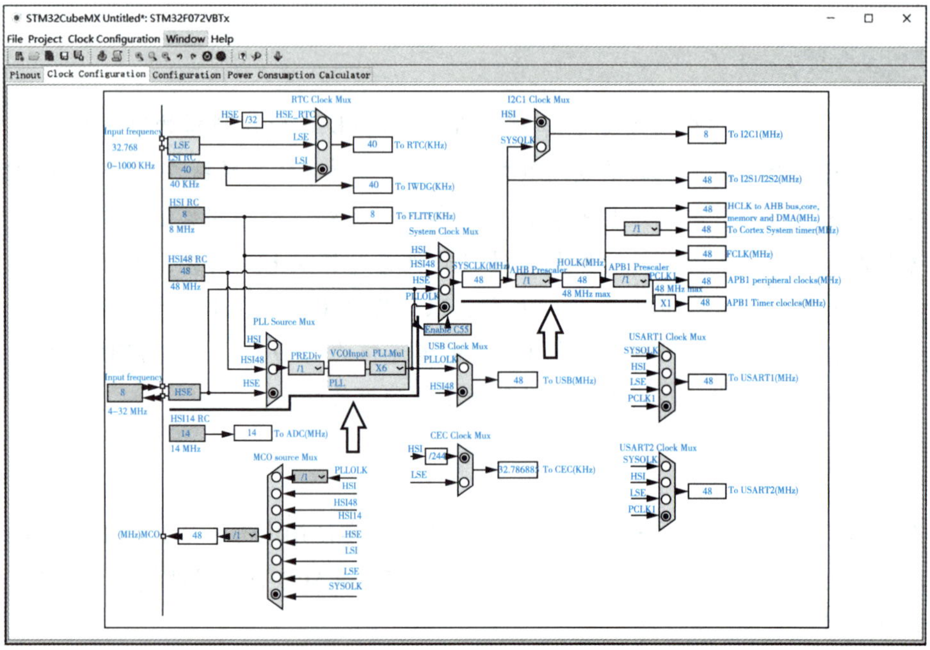

图 4-6　使用 HSE 的时钟配置

系统时钟切换之后，微控制器工作在48 MHz时钟频率上，处理速度要比工作在8 MHz时快得多。本例中使用与PC13引脚连接的LED灯的闪烁频率来直观地反映工作时钟的速度。时钟切换的演示电路如图4-7所示。

使用STM32CubeMX软件建立时钟切换开发项目时，在"Pinout"视图中，仅将PC13引脚设置为输出，其他均保持在默认状态，如图4-8所示。

在"Clock Configuration"视图中，保持默认的时钟配置不变，此时AHB和APB预分频器分频系数均为1，AHB总线时钟和APB总线时钟频率为8 MHz。

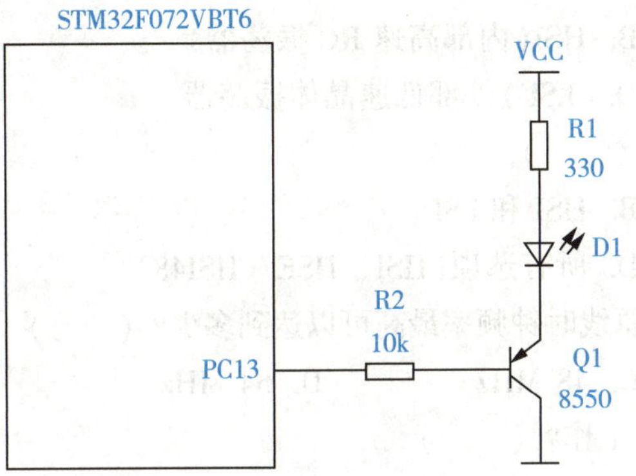

图4-7 PC13驱动LED电路原理

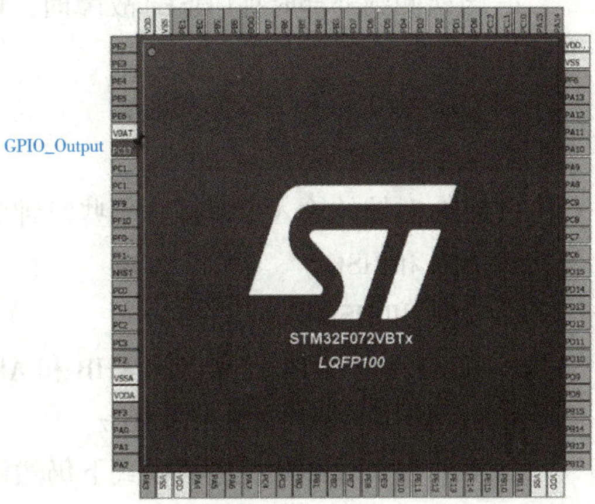

图4-8 时钟切换演示的引脚配置

任务评价

评价内容	评价标准	分值	自评	师评
实战-时钟控制	学会使用HSE配置时钟	40		
	学会配置引脚	60		
总分		100		

项目小结

本项目首先介绍了时钟系统的相关知识，从时钟树的结构、时钟源的选择，到时钟安全、时钟应用，再到低功耗模式下的时钟管理以及复位操作，每一步都充满了挑战与收获；其次介绍了RCC函数学习，深入了解了时钟控制的具体实现方法，为后续的实践操作打下了坚实的基础；最后介绍了实战-时钟控制，将理论知识与实践相结合，通过动手实践加深了对时钟控制的理解。通过本项目的学习，学生能够掌握时钟的工作原理和配置方法，保证微控制器的稳定环境。

项 目 习 题

一、选择题

1. STM32F0 系列微控制器复位后，默认使用哪个时钟源作为系统时钟？（　　）

A. HSE（外部高速时钟）　　B. HSI（内部高速 RC 振荡器）

C. PLL（锁相环）　　D. HSI48（为 USB 提供高精度时钟）

2. 当检测到外部时钟（HSE）故障时，时钟安全系统（CSS）会将系统时钟自动切换至哪个时钟源？（　　）

A. LSI（内部低速 RC 振荡器）　　B. HSI（内部高速 RC 振荡器）

C. PLL（锁相环）　　D.（LSE）外部低速晶体振荡器

3. PLL 时钟的输入可以源自哪些时钟源？（　　）

A. HSI 和 HSE　　B. HSI 和 LSI

C. HSE 和 HSI48　　D. 所有选项（HSI、HSE、HSI48）

4. STM32F0 系列微控制器的 AHB 和 APB 总线时钟频率最高可以达到多少？（　　）

A. 16 MHz　　B. 32 MHz　　C. 48 MHz　　D. 64 MHz

5. 下列哪个时钟源在待机模式下仍然保持工作？（　　）

A. PLL　　B. HSI

C. HSI48（如果系统要求）　　D. 所有时钟源在待机模式下均停止工作

二、填空题

1. STM32F0 系列微控制器中，用于为 ADC 提供专用时钟的 RC 振荡器是________。

2. 系统时钟（SYSCLK）经过________预分频器后生成 AHB 时钟（HCLK）。

3. 当系统从停止或待机模式唤醒后，默认选择的系统时钟源是________。

三、问答题

1. 简述 STM32F0 系列微控制器中 PLL 时钟的作用及配置方法。

2. 什么是时钟树结构？STM32F072VBT6 微控制器的时钟树结构包含哪些主要部分？

3. 请描述时钟安全系统（CSS）的功能及其在系统中的作用。

4. AHB 时钟和 APB 时钟在 STM32F0 系列微控制器中分别用于哪些部分的时钟供应？

5. STM32F0 系列微控制器有哪些复位方式？每种复位方式的特点是什么？

项目 5　中断及异常

项目导读

本项目深入探讨了 STM32 微控制器的中断及异常处理机制，重点包括嵌套向量中断控制器(NVIC)的工作原理与应用，以及外部中断(EXTI)的配置方法。通过学习 Cortex-M 内核的异常响应系统，理解中断向量表、优先级分组、中断服务函数的编写等关键概念。

学习目标

◆ 知识目标

- 熟悉 EXTI 外部中断的配置流程与触发模式。
- 掌握 NVIC 中断控制器的原理与配置方法。

◆ 技能目标

- 能够编写并调试中断服务函数，处理外部事件。
- 能够进行 Cortex-M0 处理器的异常处理机制与优先级管理。

◆ 素养目标

- 提升学生的团队协作能力，理解中断优先级设置对多任务处理的影响。
- 培养学生的工匠精神，通过精确配置中断参数提升系统稳定性。

思政目标

- 结合项目内容，引导学生树立正确的价值观和职业观，将个人发展与服务社会相结合，为国家的科技进步和信息化建设贡献力量。
- 通过了解嵌入式系统在社会发展中的重要作用，培养学生的爱国情怀和社会责任感，为实现中华民族伟大复兴的中国梦贡献自己的力量。

任务 1　嵌套向量中断控制器

任务描述

本任务旨在全面介绍 Cortex-M3 内核中的嵌套向量中断控制器(NVIC)及其在 STM32 微控制器中的应用。学生将通过学习，了解 NVIC 的结构与功能，掌握 STM32 中断向量表的配置方法，理解抢占优先级和响应优先级的概念及其设置方法，以及 NVIC 优先级组的配置和 NVIC 的初始化过程。

任务分析

要完成此任务，学生需要掌握 STM32 中断向量表的结构和配置方法，理解中断向量的编号与中断源之间的对应关系。此外，学生还需要深入理解抢占优先级和响应优先级的区别和设置方法，以及 NVIC 优先级组的配置原理。最后，学生需要掌握 NVIC 的初始化配置过程，包括中断优先级分组函数的调用和中断初始化函数的设置等。

任务重点与实施

为了管理配置中断，Cortex-M3 在内核水平上搭载了一个嵌套向量中断控制器(NVIC)。NVIC 与内核是紧耦合的，NVIC 在内核中的位置如图 5-1 所示。

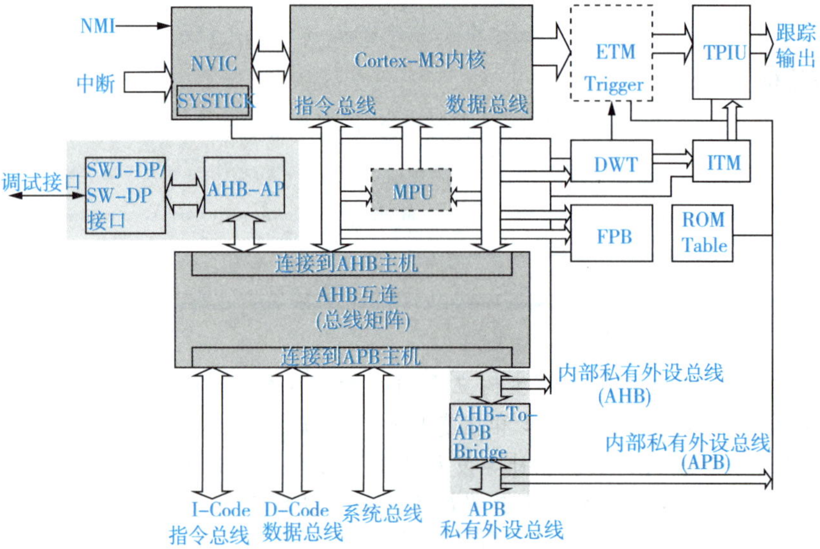

图 5-1　NVIC 在内核中的位置

5.1.1　STM32 的中断向量表

理解 STM32 中断系统

ARM Cortex 内核具有强大的异常响应系统，把能够打断当前代码执行流程的事件分为异常(exception)和中断(interrupt)，系统把其用一个表管理起来，编号为 0～15 的称为内核异常，而编号 16 以上的则称为外部中断(外部，相对内核而言)，称为中断向量表。

STM32 的中断向量表见表 5-1。

表 5-1　STM 32 中断向量表

位置	优先级	优先级类型	名　称	说　明	地址
—	—	—	—	保留	0x0000_0000
—	-3	固定	Reset	复位	0x0000_0004
—	-2	固定	NMI	不可屏蔽中断 RCC 时钟安全系统(CSS)连接 NMI 向量	0x0000_0008
—	-1	固定	硬件错误(HardFault)	所有类型的失效	0x0000_000C
—	0	可设置	存储管理(MemManage)	存储器管理	0x0000_0010
—	1	可设置	总线错误(BusFault)	预取指失败，存储器访问失败	0x0000_0014
—	2	可设置	错误应用(UsageFault)	未定义的指令或非法状态	0x0000_0018
—	—	—	—	保留	0x0000_001C～0x0000_002B
—	3	可设置	SVCall	通过 SWI 指令的系统服务调用	0x0000_002C
—	4	可设置	调试监控(DebugMonitor)	调试监控器	0x0000_0030
—	—	—	—	保留	0x0000_0034
—	5	可设置	PendSV	可挂起的系统服务	0x0000_0038
—	6	可设置	SysTick	系统嘀嗒定时器	0x0000_003C
0	7	可设置	WWDG	窗口定时器中断	0x0000_0040
1	8	可设置	PVD	连到 EXTI 的电源电压检测(PVD)中断	0x0000_0044
2	9	可设置	TAMPER	侵入检测中断	0x0000_0048
3	10	可设置	RTC	实时时钟(PTC)全局中断	0x0000_004C
4	11	可设置	Flash	闪存全局中断	0x0000_0050

（续表）

位置	优先级	优先级类型	名 称	说 明	地址
5	12	可设置	RCC	复位和时钟控制(RCC)中断	0x0000_0054
6	13	可设置	EXTI0	EXTI 线 0 中断	0x0000_0058
…	…	…	…	…	…
10	17	可设置	EXTI4	EXTI 线 4 中断	0x0000_0068
11	18	可设置	DMA1 通道 1	DMA1 通道 1 全局中断	0x0000_006C
…	…	…	…	…	…
17	24	可设置	DMA1 通道 7	DMA1 通道 7 全局中断	0x0000_0084
…	…	…	…	…	…
59	66	可设置	DMA2 通道 4 ~ 5	DMA2 通道 4 和 DMA2 通道 5 全局中断	0x0000_012C

表中将编号为-3 ~ 6 的中断向量定义为系统异常，编号为负的内核异常不能被设置优先级，如复位(Reset)、不可屏蔽中断(NMI)、硬件错误(HardFault)。从编号 7 开始的为外部中断，这些中断的优先级都是可以自行设置的。表 5-1 可以从启动文件 startup_STM32F00x_md. s 中查找到，不同型号的 STM32 芯片，中断向量表稍微有一些区别，在启动文件中，已经有相应芯片可用的全部中断向量。在编写中断服务函数时，需要从启动文件定义的中断向量表中查找中断服务函数名。

5. 1. 2 抢占优先级和响应优先级

STM32 的中断源具有两种优先级：一种为抢占优先级；另一种为响应优先级(亚优先级)，其属性编号越小，表明它的优先级别越高。

抢占是指打断其他中断的属性，即低抢占优先级的中断 A 可以被高抢占优先级的中断 B 打断，执行完中断服务函数 B 后，再返回继续执行中断服务函数 A，由此会出现中断嵌套。响应属性则应用在抢占属性相同的情况下，即当两个中断源的抢占优先级相同时，分以下几种情况处理。

(1) 如果两个中断同时到达，则中断控制器会先处理响应优先级高的中断。

(2) 当一个中断到来后，如果正在处理另一个中断，则这个后到的中断就要等到前一个中断处理完之后才能被处理(高响应优先级的中断不可以打断低响应优先级的中断)。

(3) 如果它们的抢占式优先级和响应优先级都相等，则根据它们在中断表中的排位顺序决定先处理哪一个。

例如，现在有 3 个中断向量，见表 5-2。若内核正在执行 C 的中断服务函数，则它能被抢占优先级更高的中断 A 打断，由于 B 和 C 的抢占优先级相同，所以 C 不能被 B 打断。但如果 B 和 C 中断是同时到达的，内核就会首先执行响应优先级别更高的 B 中断。

表 5-2 中断向量设置要求

中断源	抢占优先级	响应优先级
A	0	0
B	1	0
C	1	1

5.1.3 NVIC 的优先级组

STM32 使用了 4 个中断优先级的寄存器位，只可以配置 16 种优先级，即抢占优先级和响应优先级的数量由一个 4 位的数字来决定，把这个 4 位数字的位数分配成抢占优先级部分和响应优先级部分，有以下 5 种分配方式。

第 1 种：所有 4 位用于指定响应优先级，即 NVIC 配置的 $2^4=16$ 种中断向量都是只有响应属性，没有抢占属性。

第 2 种：最高 1 位用来配置抢占优先级，低 3 位用来配置响应优先级，表示有 2 种级别的抢占优先级(0 级，1 级)，有 $2^3=8$ 种响应优先级，即在 16 种中断向量之中，有 8 种中断的抢占优先级都为 0 级，而它们的响应优先级分别为 0 ~7，其余 8 种中断的抢占优先级则都为 1 级，响应优先级别分别为 0 ~7。

第 3 种：2 位用来配置抢占优先级，2 位用来配置响应优先，即 $2^2=4$ 种抢占优先级，$2^2=4$ 种响应优先级。

第 4 种：高 3 位用来配置抢占优先级，最低 1 位用来配置响应优先级，即有 8 种抢占优先级，2 种响应优先级。

第 5 种：所有 4 位用来指定抢占优先级，即 16 种中断具有不相同的抢占优先级。

可以通过调用 STM32 固件库中的函数 NVIC_PriorityGroupConfig( )选择使用哪种优先级分组方式，这个函数的参数有下列 5 种。

```
NVIC_PriorityGroup_0  =>选择第 0 种
NVIC_PriorityGroup_1  =>选择第 1 种
NVIC_PriorityGroup_2  =>选择第 2 种
NVIC_PriorityGroup_3  =>选择第 3 种
NVIC_PriorityGroup_4  =>选择第 4 种
```

STM32 的所有 GPIO 都能够配置成外部中断，USART、ADC 等外设也有中断，但 NVIC 只能配置 16 种中断向量，如果使用了超过 16 个的中断，必然有 2 个以上的中断向量使用相同的中断种类。注意，有相同中断种类的中断向量不能互相嵌套。另外，使用时还需注意以下 3 点。

(1)如果指定的抢占式优先级别或响应优先级别超出了选定的优先级分组所限定的范围，将可能得到意想不到的结果。

(2)抢占优先级别相同的中断源之间没有嵌套关系。

(3)如果某个中断源被指定为某个抢占优先级别，又没有其他中断源处于同一个抢占优先级别，则可以为这个中断源指定任意有效的响应优先级别。

5.1.4 NVIC 初始化配置

NVIC 的初始化配置共分为两个步骤。

(1)首先，调用中断优先级分组函数 NVIC_PriorityGroupConfig( )，系统运行开始的时候设置中断分组，确定组号，也就是确定抢占优先级和响应优先级的分配位数。

函数 NVIC_PriorityGroupConfig( )在系统中只能被调用一次，一旦分组确定就最好不要更改。这个函数的实现如下。

```
void NVIC_PriorityGroupConfig(uint32_t NVIC_PriorityGroup)
{
    /* 检查参数* /
    assert_param(IS_NVIC_PRIORITY_GROUP(NVIC_PriorityGroup));
    /* 根据 NVIC-PriorityGroup 值设置 PRIGROUP[10:8]位* /
    SCB->AIRCR =AIRCR_VECTKEY_MASK | NVIC_PriorityGroup;
}
```

函数的开始，首先使用宏 assert_param 来检查输入参数是否在允许的范围之内，然后通过设置 SCB->AIRCR 寄存器来设置中断优先级分组。而其入口参数通过双击选中函数体里面的 IS_NVIC_PRIORITY_GROUP，然后右击选择 Go to defition of 可以查看到。

如果设置整个系统的中断优先级分组值为 2，那么方法为

```
NVIC_PriorityGroupConfig(NVIC_PriorityGroup_2);
```

(2)设置中断分组之后，对每个中断调用中断初始化函数 NVIC_Init( )，设置所用到的中断的优先级别，即设置中断源的抢占优先级和响应优先级等。NVIC_Init( )函数声明为

```
void NVIC_Init(NVIC_InitTypeDef*   NVIC_InitStruct)
```

其中，NVIC_InitTypeDef 是一个结构体，定义如下。

```
typedef struct
{
  uint8_t NVIC_IRQChannel;                      //需要配置的中断向量
  uint8_t NVIC_IRQChannelPreemptionPriority;    //相应中断向量的抢占优先级
  uint8_t NVIC_IRQChannelSubPriority;           //相应中断向量的响应优先级
  FunctionalState NVIC_IRQChannelCmd;           //使能或关闭中断响应
}
NVIC_InitTypeDef;
```

成员 NVIC_IRQChannel 用于定义初始化的是哪个中断，在 STM32F00x. h 中定义的枚举类型 IRQn 的成员变量中可以找到每个中断对应的名字，如串口 1 对应 USART1_IRQn。

任务评价

评价内容	评价标准	分值	自评	师评
STM32 的中断向量表	掌握 STM32 的中断向量表	20		
抢占优先级和响应优先级	能够区分抢占优先级和响应优先级	10		
	能够根据实际需求合理设置中断的优先级	15		
NVIC 的优先级组	能够准确描述 NVIC 优先级组的配置原理	10		
	掌握配置方法	15		
NVIC 初始化配置	学会 NVIC 初始化配置	30		
总分		100		

任务 2　EXTI 外部中断

任务描述

本任务旨在全面介绍 STM32 的 EXTI(外部中断/事件控制器)的配置与应用。学生将通过学习，了解 EXTI 的基本功能和特点；掌握 GPIO 与 EXTI 的连接方式，以及 EXTI 初始化配置、中断服务函数的编写和外部中断配置过程的详细步骤。

任务分析

要完成此任务，学生需要深入理解 STM32 的 EXTI 机制，包括 EXTI 的功能、GPIO 与 EXTI 的连接方式、EXTI 的初始化配置流程等。同时，学生还需要掌握中断服务函数的编写方法，包括如何判断中断是否发生、如何清除中断标志位等。此外，还需要了解外部中断配置的全过程，包括使能 I/O 口时钟、初始化 I/O 口为输入模式、使能 AFIO 时钟、设置 I/O 口与中断线的映射关系、初始化线上中断、配置 NVIC 以及编写中断服务函数等步骤。

任务重点与实施

STM32 的所有 GPIO 都可以配置为 EXTI 中断，用来捕捉外部信号，可以配置为下降沿中断、上升沿中断和双边沿触发中断这 3 种模式。

GPIO 与 EXTI 的连接方式如图 5-2 所示，PA0 ~ PG0 连接到 EXTI0，PA1 ~ PG1 连接到 EXTI1，PA15 ~ PG15 连接到 EXTI15，即 PAx ~ PGx 端口的中断事件都连接到了 EXTIx，同一时刻 EXTIx 只能响应一个端口的事件触发，不能够同一时间响应所有 GPIO 端口的事件，但可以分时复用。可以配置为上升沿触发、下降沿触发或双边沿触发。

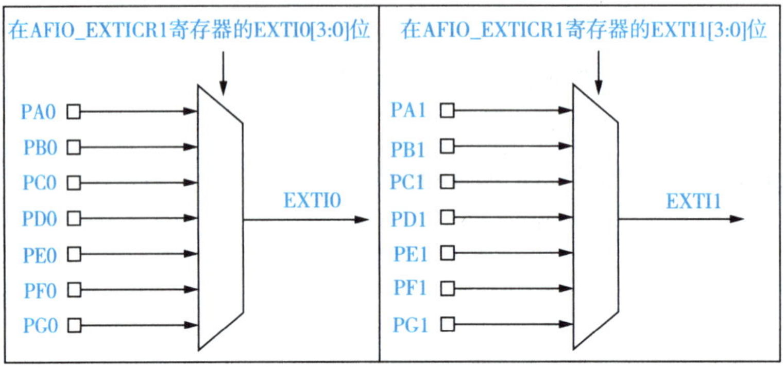

图 5-2　GPIO 与 EXTI 外部中断连接方式

5.2.1　EXTI 初始化配置

1. 设置 I/O 口与中断线的映射关系

要使用 EXTI 外部中断，就需要将外部中断/事件线映射到 GPIO 口，调用库函数 void GPIO_EXTILineConfig(uint8_t GPIO_PortSource, uint8_t GPIO_PinSource)建立 I/O 口与中断线的映射关系，该函数的入口参数有两个：选择外部中断线的端口(GPIO PortSource)和选择外部中断线的引脚(GPIO_PinSource)。

2. 初始化线上中断

设置好中断线映射之后，接下来设置该中断线上中断的初始化参数，设置中断线标号、工作模式、触发条件等。中断线上中断的初始化是通过 EXTI_Init( ) 函数实现的。EXTI Init( ) 函数的声明是

```
void EXTI_Init(EXTI_InitTypeDef* EXTI_InitStruct);
```

EXTI_InitStruct 是指向 EXTI_InitTypeDef 结构体的指针，EXTI_InitTypeDef 的定义如下。

```
typedef struct
{
  uint32_t EXTI_Line;                        //需要配置的外部中断线
  EXTIMode_TypeDef EXTI_Mode;                //外部中断线的模式
  EXTITrigger_TypeDef EXTI_Trigger;          //外部中断线的触发方式
  FunctionalState EXTI_LineCmd;              //使能或关闭外部中断
}
EXTI_InitTypeDef;
```

从定义可以看出，有4个参数需要设置。

（1）第1个参数是中断线的标号，取值为 EXTI_Line0～EXTI_Line15，即这个函数配置的是某个中断线上的中断参数。

（2）第2个参数是中断模式，可选值为中断模式（EXTI_Mode_Interrupt）和事件模式（EXTI_Mode_Event）。

（3）第3个参数是触发方式，有3种方式：上升沿和下降沿都触发（EXTI-Trigger Rising-Falling）；下降沿触发（EXTI_Trigger_Falling）；上升沿触发（EXTI-Trigger Rising）。

（4）最后一个参数用于使能中断线。

例如，要设置中断线4上的中断为下降沿触发，并使能，方法如下。

```
EXTI_InitTypeDef EXTI_InitStructure;
EXTI_InitStructure. EXTI_Line =EXTI_Line4;                      //选择外部中断线 4
EXTI_InitStructure. EXTI_Mode = EXTI_Mode_Interrupt;            //中断模式
EXTI_InitStructure. EXTI_Trigger = EXTI_Trigger_Falling;        //下降沿触发
EXTI_InitStructure. EXTI_LineCmd = ENABLE;                      //使能外部中断线 4
EXTI_Init(&EXTI_InitStructure);                                 //初始化外设 EXTI 寄存器
```

5.2.2 编写中断服务函数

中断服务程序是在 STM32F00x_it. c 中实现的，该文件专门用来存放中断服务函数，文件中默认只有几个关于系统异常的中断服务函数，而且都是空函数，在需要的时候用户自己编写。但中断服务函数名不可以自己定义，而且必须要与启动文件 startup_STM32F00x_md. s 中的中断向量表定义一致。以下为启动文件中定义的部分向量表。

```
DCD EXTI0_IRQHandler;EXTI Line 0
DCD EXTI1_IRQHandler;EXTI Line 1
DCD EXTI2_IRQHandler;EXTI Line 2
DCD EXTI3_IRQHandler;EXTI Line 3
DCD EXTI4_IRQHandler;EXTI Line 4
…
DCD CAN1_RX1_IRQHandler;CAN1 RX1
DCD CAN1_SCE IRQHandler;CAN1 SCE
DCD EXTI9_5_IRQHandler:EXTI Line 9. . 5
…
DCD USART2_IRQHandler;USART2
DCD USART3_IRQHandler;USART3
DCD EXTI15_10_IRQHandler;EXTI Line 15. . 10
```

I/O 口外部中断函数有7个，中断线0～4，各对应一个中断函数，中断线5～9共用中断函数 EXTI9_5_IRQHandler，中断线10～15共用中断函数 EXTI15_10_IRQHandler。如果使用到外部中断线8，9，可以在 STM32F00x_it. c 文件中加入名为 EXTI9_5_IRQHandler( )的函数。

在编写中断服务函数的时候会经常使用到两个函数实现下面的功能。

(1)判断某个中断线上的中断是否发生(标志位是否置位)，一般使用在中断服务函数的开头，判断中断是否发生。

```
ITStatus EXTI_GetITStatus(uint32_t EXTI_Line);
```

(2)清除某个中断线上的中断标志位，这个函数一般应用在中断服务函数结束之前，清除中断标志位。

```
void EXTI_ClearITPendingBit(uint32_t EXTI_Line);
```

常用的中断服务函数格式为

```
void EXTI9_5_IRQHandler(void)
{
  if(EXTI_GetITStatus(EXTI_Line8)! = RESET)          //判断线 8 上的中断是否发生
  {…中断逻辑…
    EXTI_ClearITPendingBit(EXTI_Line8);              //清除 LINE 上的中断标志位
  }
}
```

另外，固件库还提供了两个函数用来判断外部中断状态和清除外部状态标志位，即 EXTI_GetFlagStatus()和 EXTI_ClearFlag()，其作用和前面两个函数的作用类似，只是在 EXTI_GetITStatus()中会先判断这种中断是否使能，使能了才去判断中断标志位，而 EXTI GetFlagStatus()直接用来判断状态标志位。

5.2.3 外部中断配置过程

外部中断(EXTI)需要通过嵌套向量中断控制器 NVIC 进行处理，因此需要对 NVIC 和 EXTI 分别进行配置，除此之外还需要进行如下的配置。

(1)使能 I/O 口时钟，初始化 I/O 口为输入模式。要使用 I/O 口作为中断输入，所以要使能相应的 I/O 口时钟，以及初始化相应的 I/O 口为输入模式。

(2)使能 AFIO 时钟，设置 I/O 口与中断线的映射关系。通过 AFIO_EXTICRx 配置 GPIO 线上的外部中断/事件时，必须先使能 AFIO 时钟。配置 GPIO 与中断线的映射关系，可以使用库函数中的 GPIO_EXTILineConfig()函数来实现，如：

```
GPIO_EXTILineConfig(GPIO_PortSourceGPIOB,GPIO_PinSource8);
```

(3)初始化线上中断，设置中断线标号、中断模式、触发条件等参数。中断线上中断的初始化是通过函数 EXTI_Init()实现的。

(4)配置 NVIC，设置中断优先级分组、中断源的优先级并使能中断。

(5)编写中断服务函数。

任务评价

评价内容	评价标准	分值	自评	师评
EXTI 初始化配置	设置 I/O 口与中断线的映射关系	20		
	能够初始化线上中断	20		
编写中断服务函数	了解中断服务函数实现的功能	10		
	掌握中断服务函数的格式	10		
	能够正确编写中断服务函数	20		
外部中断配置过程	了解外部中断配置过程	20		
总分		100		

任务3　Cortex-M0 异常

任务描述

本任务旨在全面介绍 Cortex-M0 处理器的异常处理机制。学生将通过学习，了解 Cortex-M0 处理器如何处理各种异常，并掌握如何通过 NVIC 来管理这些异常。

任务分析

要完成此任务，学生需要深入了解 Cortex-M0 处理器的异常处理机制，包括异常的分类、优先级、响应地址等基本概念，以及 NVIC 的结构和功能。同时，学生还需要掌握如何通过编程来配置 NVIC，包括设置中断优先级、使能或禁止中断、查询和修改中断的挂起状态等。此外，学生还需要了解如何编写中断服务程序，以便在异常发生时能够正确地处理异常。

任务重点与实施

异常处理对于处理器来说是不可或缺的功能，它能让处理器对某一突发事件做出快速的响应，而不会过多地消耗系统资源。Cortex-M0 处理器具有独特的异常响应系统，用来支持为数众多的系统异常和外部中断的处理。

5.3.1 异常的特点

1. 异常的分类

异常响应系统是集成在 Cortex-M0 内核中的，异常会引起程序控制的变化。当异常发生时，处理器会停止当前的任务，转而执行异常处理程序。异常处理完成后，还会继续执行刚才被暂停的程序流程。对基于 Cortex-M0 的微控制器来说，异常通常源自内核部分，如 Hard Fault 和 SVCall 等，它们主要用于操作系统或错误处理。中断一般由内核之外的片上外设或 I/O 口的外部输入产生。Cortex-M0 处理器还支持最多 32 个外部中断，如果外设数量较多，限于 Cortex-M0 内核中断支持总数的限制，多个中断源可能会共用同一个中断连接。STM32F0 系列微控制器所支持的异常类型详见表 5-3。

在表 5-3 中，每一个异常都对应一个异常编号，而每一个异常编号都与一个固定的异常向量地址相对应，这会使异常的响应更加迅速而且响应时间固定。系统异常的编号使用负数定义，异常号“-15 ~ -1”为系统异常，共计 15 个(表 5-3 中仅列出 6 个)，而外部中断则使用正数定义，使用异常号“0 ~ 31”，共计 32 个。

2. 异常的优先级

异常的响应是有优先级的，除了复位、NMI 和硬件错误，其他所有异常的优先级都是可编程的。其中复位是一种特殊的异常，当复位发生时，Cortex-M0 处理器会退出主程序，并且在当前线程模式下执行复位处理，复位后也不会从处理模式再次返回到线程模式。NMI 和硬件错误的优先级是固定的，并且比其他异常的都要高。

表 5-3 异常向量表

异常号	优先级	优先级类型	名称	说明	地址
—	—	—	—	保留	0x0000 0000
-15	-3	固定	Reset	复位(Reset)	0x0000 0004
-14	-2	固定	NMI	不可屏蔽中断。RCC 时钟安全系统(CSS)连接到 NMI 向量	0x0000 0008
-13	-1	固定	HardFault	所有类型的错误(fault)	0x0000 000C
-5	3	可设置	SVCall	通用 SWI 指令调用的系统服务	0x0000 002C
-2	5	可设置	PendSV	可挂起的系统服务	0x0000 0038
-1	6	可设置	SysTick	系统节拍定时器	0x0000 003C
0	7	可设置	WWDG	窗口看门狗中断	0x0000 0040
1	8	可设置	PVD_VDDIO2	PVD 和 V_{DDIO2} 供电比较器中断(连接到 EXTI 线 16 和 31)	0x0000 0044
2	9	可设置	RTC	RTC 中断(连接到 EXTI 线 17、19 和 20)	0x0000 0048

（续表1）

异常号	优先级	优先级类型	名称	说明	地址
3	10	可设置	FLASH	Flash 全局中断	0x0000 004C
4	11	可设置	RCC_CRS	RCC 和 CRS 全局中断	0x0000 0050
5	12	可设置	EXTI0_1	EXTI 线[1：0]中断	0x0000 0054
6	13	可设置	EXTI2_3	EXTI 线[3：2]中断	0x0000 0058
7	14	可设置	EXTI4_15	EXTI 线[15：4]中断	0x0000 005C
8	15	可设置	TSC	触摸传感中断	0x0000 0060
9	16	可设置	DMA_CH1	DMA 通道 1 中断	0x0000 0064
10	17	可设置	DMA_CH2_3 DMA2_CH1_2	DMA 通道 2 和 3 中断 DMA2 通道 1 和 2 中断	0x0000 0068
11	18	可设置	DMA_CH4_5_6_7 DMA2_CH3_4_5	DMA 通道 4、5、6、7 中断 DMA2 通道 3、4、5 中断	0x0000 006C
12	19	可设置	ADC_COMP	ADC 和比较器中断（ADC 中断连接到 EXTI 线 21 和 22）	0x0000 0070
13	20	可设置	TIM1_BRK_UP_TRG_COM	TIM1 刹车、更新、触发和通信中断	0x0000 0074
14	21	可设置	TIM1_CC	TIM1 捕获比较中断	0x0000 0078
15	22	可设置	TIM2	TIM2 全局中断	0x0000 007C
16	23	可设置	TIM3	TIM3 全局中断	0x0000 0080
17	24	可设置	TIM6_DAC	TIM6 全局中断和 DAC 欠载中断	0x0000 0084
18	25	可设置	TIM7	TIM7 全局中断	0x0000 0088
19	26	可设置	TIM14	TIM14 全局中断	0x0000 008C
20	27	可设置	TIM15	TIM15 全局中断	0x0000 0090
21	28	可设置	TIM16	TIM16 全局中断	0x0000 0094
22	29	可设置	TIM17	TIM17 全局中断	0x0000 0098
23	30	可设置	I2C1	I2C1 全局中断	0x0000 009C
24	31	可设置	I2C2	I2C2 全局中断	0x0000 00A0
25	32	可设置	SPI1	SPI1 全局中断	0x0000 00A4
26	33	可设置	SPI2	SPI2 全局中断	0x0000 00A8
27	34	可设置	USART1	USART1 全局中断（连接至 EXTI 线 25）	0x0000 00AC
28	35	可设置	USART2	USART2 全局中断（连接至 EXTI 线 26）	0x0000 00B0

（续表2）

异常号	优先级	优先级类型	名称	说明	地址
29	36	可设置	USART3_4_5_6_7_8	USART3、4、5、6、7、8 全局中断(连接至 EXTI 线 28)	0x0000 00B4
30	37	可设置	CEC_CAN	CEC 和 CAN 全局中断(连接到 EXTI 线 27)	0x0000 00B8
31	38	可设置	USB	USB 全局中断(连接到 EXTI 线 18)	0x0000 00BC

3. 异常的响应地址

每一个异常都有固定的入口地址，这些地址保存在内存的向量表中。在默认情况下，Cortex-M0 使用 4 字节表示每个向量的位置，因为地址 0x0000 0000 处通常用于存储引导代码，所以从 0x0000 0004 ~ 0x0000 003C 总计保存了 15 个系统异常地址，而从 0x0000 0040 ~ 0x0000 00BC 则保存了 32 个外部中断地址。

为异常分配唯一的向量号和入口地址会有很大优势。当异常或中断被响应时，中断服务程序可以迅速从向量表中准确地查找出中断服务程序的入口地址并开始执行，而不用通过软件查询的方式确定哪个中断被响应，这不仅会使中断响应时间大大降低，而且还会把响应时间固定在一个确定的时间范围内。

5.3.2 嵌套向量中断控制器

Cortex-M0 处理器使用嵌套向量中断控制器(NVIC)来管理为数众多的异常。NVIC 与内核紧密耦合，是 Cortex-M0 内核不可分割的一部分，属于内核外设，其提供的功能如下。

1. 可编程的中断优先级

Cortex-M0 处理器具有 2 位的中断优先级设置，可以设置 4 级中断优先级。对于优先级可编程的异常或中断来说，可以将中断的优先级设置为 0 ~ 3 级，其中 0 级具有较高的优先权。

2. 支持中断嵌套

NVIC 对所支持的异常和中断按优先级排序并处理。当一个中断正在处理时，如果有新的中断产生，NVIC 将比较新中断与当前中断的优先级，如果新中断优先级高于当前中断，则新中断将优先执行，而当前中断的处理过程被暂停。

3. 低延时的异常处理

每一个中断或异常都有固定的向量号，当中断被响应时，中断服务程序可以从内存向量表中保存的地址处开始执行，而不用通过软件查询的方式确定哪个中断被响应，这会使微控制器可以花费更少的时间处理中断请求，并且中断的响应时间固定。

4. 中断可屏蔽

NVIC 支持最多 32 个外部中断，中断输入请求可以是电平触发，也可以是最小一个时钟周期的脉冲信号。通过写中断使能设置寄存器可以使能或禁止这些中断。当某一个中断被禁用时，中断的发生仍将使该中断对应的标志位置位，但该中断不会被执行。

5.3.3　中断的使能

Cortex-M0 处理器对于中断请求的使能和禁止是由中断控制寄存器实现的。中断控制寄存器是可编程的，用于控制中断请求(异常编号 16 及以上)的使能和禁止。寄存器的宽度根据支持的中断数量不同，最大为 32 位、最小为 1 位。

(1)中断使能设置寄存器(SETENA)如图 5-3 所示。

地址：0xE000 E100。

复位值：0x0000 0000。

位[31] 用于中断#31(异常 47)中断使能，对该位写 1 将会使该位置“1”，写 0 无作用。

……

位[0] 用于中断#0(异常 16)中断使能，对该位写 1 将会使该位置“1”，写 0 无作用。

31	30	29	28	27	26	25	24	23	22	21	20	19	18	17	16
#31	#30	#29	#28	#27	#26	#25	#24	#23	#22	#21	#20	#19	#18	#17	#16
rw	rw	rw	rw	rw	rw	rw	rw	rw	rw	rw	rw	rw	rw	rw	rw

15	14	13	12	11	10	9	8	7	6	5	4	3	2	1	0
#15	#14	#13	#12	#11	#10	#9	#8	#7	#6	#5	#4	#3	#2	#1	#0
rw	rw	rw	rw	rw	rw	rw	rw	rw	rw	rw	rw	rw	rw	rw	rw

图 5-3　中断使能设置寄存器(SETENA)

(2)中断清除寄存器(CLRENA)：清零使能中断 0 到 31 如图 5-4 所示。

地 址：0xE000 E180。

复位值：0x0000 0000。

位[31] 用于中断#31(异常 47)使能位清除，对该位写 1 将会使该位清 0，写 0 无作用。

……

位[0] 用于中断#0(异常 16)使能位清除，对该位写 1 将会使该位清 0，写 0 无作用。

31	30	29	28	27	26	25	24	23	22	21	20	19	18	17	16
#31	#30	#29	#28	#27	#26	#25	#24	#23	#22	#21	#20	#19	#18	#17	#16
rw	rw	rw	rw	rw	rw	rw	rw	rw	rw	rw	rw	rw	rw	rw	rw

15	14	13	12	11	10	9	8	7	6	5	4	3	2	1	0
#15	#14	#13	#12	#11	#10	#9	#8	#7	#6	#5	#4	#3	#2	#1	#0
rw	rw	rw	rw	rw	rw	rw	rw	rw	rw	rw	rw	rw	rw	rw	rw

图 5-4　中断清除寄存器(CLRENA)：清零使能中断 0 到 31

另外，在使用标准库编写应用程序时，使能或禁止中断可以参考以下代码。

```
void HAL_NVIC_EnableIRQ ( IRQn_Type IRQn ); //在 NVIC 中断控制器中使能一个中断
void HAL_NVIC_DisableIRQ ( IRQn_Type IRQn ); //在 NVIC 中断控制器中禁止一个中断
```

5.3.4 中断请求的挂起和清除

如果一个中断发生了，却无法立即被处理(处理器可能在处理更高优先级的中断)，这个中断请求将会被挂起，通过操作中断挂起状态设置寄存器(SETPEND)或中断挂起状态清除寄存器(CLRPEND)，可以查询和修改中断的挂起状态。

(1)中断挂起状态设置寄存器(SETPEND)如图 5-5 所示。

地 址：0xE000 E200。

复位值：0x0000 0000。

位[31] 用于中断#31(异常 47)挂起状态设置，对该位写 1 将会使该位“1”，写 0 无作用。

……

位[0] 用于中断#0(异常 16)挂起状态设置，对该位写 1 将会使该位置“1”，写 0 无作用。

31	30	29	28	27	26	25	24	23	22	21	20	19	18	17	16
#31	#30	#29	#28	#27	#26	#25	#24	#23	#22	#21	#20	#19	#18	#17	#16
rw	rw	rw	rw	rw	rw	rw	rw	rw	rw	rw	rw	rw	rw	rw	rw
15	14	13	12	11	10	9	8	7	6	5	4	3	2	1	0
#15	#14	#13	#12	#11	#10	#9	#8	#7	#6	#5	#4	#3	#2	#1	#0
rw	rw	rw	rw	rw	rw	rw	rw	rw	rw	rw	rw	rw	rw	rw	rw

图 5-5 中断挂起状态设置寄存器(SETPEND)

(2)中断挂起状态清除寄存器(CLRPEND)如图 5-6 所示。

地 址：0xE000 E280。

复位值：0x0000 0000。

位[31] 用于中断#31(异常 47)挂起状态清除，对该位写 1 将会使该位清 0，写 0 无作用。

……

位[0] 用于中断#0(异常 16)挂起状态清除，对该位写 1 将会使该位清 0，写 0 无作用。

31	30	29	28	27	26	25	24	23	22	21	20	19	18	17	16
#31	#30	#29	#28	#27	#26	#25	#24	#23	#22	#21	#20	#19	#18	#17	#16
rw	rw	rw	rw	rw	rw	rw	rw	rw	rw	rw	rw	rw	rw	rw	rw
15	14	13	12	11	10	9	8	7	6	5	4	3	2	1	0
#15	#14	#13	#12	#11	#10	#9	#8	#7	#6	#5	#4	#3	#2	#1	#0
rw	rw	rw	rw	rw	rw	rw	rw	rw	rw	rw	rw	rw	rw	rw	rw

图 5-6 中断挂起状态清除寄存器(CLRPEND)

中断挂起状态设置寄存器允许使用软件将相应位置“1”来触发中断，如果中断已经使能并且没有被屏蔽，且当前也没有更高优先级的中断在运行，中断服务程序会立即执行。有时可能需要清除某个中断的挂起状态，这时可以通过将中断挂起状态清除寄存器的相应位置“1”来清除该中断的挂起状态。在使用标准库编写应用程序时，可以使用以下 3 个函数来访问中断挂起状态寄存器。

```
void HAL_NVIC_SetPendingIRQ ( IRQn_Type IRQn ); //设置一个中断的挂起状态
void HAL_NVIC_ClearPendingIRQ ( IRQn_Type IRQn ); //清除一个中断的挂起状态
uint32_t HAL_NVIC_GetPendingIRQ ( IRQn_Type IRQn ); //获取一个中断的挂起状态
```

(3) 全局异常屏蔽

在一些对时间敏感的应用中，需要在一段时间内禁止所有中断。对于 Cortex-M0 处理器来说，可以使用 PRIMASK 寄存器来屏蔽除 NMI 和硬件错误异常之外的所有系统异常和外部中断。PRIMASK 寄存器只有一位有效，复位后该位为 0，默认情况下允许所有中断和异常。当该位置“1”后，只有 NMI 和硬件错误异常使能，其他均禁止。在使用标准库编写应用程序时，设置和清除 PRIMASK 寄存器可以参考以下代码。

```
void __enable_irq(void); //清除 PRIMASK
void __disable_irq(void); //设置 PRIMASK
```

5.3.5　中断优先级控制

优先级用于解决如当两个中断同时发生时哪一个会被优先响应，或者当一个中断正在响应又发生另外一个中断时如何处理的问题。Cortex-M0 处理器使用了简化后的 2 位可编程位来表达优先级，具体如图 5-7 所示。这 2 个可编程位可以设置 4 级的中断优先级（0～3），优先级的数值越小，则优先级越高。每一个外部中断(Cortex-M0 处理器内核以外的中断)都有一个相对应的优先级控制位，并且使用一字节的最高两位来定义。优先级寄存器的结构详见表 5-4。简化的优先级配置可以降低芯片制造成本和功耗，这完全符合基于 Cortex-M0 内核微控制器的市场定位。

bit7	bit6	bit5	bit4	bit3	bit2	bit1	bit0
表达优先级		保留（读为“0”）					

图 5-7　优先级的表达方式

表 5-4　中断优先级寄存器

地址	寄存器	31：30	29：24	23：22	21：16	15：14	13：8	7：6	5：0
0xE000 E41C	IPR7	IRQ31		IRQ30		IRQ29		IRQ28	
0xE000 E418	IPR6	IRQ27		IRQ26		IRQ25		IRQ24	
0xE000 E414	IPR5	IRQ23		IRQ22		IRQ21		IRQ20	
0xE000 E410	IPR4	IRQ19		IRQ18		IRQ17		IRQ16	
0xE000 E40C	IPR3	IRQ15		IRQ14		IRQ13		IRQ12	
0xE000 E408	IPR2	IRQ11		IRQ10		IRQ9		IRQ8	
0xE000 E404	IPR1	IRQ7		IRQ6		IRQ5		IRQ4	
0xE000 E400	IPR0	IRQ3		IRQ2		IRQ1		IRQ0	

由于每次访问优先级寄存器就相当于访问 4 个中断的优先级，如果只想改变其中 1

个中断的优先级，就需要将整字读出，修改相应的部分，然后再写回整字。应当注意的是，中断优先级的设定应当在中断使能之前，最好不要在中断使能之后改变中断的优先级。例如，要将中断#2 的优先级设置为 0xC0，可以使用以下代码来实现。

```
unsigned long temp;                                   // 定义临时变量
temp =* ((volatile unsigned long * )(0xE000E400));    // 获取 IPR0
temp =temp&(0xFF00FFFF)|(0xC0<<16);                   // 修改优先级
* ((volatile unsigned long * )(0xE000E400)) = temp;   // 设置 IPR0
```

在使用标准库编写应用程序时，可以使用以下 3 个函数来访问中断优先级寄存器。

```
void HAL_NVIC_SetPriority( IRQn_Type IRQn,uint32_t PreemptPriority,uint32_t SubPriority);
// 设置一个中断的优先级
uint32_t HAL_NVIC_GetPriority ( IRQn_Type IRQn );     // 获取一个中断的优先级
```

任务评价

评价内容	评价标准	分值	自评	师评
异常的特点	了解异常的分类及如何为异常分配优先级	20		
	掌握异常的响应地址	20		
嵌套向量中断控制器	了解嵌套向量中断控制器功能	10		
中断的使能	能够描述如何通过编程来使能或禁止 Cortex-M0 处理器的外部中断	20		
中断请求的挂起和清除	能够描述当中断发生时，处理器如何处理该中断请求，以及如何通过编程来查询和修改中断的挂起状态	20		
中断优先级控制	能够通过编程来设置和获取 Cortex-M0 处理器的中断优先级	10		
总分		100		

任务 4　实战-EXTI 中断应用

任务描述

本任务旨在通过实战应用，全面介绍 STM32F0 系列微控制器中 Cortex-M0 处理器内核的 NVIC(嵌套向量中断控制器)与 EXTI(扩展中断和事件控制器)的结合使用。学生将通过配置 STM32F072VBT6 微控制器的 PA0 引脚为外部中断功能，检测外部电平变化，并将触发中断的次数通过四位数码管显示出来。

任务分析

要完成此任务，学生需要深入了解 STM32F0 系列微控制器的 NVIC 和 EXTI 的工作原理及其配置方法。首先，学生应了解 Cortex-M0 处理器内核中的 NVIC 如何管理来自内核和外设的中断，并熟悉 NVIC 中断优先级和中断向量的概念。其次，学生需要掌握 EXTI 如何管理由 GPIO 端口电平变化、入侵检测或通信外设唤醒事件等引发的中断，并了解 EXTI 与 NVIC 之间的关联。最后，学生需要通过 STM32CubeMX 软件正确配置 GPIO 端口、EXTI 和 NVIC，并编写中断服务程序以处理外部中断，实现中断次数的统计和显示。

任务重点与实施

STM32F072VBT6 微控制器的每一个 GPIO 端口都具有电平变化中断的功能该功能是通过 EXTI 控制器来实现的。在本例中将使能 PA0 引脚的外部中断功能，用于检测外部电平的变化，并将由此引发的中断次数用四位数码管显示出来。使用引脚电平变化中断功能时要特别注意所选 GPIO 端口的配置，如要使用下降沿触发中断，则需要将 GPIO 端口设置成上拉的输入模式，这样可以避免外部电磁信号对 GPIO 的干扰。在使用 STM32CubeMX 软件生成项目时，在“Pinout”视图中的引脚配置如图 5-8 所示。

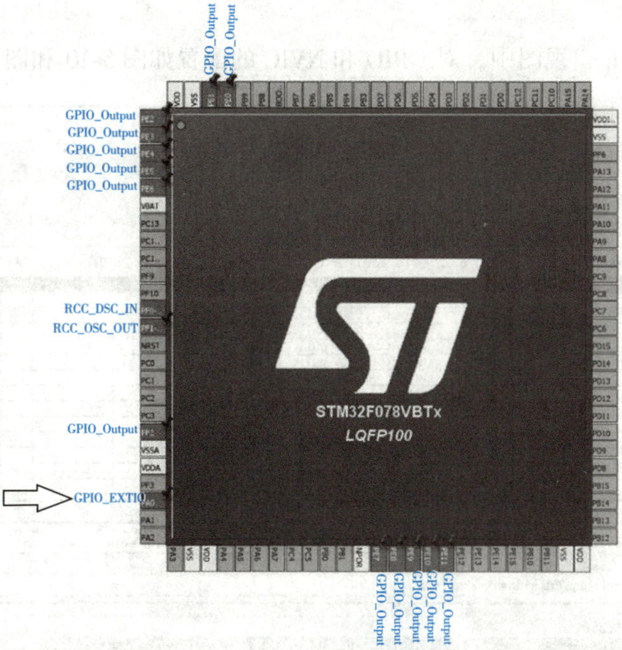

图 5-8　“Pinout”视图引脚配置

在“Clock Configuration”视图中，对于时钟的配置如图 5-9 所示。

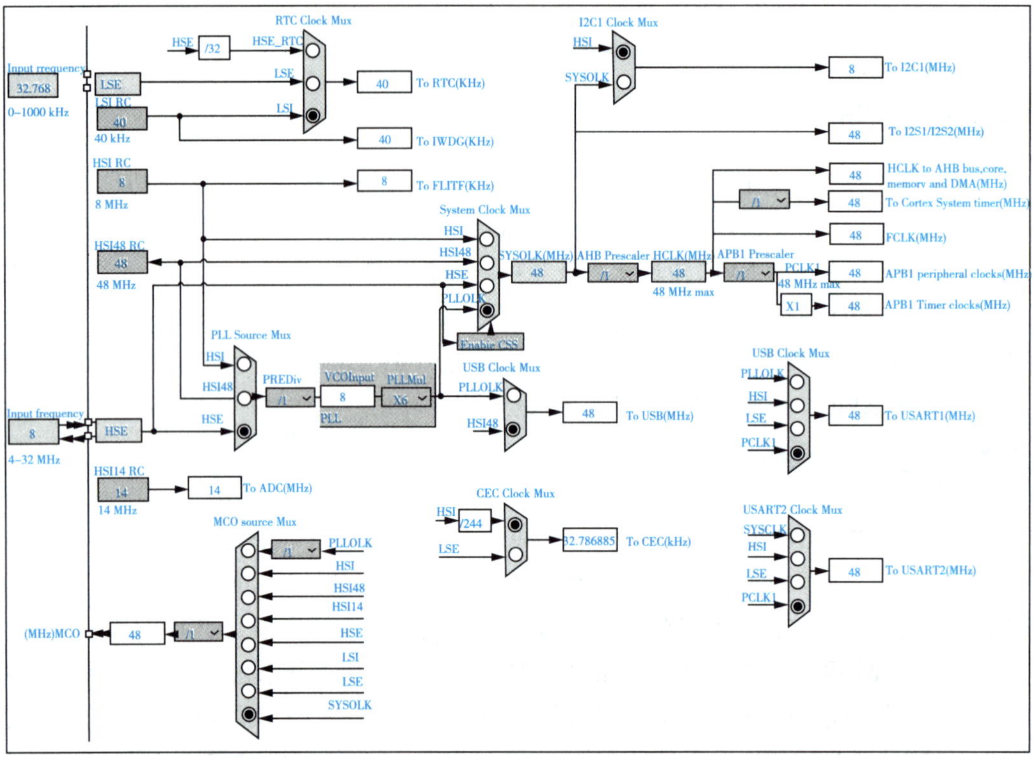

图 5-9　配置时钟

在“Configuration”视图中，对 GPIO 和 NVIC 的配置如图 5-10 和图 5-11 所示。

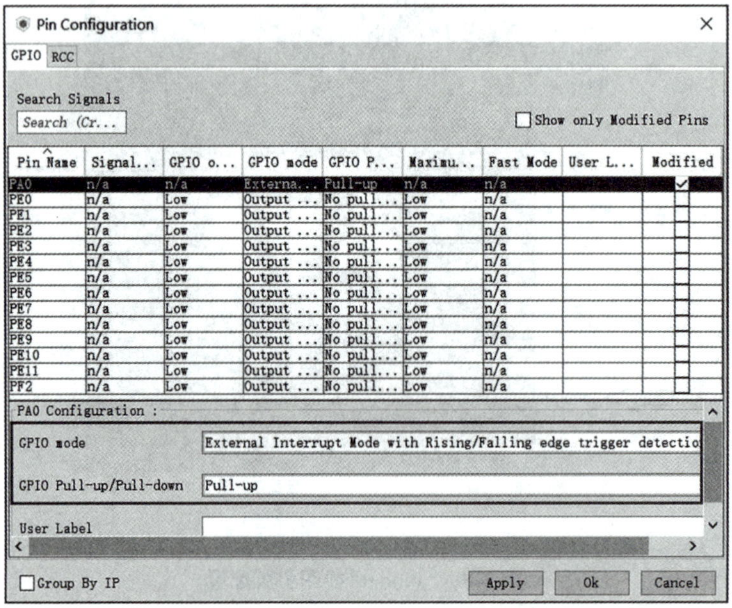

图 5-10　配置 GPIO

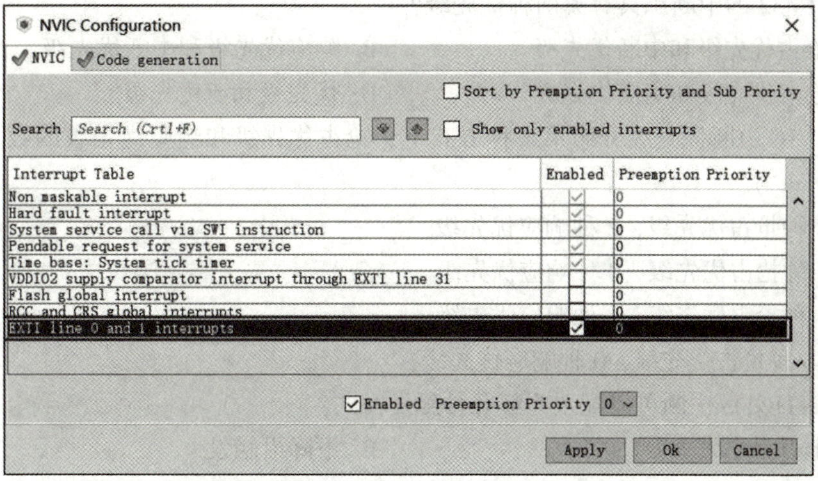

图 5-11　配置 NVIC

任务评价

评价内容	评价标准	分值	自评	师评
EXTI 中断应用	能够正确使用 STM32CubeMX 软件配置 EXTI 中断，包括 GPIO 端口、NVIC 等设置	50		
EXTI 中断应用	熟练掌握 EXTI 中断的配置方法	50		
总分		100		

项目小结

本项目首先介绍了 STM32 微控制器中的中断处理机制，包括嵌套向量中断控制器(NVIC)的配置与应用、EXTI 外部中断的初始化与中断服务函数的编写；其次介绍了异常的基本概念和处理流程。通过理论讲解与实战操作相结合的方式，学生不仅能够掌握 STM32 中断系统的基本原理和配置方法，还能学会如何在实际项目中应用这些理论知识，实现外部事件的实时响应和处理。

项目习题

一、选择题

1. Cortex-M3 内核中的哪种设备用于管理中断和异常？(　　)

A. NVIC　　B. SCB　　C. SysTick　　D. USART

2. STM32 的中断向量表中，编号为-3 的中断向量是什么类型的中断？(　　)

A. 外部中断　　B. 系统异常　　C. NMI　　D. 硬件错误

3. STM32 的中断源具有哪两种优先级？（　　）

A. 抢占优先级和中断优先级　　B. 响应优先级和中断优先级

C. 抢占优先级和响应优先级　　D. 优先级和亚优先级

4. NVIC 中断优先级分组第 3 种方式下，抢占优先级和响应优先级的数量分别是多少？（　　）

A. 8 种抢占优先级，2 种响应优先级

B. 2 种抢占优先级，8 种响应优先级

C. 4 种抢占优先级，4 种响应优先级

D. 16 种抢占优先级，0 种响应优先级

5. EXTI 外部中断可以配置为哪几种触发模式？（　　）

A. 上升沿触发　　B. 下降沿触发

C. 双边沿触发　　D. 以上都是

二、填空题

1. Cortex-M0 处理器支持最多________个外部中断。

2. STM32 中，NVIC 初始化配置的第一步是调用函数________，设置中断优先级分组。

3. 在 STM32 中，每个中断向量都对应一个固定的________，存储在中断向量表中。

三、问答题

1. 简述 NVIC 在 Cortex-M3 内核中的作用。

2. 详细描述 STM32 中断向量表的组成及其特点。

3. 请说明 STM32 中断的抢占优先级和响应优先级之间的关系及其应用场景。

4. 如何使用 STM32 固件库函数配置 GPIO 为 EXTI 外部中断，并简述其配置过程。

5. Cortex-M0 处理器的中断使能是如何通过寄存器来实现的？请给出相关寄存器的地址和描述。

项目 6 DMA 控制器

项目导读

本项目旨在深入探索 STM32 微控制器的 DMA(直接存储器访问)控制技术，通过理论学习与实战操作相结合的方式，掌握 DMA 的高效数据传输机制。学生将理解 DMA 的基本概念、STM32 DMA 控制器的功能特性与操作流程，学会配置 DMA 通道及相关寄存器，实现外设与存储器之间的高速数据传输。通过配置 ADC 模块与 DMA 通道，强化嵌入式编程与系统设计能力。

学习目标

◆ 知识目标

- 熟练配置 STM32 的 DMA 控制器及相关寄存器。
- 掌握 DMA 与外设(如 ADC)的接口连接与数据传输方法。

◆ 技能目标

- 能够分析 DMA 在嵌入式系统中的应用场景和优势。
- 能够进行 C 语言编程。

◆ 素养目标

- 鼓励学生在 DMA 技术学习中勇于创新，提升自主创新能力。
- 培养学生掌握科学的世界观和方法论。

思政目标

• 结合 STM32 等国产微控制器的应用，增强学生的国家自豪感和爱国情怀，激励学生为国家的科技进步贡献自己的力量。

• 在学习 DMA 技术的同时，引导学生关注其能耗、资源占用等对环境的影响，培养学生在工程设计中注重节能减排、资源高效利用的可持续发展观念。

任务 1　STM32 的 DMA 概述

任务描述

本任务旨在深入理解 STM32 微控制器中的直接存储器访问(DMA)功能。任务内容涵盖了 DMA 的基本概念、STM32 的 DMA 操作过程、功能特性及通道映射关系。此外，还需详细学习 DMA 操作相关的寄存器，包括中断状态寄存器、中断标志清除寄存器、通道配置寄存器、传输数据量寄存器、外设地址寄存器和存储器地址寄存器等。

任务分析

要完成此任务，学生需要掌握 DMA 的基本概念，理解其如何在不占用 CPU 资源的情况下实现数据的快速传输。其次，要深入了解 STM32 DMA 的操作过程，包括数据传输的触发方式、传输方向、优先级等。同时，还需关注 STM32 DMA 的功能特性，如支持的数据宽度、传输模式等。

任务重点与实施

6.1.1　DMA 简介

DMA 原理

DMA 是计算机科学中的一种内存访问技术，允许某些计算机内部的硬件子系统(计算机外设)可以独立地直接读写系统存储器，而不需 CPU 参与处理。在同等程度的 CPU 负担下，DMA 是一种快速的数据传送方式。允许不同速度的硬件装置来沟通，而不需要产生 CPU 的大量中断请求。

传统 DMA 的概念是用于大批量数据的传输，现在越来越多的单片机采用 DMA 技术，主要是实现外设和存储器之间或者存储器之间的高速数据传输。

DMA 传输方式由 CPU 初始化这个传输动作，传输动作本身由 DMA 控制器来实行和完成。整个过程无需 CPU 直接控制传输，也没有中断处理方式那样保留现场和恢复现场的过程，通过硬件为 RAM 与 I/O 设备开辟一条直接传送数据的通路，能使 CPU 的效率大为提高。DMA 作用就是帮 CPU 减轻负担，帮 CPU 来转移数据。例如，A/D 每次转换结束后会将转换的结果放到一个固定的寄存器里，想将该寄存器中的值赋给某一变量时会用到赋值语句，而不用 DMA，则赋值语句便要 CPU 来完成，降低了 CPU 运行效率。

6.1.2　STM32 的 DMA 概述

DMA 控制器和 Cortex-M3 核共享系统数据总线执行直接存储器数据传输。当 CPU 和 DMA 同时访问相同的目标(RAM 或外设)时，DMA 请求可能会停止 CPU 访问系统总线达若干个周期，总线仲裁器执行循环调度，以保证 CPU 至少可以得到一半的系统总线(存储器或外设)带宽。

1. STM32 的 DMA 操作过程

在发生一个事件后，外设发送一个请求信号到 DMA 控制器。DMA 控制器根据通道的优先权处理请求。当 DMA 控制器开始访问外设时，DMA 控制器立即发送给外设一个应答信号。当从 DMA 控制器得到应答信号时，外设立即释放它的请求。一旦外设释放了这个请求，DMA 控制器同时撤销应答信号。如果发生更多的请求，外设可以启动下次处理。

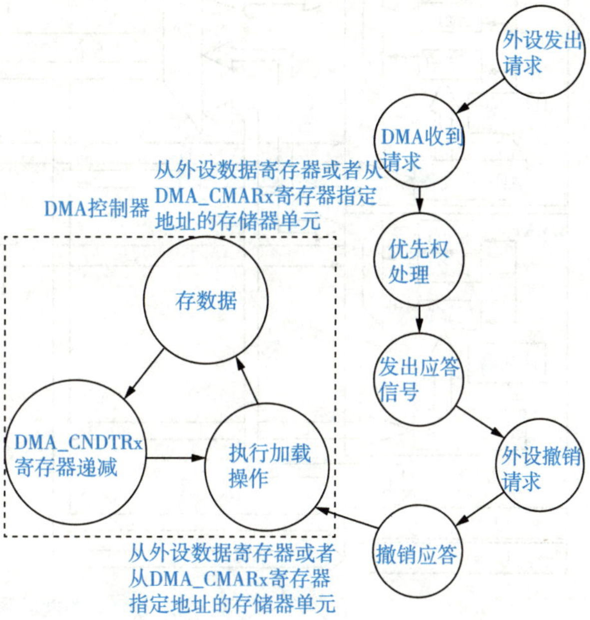

图 6-1　STM32 的 DMA 操作过程

STM32 的 DMA 操作过程如图 6-1 所示。其中，仲裁器根据通道请求的优先级来启动外设/存储器的访问。优先级分为两个等级：软件(4 个等级：最高、高、中等、低)、硬件(较低编号的通道比较高编号的通道具有较高的优先权)。可以在 DMA 传输过半、传输完成和传输错误时产生中断。STM32 中 DMA 的不同中断(传输完成、半传输、传输完成)通过“线或”方式连接至 NVIC，需要在中断例程中进行判断。进行 DMA 配置前，需要在 RCC 设置中使能 DMA 时钟，STM32 的 DMA 控制器挂在 AHB 总线上。

2. STM32 的 DMA 功能特性

STM32 最多有 2 个 DMA 控制器(DMA2 仅存在大容量产品中)，DMA1 有 7 个通道，DMA2 有 5 个通道。每个通道专门用来管理来自一个或多个外设对存储器访问的请求，DMA 控制器中的仲裁器用来协调各个 DMA 请求的优先权。图 6-2 是 STM32 的 DMA 功能结构图。

STM32 的 DMA 有以下特性。

(1)12 个独立的可配置的通道(请求)，DMA1 有 7 个通道，DMA2 有 5 个通道。

(2)每个通道都直接连接专用的硬件 DMA 请求，每个通道都同样支持软件触发，这些功能通过软件来配置。

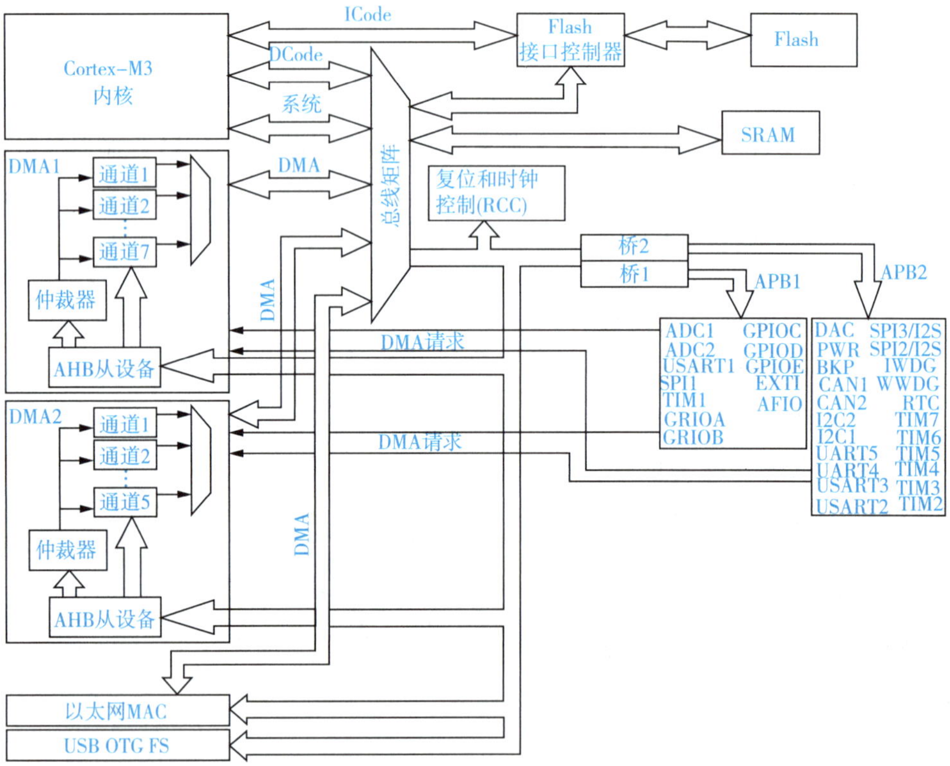

图 6-2 DMA 功能结构图

(3)在 7 个请求间的优先权可以通过软件编程设置(共有 4 级：很高、高、中等和低)，如在相等优先权时由硬件决定(请求 0 优先于请求 1，依次类推)。

(4)独立的源和目标数据区的传输宽度(字节、半字、全字)，模拟打包和拆包的过程。源和目标地址必须按数据传输宽度对齐。

(5)支持循环的缓冲器管理。

(6)每个通道都有 3 个事件标志(DMA 半传输、DMA 传输完成和 DMA 传输出错)，这 3 个事件标志“逻辑或”成为一个单独的中断请求。

(7)存储器和存储器间的传输。

(8)外设和存储器，存储器和外设间的传输。

(9)闪存、SRAM、外设的 SRAM、APB1、APB2 和 AHB 外设均可作为访问的源和目标。

(10)可编程的数据传输数目最大为 65 536。

3. STM32 的 DMA 通道映射关系

STM32 的 DMA 总共有 7 个通道，外设的事件连接至相应 DMA 通道，每个通道均可以通过软件触发实现存储器内部的 DMA 数据传输(M2M 模式)。各个通道的 DMA 映射关系如图 6-3 所示。

STM32 使用 DMA1 通道 4，库函数 RCC_AHBPeriphClockCmd 的参数由 RCC_AHB-Periph_DMA 改成 RCC_AHBPeriph_DMA1。DMA 的传输标志位(CHTIFx、CTCIFx, CGIFx)由硬件设置为 1，但需要软件清零，在中断服务程序中清除。当 CGIFx(全局中断标志位)清零后，CHTIFx 和 CTCIFx 均清零。

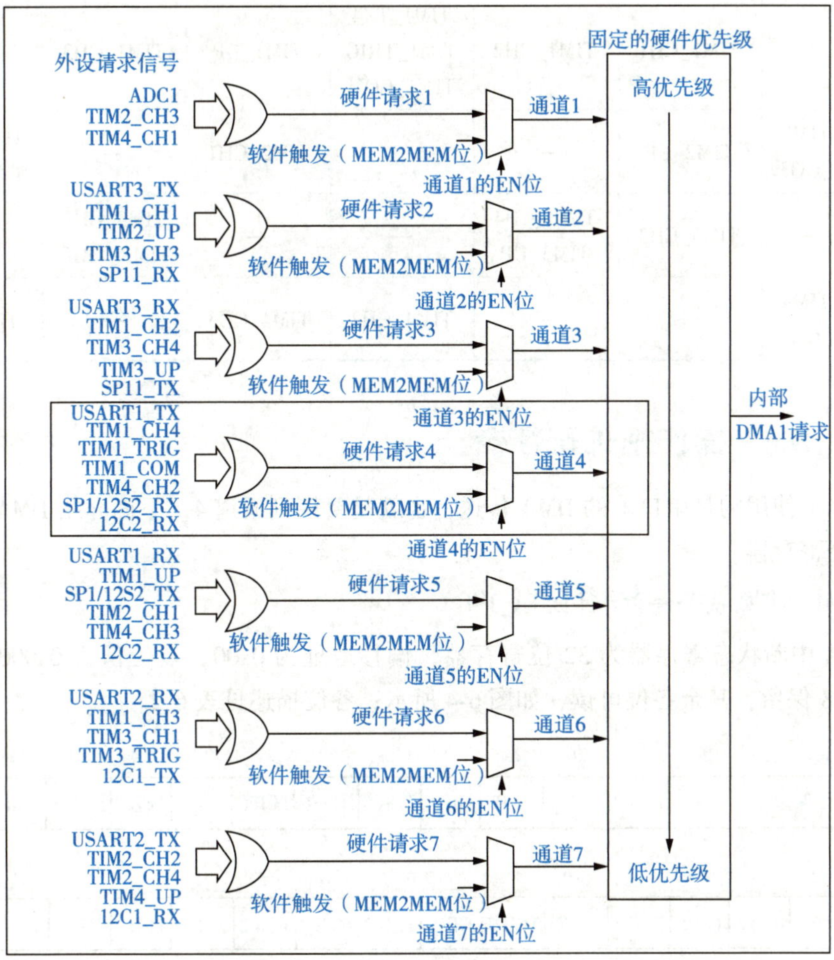

图 6-3 DMA 通道映射关系

从外设(TIMx. ADC、SPIx. I2Cx 和 USARTx)产生的 DMA 请求，通过“逻辑或"输入到 DMA 控制器，这就意味着同时只能有一个请求有效。外设的 DMA 请求，可以通过设置相应外设寄存器中的控制位，被独立地开启或关闭。

DMA1 各通道一览表见表 6-1，通道 1 的几个 DMA1 请求（ADC1，TIM2_CH3、TIM4_CH1）是通过“逻辑或”到通道 1 的，因此在同一时间，就只能使用其中的一个。

表 6-1　DMA1 各通道一览表

外设	通道 1	通道 2	通道 3	通道 4	通道 5	通道 6	通道 7
ADC	ADC1	—	—	—	—	—	—
SP1	—	SPI1_RX	SPI1_TX	SPI2_RX	SPI2_TX	—	—
USART	—	USART3_TX	USART3_RX	USART1_TX	USART1_RX	USART2_RX	USART2_TX
I2C	—		—	I2C2_TX	I2C1_RX	I2C1_TX	I2C1_RX
TIM1	—	TIM1_CH1	TIM1_CH2	TIM1_TX4 TIM1_TRIG TIM1_COM	TIM1_UP	TIM1_CH3	—
TIM2	TIM2 _CH3	TIM2_UP	—	—	TIM2_CH1	—	TIM2_CH2 TIM2_CH4
TIM3	—	TIM3_CH3	TIM3_CH4 TIM3_UP	—	—	TIM3_CH1 TIM3_TRIG	—
TIM4	TIM4 _CH1	—	—	TIM4_CH2	TIM4_CH3	—	TIM4_UP

6.1.3　DMA 操作相关寄存器

实训中使用的是串口 1 的 DMA 传送，也就是要用到通道 4。下面介绍 DMA 设置相关的几个寄存器。

1. DMA 中断状态寄存器（DMA_ISR）

DMA 中断状态寄存器为 32 位寄存器，偏移地址为 0x00，复位值为 0x0000 0000，位 31 ~ 28 保留，其余各位可读，如图 6-4 所示；各位描述见表 6-2。

31	30	29	28	27	26	25	24	23	22	21	20	19	18	17	16
保留				TEIF7	HTIF7	TCIF7	GIF7	TEIF6	HTIF6	TCIF6	GIF6	TEIF5	HTIF5	TCIF5	GIF5
				r	r	r	r	r	r	r	r	r	r	r	r

15	14	13	12	11	10	9	8	7	6	5	4	3	2	1	0
TEIF4	HTIF4	TCIF4	GIF4	TEIF3	HTIF3	TCIF3	GIF3	TEIF2	HTIF2	TCIF2	GIF2	TEIF1	HTIF1	TCIF1	GIF1
r	r	r	r	r	r	r	r	r	r	r	r	r	r	r	r

图 6-4　DMA_ISR 寄存器

如果开启 DMA_ISR 中的中断，条件满足就会跳到中断服务函数；没开启也可以通过查询各位来获得当前 DMA 传输的状态。常用的是 TCIFx，即通道 DMA 传输完成与否的标志。注意，DMA_ISR 寄存器为只读寄存器，在这些位被置位之后，只能通过其他的操作来清除。

表 6-2 DMA_ISR 寄存器各位描述

寄存器位	描 述
位 31：28	保留，始终读为 0
位 27，23，19，15，11，7，3	TEIFx：通道 x 的传输错误标志(x=1～7)，硬件设置这些位。在 DMA_IFCR 寄存器的相应位写入 1 可以清除这里对应的标志位 0：在通道 x 没有传输错误(TE)；1：在通道 x 发生传输错误(TE)
位 26，22，18，14，10，6，2	HTIFx：通道 x 的半传输标志(x=1～7)，硬件设置这些位。在 DMA_IFCR 寄存器的相应位写入 1 可以清除这里对应的标志位 0：在通道 x 没有半传输事件(HT)；1：在通道 x 产生半传输事件(HT)
位 25，21，17，13，9，5，1	TCIFx：通道 x 的传输完成标志(x=1～7)，硬件设置这些位。在 DMA_IFCR 寄存器的相应位写入 1 可以清除这里对应的标志位 0：在通道 x 没有传输完成事件(TC)；1：在通道 x 产生传输完成事件(TC)
位 24，20，16，12，8，4，0	GIFx：通道 x 的全局中断标志(x=1～7)，硬件设置这些位。在 DMA_IFCR 寄存器的相应位写入 1 可以清除这里对应的标志位 0：在通道 x 没有 TE、HT 或 TC 事件；1：在通道 x 产生 TE、HT 或 TC 事件

2. DMA 中断标志清除寄存器(DMA_IFCR)

DMA 中断标志清除寄存器为 32 位寄存器，偏移地址为 0x04，复位值为 0x0000 0000，位 31～28 保留，其余各位可读写，如图 6-5 所示；寄存器各位描述见表 6-3。DMA_IFCR 的各位通过写 0 清除 DMA_ISR 的对应位。在 DMA_ISR 被置位后，必须通过向 DMA_IFCR 寄存器对应的位写入 0 来清除。

31	30	29	28	27	26	25	24	23	22	21	20	19	18	17	16
保留				CTEIF7	CHTIF7	CTCIF7	CGIF7	CTEIF6	CHTIF6	CTCIF6	CGIF6	CTEIF5	CHTIF5	CTCIF5	CGIF5
				rw	rw	rw	rw	rw	rw	rw	rw	rw	rw	rw	rw

15	14	13	12	11	10	9	8	7	6	5	4	3	2	1	0
CTEIF4	CHTIF4	CTCIF4	CGIF4	CTEIF3	CHTIF3	CTCIF3	CGIF3	CTEIF2	CHTIF2	CTCIF2	CGIF2	CTEIF1	CHTIF1	CTCIF1	CGIF1
rw	rw	rw	rw	rw	rw	rw	rw	rw	rw	rw	rw	rw	rw	rw	rw

图 6-5 DMA_IFCR 寄存器

表 6-3 DMA_IFCR 寄存器各位描述

寄存器位	描 述
位 31：28	保留，始终读为 0
位 27，23，19，15，11，7，3	CTEIFx：清除通道 x 的传输错误标志(x=1～7)，这些位由软件设置和清除 0：不起作用；1：清除 DMA_ISR 寄存器中的对应 TEIF 标志
位 26，22，18，14，10，6，2	CHTIFx：清除通道 x 的半传输标志(x=1～7)，这些位由软件设置和清除 0：不起作用；1：清除 DMA_ISR 寄存器中的对应 HTIF 标志

（续表）

寄存器位	描　述
位 25，21，17，13，9，5，1	CTCIFx：清除通道 x 的传输完成标志（x=1～7），这些位由软件设置和清除 0：不起作用；1：清除 DMA_ISR 寄存器中的对应 TCIF 标志
位 24，20，16，12，8，4，0	CGIFx：清除通道 x 的全局中断标志（x=1～7），这些位由软件设置和清除 0：不起作用；1：清除 DMA_ISR 寄存器中对应 GIF、TEIF、HTIF 和 TCIF 标志

3. DMA 通道 x 配置寄存器（DMA_CCRx）

DMA 通道 x 配置寄存器为 32 位寄存器，偏移地址为 0x08 +0x20×(通道编号-1)，复位值为 0x0000 0000，位 31～15 保留，其余各位可读写，如图 6-6 所示；各位描述见表 6-4 所示，DMA_CCRx 寄存器是 DMA 传输的核心控制寄存器，控制着 DMA 很多相关信息，包括数据宽度、外设及存储器的宽度、通道优先级、增量模式、传输方向、中断允许、使能等，都是通过该寄存器来设置的。

图 6-6　DMA_CCRx 寄存器

表 6-4　DMA_CCRx 寄存器部分位描述

寄存器位	描　述
位 31：15	保留，始终读为 0
位 14	MEM2MEM：存储器到存储器模式，该位由软件设置和清除 0：非存储器到存储器模式；1：启动存储器到存储器模式
位 13：12	PL[1：0]：通道优先级，这些位由软件设置和清除 00：低；01：中；10：高；11：高
位 11：10	MSIZE[1：0]：存储器数据宽度，这些位由软件设置和清除 00：8 位；01：16 位；10：32 位；11：保留
位 9：8	PSIZE[1：0]：外设数据宽度，这些位由软件设置和清除 00：8 位；01：16 位；10：32 位；11：保留
位 7	MINC：存储器地址增量模式，该位由软件设置和清除 0：不执行存储器地址增量操作；1：执行存储器地址增量操作
位 6	PINC：外设地址增量模式，该位由软件设置和清除 0：不执行外设地址增量操作；1：执行外设地址增量操作

（续表）

寄存器位	描　述
位 5	CIRC：循环模式，该位由软件设置和清除 0：不执行循环操作；1：执行循环操作
位 4	DIR：数据传输方向，该位由软件设置和清除 0：从外设读；1：从存储器读
位 3	TEIE：允许传输错误中断，该位由软件设置和清除 0：禁止 TE 中断；0：允许 TE 中断
位 2	HTIE：允许半传输中断，该位由软件设置和清除 0：禁止 HT 中断；0：允许 HT 中断

4. DMA 通道 x 传输数据量寄存器(DMA_CNDTRx)(x=1～7)

DMA 通道 x 传输数据量寄存器为 32 位寄存器，偏移地址为 0x0C+0x20×(通道编号-1)，复位值为 0x0000 0000，位 31～16 保留，各位描述见表 6-5，DMA_CNDTRx 寄存器控制 DMA 通道 x 每次传输所要传输的数据量。可以通过这个寄存器的值来知道当前 DMA 传输的进度，其设置范围为 0～65 535，并且该寄存器的值会随着传输的进行而减少。当该寄存器的值为 0 时，代表此次数据传输已经全部发送完成了。

表 6-5　DMA_CNDTRx 寄存器各位描述

寄存器位	描　述
位 31：16	保留，始终读为 0
位 15：0	NDT[15：0]：数据传输数量，值为 0～65 535。该寄存器只能在通道不工作(DMA_CCRx 的 EN=0)时写入。通道开启后该寄存器变味只读，指示剩余的待传输的字节数目。寄存器内容在每次 DMA 传输后递减； 数据传输结束后，寄存器的内容或者变为 0，或者当该通道配置为自动重加载模式时，寄存器内容将被自动重新加载为之前配置时的数值； 当寄存器的内容为 0 时，无论通道是否开启，都不会发生任何数据传输

5. DMA 通道 x 的外设地址寄存器(DMA-CPARx)

DMA 通道 x 的外设地址寄存器为 32 位寄存器，偏移地址为 0x10+0x20×(通道编号-1)，复位值为 0x0000 0000，各位描述见表 6-6，DMA_CPARx 寄存器用来存储 STM32 外设的地址，如使用串口 1，该寄存器要写入串口 1 的地址(0x4001 3804)。

表 6-6　DMA_CPARx 寄存器各位描述

寄存器位	描　述
位 31：0	PA[31：0]：外设地址。外设数据寄存器的基地址，作为数据传输的源或目标

6. DMA 通道 x 的存储器地址寄存器(DMA_CMARx)

DMA 通道 x 的存储器地址寄存器为 32 位寄存器，偏移地址为 0x14 +0x20×(通道编号-1)，复位值为 0x0000 0000，各位描述见表 6-7，DMA_CMARx 寄存器用来存放存储器的地址。可以使用一个数组来做存储器，该寄存器要写入该数组地址。

表 6-7 DMA_CMARx 寄存器各位描述

寄存器位	描述
位 31：0	MA[31：0]：存储器地址。存储器地址作为数据传输的源或目标

任务评价

评价内容	评价标准	分值	自评	师评
DMA 简介	了解 DMA 的基本概念和工作原理	10		
STM32 的 DMA 概述	熟悉 STM32 DMA 的操作过程	10		
	了解 STM32 DMA 的功能特性	10		
	掌握 STM32 DMA 通道映射关系	20		
DMA 操作相关寄存器	掌握 DMA 操作相关寄存器的名称和功能	50		
总分		100		

任务 2　DMA 控制器概述

任务描述

本任务旨在全面介绍 STM32F072VBT6 微控制器片内的 DMA(直接存储器访问)控制器。学生将通过学习 DMA 控制器的内部结构、处理过程、中断机制以及 DMA 请求映射，深入理解 DMA 控制器的工作原理和应用方法。

任务分析

要完成此任务，首先，学生需要深入掌握 DMA 控制器的内部结构，包括其 7 个传输通道、仲裁器、寄存器等关键组件。其次，需要了解 DMA 的处理过程，包括 DMA 传输的组成、通道的优先级管理、数据传输数量的控制、地址管理、存储器到存储器模式以及错误管理等方面。此外，学生还应掌握 DMA 中断的配置和使用方法，以及如何通过 DMA 请求映射将外设的 DMA 请求与 DMA 控制器连接起来。

任务重点与实施

6.2.1　DMA 控制器内部结构

STM32F072VBT6 微控制器片内的 DMA 控制器共有 7 个通道，每个通道都相应地管理一个或多个外设对存储器的访问请求，DMA 控制器和 Cortex-M0 内核共享系统数据总线，用于执行直接存储器数据传输，控制器内部的仲裁器用于协调不同 DMA 请求的优先权，其内部结构如图 6-7 所示。

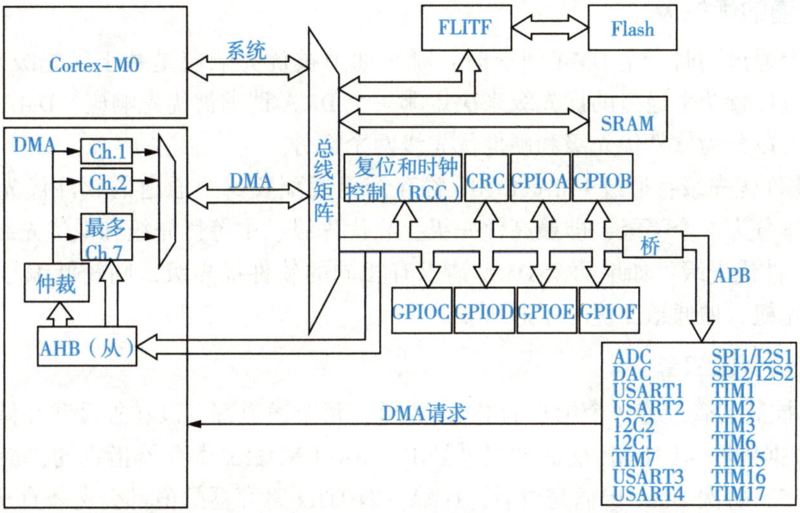

图 6-7　DMA 控制器的内部结构

当 CPU 和 DMA 同时访问相同的目标（RAM 或外设）时，DMA 请求会暂停 CPU 访问系统总线若干个周期，总线仲裁器执行循环调度，以确保 CPU 至少可以得到一半的系统总线带宽。每个通道都与专用的硬件 DMA 请求相连接，并且每个通道都支持软件触发。当有多个 DMA 请求发生时，其优先权可以通过软件编程来设置。数据源和目标数据区的传输宽度可以按需设置，数据可以以字节、半字或字的长度进行传输，但源和目标地址的数据长度必须一致。DMA 传输的最大数量为 65 536，并且支持无限循环操作。每个 DMA 通道都有 DMA 传输中、DMA 传输完成和 DMA 传输错误三个事件标志。这三个事件标志的逻辑或作为一个单独的中断请求，向 CPU 申请中断。

6.2.2　DMA 的处理过程

在发生一个事件后，外设向 DMA 控制器发送一个 DMA 请求信号，DMA 控制器根据通道的优先权处理该请求，当 DMA 控制器开始访问发出请求的外设时，DMA 控制器立即发送一个应答信号，当外设从 DMA 控制器接收到应答信号后立即释放本次的请求，DMA 处理完毕。

1. DMA 传输过程

每次 DMA 传输由以下 3 组操作组成。

(1) DMA 控制器从外设或者存储器中读取数据，该地址由 DMA_CPARx 或 DMA_CMARx 寄存器指定。

(2) DMA 控制器将读取到的数据存储至 DMA_CPARx 或 DMA_CMARx 寄存器指定的外设基地址或存储器单元中。

(3) DMA 将对 DMA_CNDTRx 寄存器执行一次递减操作，DMA_CNDTRx 寄存器保存有未完成的 DMA 操作计数。

2. 通道的优先级

当两个通道同时产生 DMA 请求时，哪个通道被优先响应是基于优先级来管理的，仲裁器通过比较两个通道的优先级来决定哪一个 DMA 请求被优先响应。DMA 通道优先级的管理可以分为软件优先级和硬件优先级两个部分。

(1) 软件优先级：通过 DMA_CCRx 寄存器可以配置每个通道的软件优先级，软件优先级具体分为 4 个等级，即最高优先级、高优先级、中等优先级和低优先级。

(2) 硬件优先级：如果两个 DMA 请求有相同的软件优先级，则较低编号的通道有较高的优先权，如通道 2 优先于通道 4。

3. 数据传输数量

DMA 控制器管理着 7 个独立的 DMA 通道，每个通道都可以在外设和存储器之间执行 DMA 数据传输。DMA 传输的数据量是由 DMA_CNDTRx 寄存器指定的，最大传输数量为 65 535，每次 DMA 传输完成后，DMA_CNDTRx 寄存器的值都会递减直至为 0。

当通道配置为非循环模式时，在 DMA_CNDTRx 寄存器已经递减至 0 时，DMA 传输结束并且不再产生新的 DMA 请求。如果需要在 DMA_CNDTRx 寄存器中重新写入传输数量时，需要先关闭相应的 DMA 通道。当配置为循环模式时，在最后一次传输结束后，DMA_CNDTRx 寄存器自动重新装载为初始计数值，DMA 传输继续进行。循环模式适用于处理循环缓冲区和连续的数据传输(如 ADC 的扫描模式)，DMA_CCRx 寄存器的 CIRC 位用于开启此模式。

4. 地址管理

通过设置 DMA_CCRx 寄存器的 PINC 和 MINC 位，可以将外设和存储器的指针在每次传输后有选择地完成自动增量。当设置为增量模式时，下一个源地址和目标地址值将会是前面相应地址加上增量值。

增量值取决于所选的数据宽度，当数据宽度为 8 位时地址增量值为 1，当数据宽度为 16 位时地址增量值为 2，而当数据宽度为 32 位时地址增量值为 4。

5. 存储器到存储器模式

DMA 通道的数据传输不仅可以用于外设和存储器之间，也可以用于两个不同的存储器地址之间，这种操作就是存储器到存储器模式。当设置了 DMA_CCRx 寄存器中的 MEM2-MEM 位后，存储器到存储器模式被使能，当 DMA_CCRx 寄存器的 EN 位置位后，DMA 通道启用，相应的 DMA 传输将立即开始，直至 DMA_CNDTRx 寄存器的值变为 0 时结束。

在存储器到存储器模式下，由于没有外设的参与，因此 DMA 通道的数据传输是在没有 DMA 请求的情况下进行的，这也是存储器到存储器模式与外设到存储器模式数据传输的本质区别。受存储器容量的限制，存储器到存储器模式下的数据传输不能无限进行，因此该模式不能与循环模式同时使用。

6. 错误管理

当 DMA 控制器读写一个保留的地址区域时，将会产生 DMA 传输错误，这时硬件会自动清除通道配置寄存器 DMA_CCRx 的 EN 位，通道传输被终止。DMA_IFR 寄存器中传输错误中断标志 TEIF 置位，如果 DMA_CCRx 寄存器中设置了传输错误中断允许位，将会产生中断。

7. 数据对齐方式

DMA 控制器在传输数据时，如果源端口与目标端口的数据位宽不一致，传输仍将继续，但其数据对齐方式和数据大小端操作遵循以下规则。

(1)当源端口位宽小于目标端口位宽时，写入目标端口的数据与源数据右对齐且高位补 0。

(2)当源端口位宽大于目标端口位宽时，写入目标端口的数据与源数据右对齐且高位舍弃。

配置 DMA 通道步聚如下。

① 在 DMA_CPARx 寄存器中设置外设寄存器地址，该地址将是数据传输的源或目的地址。

② 在 DMA_CMARx 寄存器中设置存储器地址，该地址在 DMA 传输时是数据的读出或写入地址。

③ 在 DMA_CNDTRx 寄存器中写入需要传输的数据量，在每次 DMA 传输结束后，该寄存器的值会递减 1。

④ 在 DMA_CCRx 寄存器的 PL[1：0]位中配置通道的优先级。

⑤ 在 DMA_CCRx 寄存器中配置数据的传输方向、循环模式、外设和存储器的增量模式、外设和存储器的数据宽度及中断设置。

⑥ 设置 DMA_CCRx 寄存器中的 EN 位来启动该通道。

6.2.3　DMA 中断

每个 DMA 通道都可以在 DMA 传输过半、传输完成和传输错误时产生中断，这些中断都有相应的使能位来控制。一旦启用了 DMA 通道，它就会响应连接到此通道上外设的 DMA 请求，当数据传输一半后，半传输标志 HTIF 位会硬件置“1”，如果设置了半传输中断允许位 HTIE，将产生半传输完成中断。当数据传输全部完成后，传输完成标志 TCIF 位会硬件置“1”，如果设置了传输完成中断允许位 TCIE，将产生一个传输完成中断，DMA 中断控制位详见表 6-8。

表 6-8　DMA 中断控制位

中断事件	事件标志位	使能控制位
传输过半	HTIF	HTIE
传输完成	TCIF	TCIE
传输错误	TEIF	TEIE

6.2.4　DMA 请求映射

DMA 控制器最多可以使用 7 个传输通道，其中 TIMx、ADC、DAC、SPI、I2C 和 USARTx 外设的 DMA 请求是经逻辑或运算后才进入 DMA 控制器的，这样可以确保在同一时刻只有一个 DMA 请求进入 DMA 控制器。外设的 DMA 请求可以通过设置外设寄存器的控制位独立地开启或关闭。当外设的 DMA 功能使能后，要实现 DMA 传输，还需要使能与外设相对应的 DMA 通道。

例如，要启用 ADC 模块的 DMA 传输，需要先将 ADC 配置寄存器 ADC_CFGR1 的 DMAEN 位置位，使能 ADC 模块的 DMA 功能，之后还需要将 DMA 通道配置寄存器 DMA_CCR1 的 EN 位置位，使能 DMA 通道 1 以响应 ADC 模块的 DMA 请求。ADC 外设的 DMA 传输示例可以参考以下代码。

```
/* 使能 DMA 外设时钟 * /
RCC_>AHBENR | = RCC_AHBENR_DMA1EN;
/* 使能 ADC 的 DMA 功能 * /
ADC1- >CFGR1 | = ADC_CFGR1_DMAEN;
/* 配置外设数据寄存器地址 * /
DMA1_Channel1- >CPAR = (uint32_t) (&(ADC1- >DR));
/* 配置存储器地址 * /
DMA1_Channel1- >CMAR = (uint32_t)(ADC_array);
/* 配置 DMA 通道 1 的数据传输数量 * /
DMA1_Channel1- >CNDTR = 3;
/* 配置增量、数据大小和中断 * /
DMA1_Channel1- >CCR | = DMA_CCR_MINC | DMA_CCR_MSIZE_0 | DMA_CCR_PSIZE_0
| DMA_CCR_TEIE | DMA_CCR_TCIE ;
/* 使能 DMA 通道 1 * /
DMA1_Channel1- >CCR | = DMA_CCR_EN; /*  (7) * /
/* 使能 DMA 通道 1 中断 * /
NVIC_EnableIRQ(DMA1_Channel1_IRQn);
/* 设置 DMA 通道 1 的优先级 * /
NVIC_SetPriority(DMA1_Channel1_IRQn,0);
```

存储器到存储器模式比较特殊，在该模式下允许使用任意一个 DMA 通道来处理 DMA 传输。DMA 请求映射如图 6-8 所示，各通道的 DMA 请求详见表 6-9。

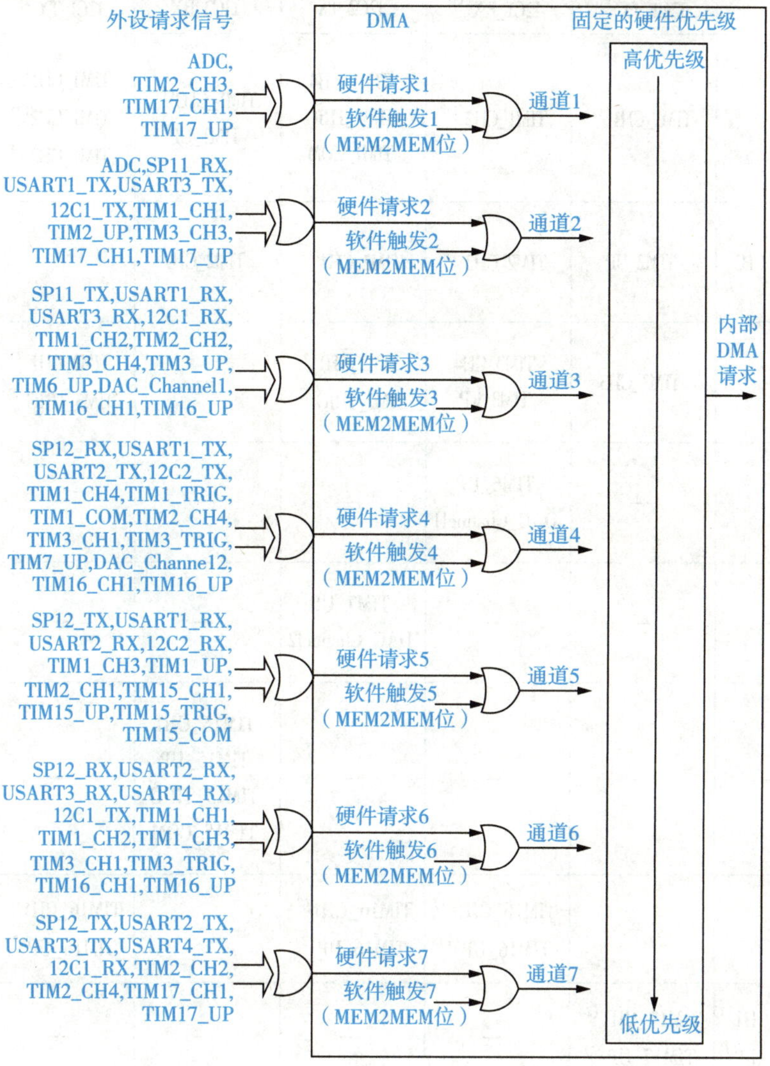

图 6-8 DMA 请求映射

表 6-9 各通道的 DMA 请求

外设	通道 1	通道 2	通道 3	通道 4	通道 5	通道 6	通道 7
ADC	ADC(1)	ADC(2)	—	—	—	—	—
SPI	—	SPI1_RX	SPI1_TX	SPI2_RX(1)	SPI2_TX(1)	SPI2_RX(2)	SPI2_TX(2)
USART	—	USART1_TX(1) USART3_TX(2)	USART1_RX(1) USART3_RX(2)	USART1_TX(2) USART2_TX(1)	USART1_RX(2) USART2_RX(1)	USART2_RX(2) USART3_RX(1) USART4_RX	USART2_TX(2) USART3_TX(1) USART4_TX

（续表）

外设	通道1	通道2	通道3	通道4	通道5	通道6	通道7
I2C		I2C1_TX(1)	I2C1_RX(1)	I2C2_TX	I2C2_RX	I2C1_TX(2)	I2C1_RX(2)
TIM1	—	TIM1_CH1(1)	TIM1_CH2(1)	TIM1_CH4 TIM1_TRIG TIM1_COM	TIM1_CH3(1) TIM1_UP	TIM1_CH1(2) TIM1_CH2(2) TIM1_CH3(2)	
TIM2	TIM2_CH3	TIM2_UP	TIM2_CH2(1)	TIM2_CH4(1)	TIM2_CH1	—	TIM2_CH2(2) TIM2_CH4(2)
TIM3	—	TIM3_CH3	TIM3_CH4 TIM3_UP	TIM2_CH1() TIM2_TRIG(1)	—	TIM3_CH1(2) TIM3_TRIG(2)	—
TIM6/ DAC	—	—	TIM6_UP DAC_Channel1	—	—	—	—
TIM7/ DAC	—	—	—	TIM7_UP DAC_Channel2	—	—	—
TIM15	—	—	—	—	TIM15_CH1 TIM15_UP TIM15_TRIG TIM15_COM	—	—
TIM16	—	—	TIM16_CH1(1) TIM16_UP(1)	TIM16_CH1(2) TIM16_UP(2)	—	TIM16_CH1(2) TIM16_UP(3)	—
TIM17	TIM17_CH1(1) TIM17_UP(1)	TIM17_CH1(2) TIM17_UP(2)	—	—	—	—	TIM17_CH1(3) TIM17_UP(3)

注：(1)只在 SYSCFG_CFGR1 寄存器相应的重映像位清 0 时该 DMA 请求映射到此通道。

(2)只有 SYSCFG_CFGR1 寄存器相应的重映像位置 1 时该 DMA 请求映射到此通道。

(3)只有 SYSCFG_CFGR1 寄存器附加的 RMP2 映射位置位时该 DMA 请求映射到此通道。

任务评价

评价内容	评价标准	分值	自评	师评
DMA 控制器内部结构	了解 DMA 控制器的内部结构	10		

（续表）

评价内容	评价标准	分值	自评	师评
DMA 的处理过程	能够详细阐述 DMA 的处理过程	40		
DMA 中断	掌握 DMA 中断的配置和使用方法	10		
DMA 请求映射	能够根据外设的 DMA 请求选择合适的 DMA 通道	40		
总分		100		

任务 3　实战-DMA 应用

任务描述

本任务旨在通过实战操作，全面介绍如何在 STM32 微控制器上配置和应用直接内存访问(DMA)技术，特别是与模拟数字转换器(ADC)模块的结合使用。

任务分析

要完成此任务，学生需要深入掌握如何使用 STM32CubeMX 软件配置 DMA 和 ADC 模块，包括引脚、时钟的配置、ADC 的参数设置以及 DMA 的传输设置。此外，还需要编写程序，使 ADC 模块工作于连续转换模式下，并通过 DMA 传输将转换结果动态地显示在 4 位数码管上。

任务重点与实施

开启 DMA 传输的关键是既要使能外设的 DMA 请求，又需要 DMA 控制器开启相应的通道，二者缺一不可。在本例中通过使能 ADC 模块的 DMA 功能，使其在每次转换完成后产生一个 DMA 请求，DMA 通道 1 用于响应 ADC 模块的 DMA 请求，并把转换结果传送至位于内存的变量中。程序运行后，ADC 模块工作于连续转换模式下，使用通道 0(PA0)检测外部模拟电压，转换结果通过 DMA 传输并且动态地显示在四位数码管上，按照输入电压的不同，数码管的显示值在 0 ~ 4 095 之间。

在使用 STM32CubeMX 软件生成项目时，在“Pinout”视图中，对引脚和外设的配置如图 6-9 所示。其中 PE0 ~ PE11，以及 PF2 引脚用于数码管的驱动，另外需要使能“Peripherals”项下面的 ADC 模块，并且打开“IN0”通道。

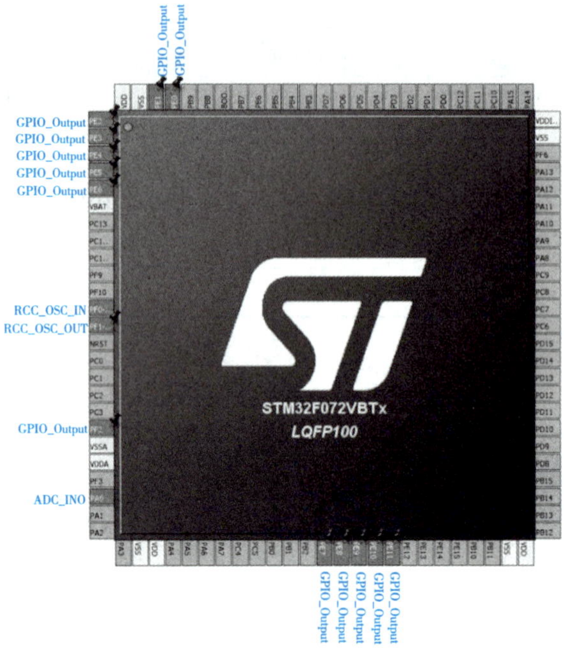

图 6-9　配置引脚和外设

在“Clock Configuration”视图中，对时钟的配置如图 6-10 所示。

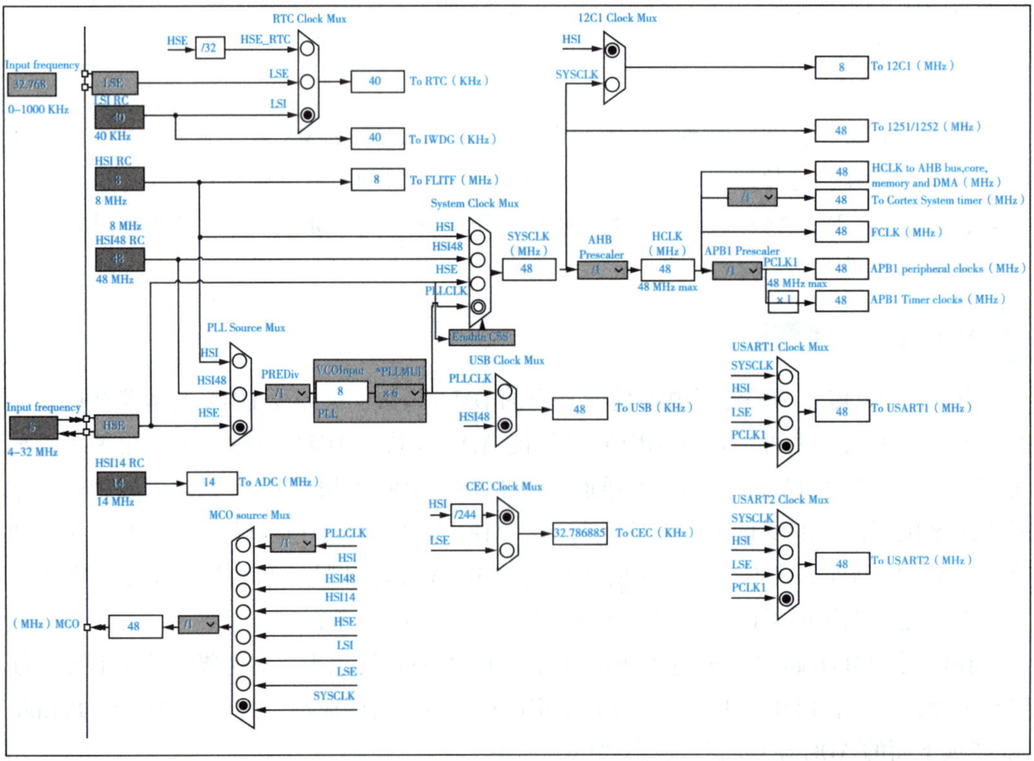

图 6-10　重新配置时钟

在“Configuration”配置选项卡中，单击“Analog”项目下的“ADC”按钮，在“Parameter Settings”选项卡中，将ADC模块配置为12位分辨率、连续模式并使能DMA请求，具体配置如图6-11所示。

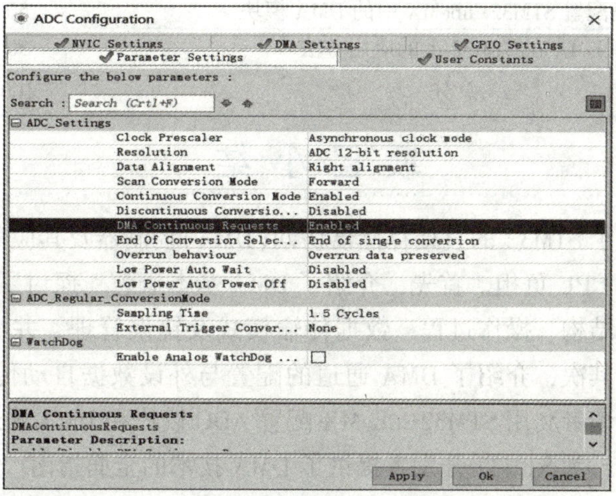

图6-11 配置ADC模块

在“DMA Settings”选项卡中单击“Add”按钮，添加一个与ADC模块相关联的DMA传输项，在“DMA Request Settings”对话框中将DMA的模式设置为循环模式，数据宽度在外设和存储器方面均为半字，单击“OK”按钮保存设置，具体如图6-12所示。

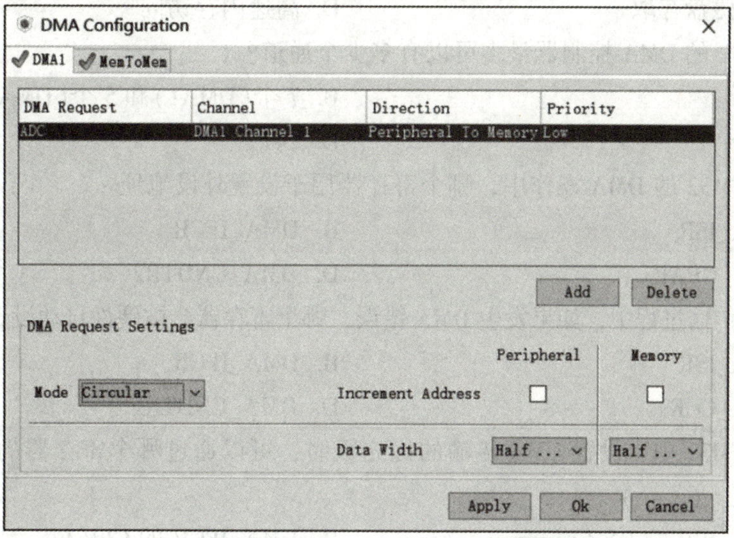

图6-12 设置“DMA Settings”选项卡

在完成以上设置后，即可以使用STM32CubeMX软件生成开发项目并编写程序了。

任务评价

评价内容	评价标准	分值	自评	师评
DMA 应用	能够正确配置 STM32CubeMX 中的 DMA 模块	50		
	熟练掌握 DMA 在 STM32 上的应用方法	50		
总分		100		

项目小结

本文主要介绍了 STM32 的直接存储器访问(DMA)控制器及其应用，DMA 技术能高效传输数据，减轻 CPU 负担。首先，介绍了 DMA 基本概念，探讨了 STM32 DMA 控制器的特性，如内部结构、操作过程、数据传输模式及错误管理，并深入讲解了相关寄存器的配置方法；其次，介绍了 DMA 通道的配置与外设数据自动传输的实现；最后，通过实战任务指导读者利用 STM32CubeMX 配置 ADC 模块和 DMA 通道，实现模拟电压的连续采集与显示，为 STM32 开发者提供了 DMA 技术的全面指南。

项目习题

一、选择题

1. DMA 技术的全称是什么？(　　)

A. 直接内存访问　　B. 间接存储器存取

C. 直接磁盘存取　　D. 高速内存访问

2. STM32 的 DMA 控制器最多可以有多少个通道？(　　)

A. 4 个　　B. 7 个(DMA1)和 5 个(DMA2)

C. 12 个　　D. 24 个

3. 在 STM32 的 DMA 操作中，哪个寄存器用于设置外设地址？(　　)

A. DMA_ISR　　B. DMA_IFCR

C. DMA_CPARx　　D. DMA_CNDTRx

4. DMA 传输过程中，如果发生 DMA 错误，哪个寄存器会被硬件自动设置？(　　)

A. DMA_ISR　　B. DMA_IFCR

C. DMA_CCRx　　D. DMA_CNDTRx

5. 在 STM32 中，设置 DMA 传输的优先级时，可以通过哪个寄存器的哪个位来启动 DMA 通道？(　　)

A. DMA_ISR 的 EN 位　　B. DMA_IFCR 的 CLR 位

C. DMA_CCRx 的 EN 位　　D. DMA_CNDTRx 的 CNT 位

二、填空题

1. DMA 技术允许计算机内部的硬件子系统独立地直接读写________，而无需 CPU 参与。

2. STM32 的 DMA 控制器和________核共享系统数据总线执行直接存储器数据传输。

3. 在 STM32 中，配置 DMA 通道时，如果需要使能循环模式，应该设置 DMA_CCRx 寄存器的________位。

三、问答题

1. 简述 DMA 传输相比传统 CPU 控制的数据传输方式的优点。

2. 描述 STM32 DMA 操作的一般过程。

3. 如何通过软件配置 STM32 的 DMA 通道以响应 ADC 模块的 DMA 请求，并简述步骤。

4. 解释 DMA 传输中的“循环模式”，并说明其应用场景。

5. DMA 传输过程中，如果源端口位宽与目标端口位宽不一致，DMA 控制器会如何处理数据对齐和数据大小端问题？

项目 7　模拟-数字转换器

项目导读

本项目通过模拟-数字转换器(ADC)在STM32微控制器上的应用，全面介绍ADC的工作原理、寄存器操作、模块配置及实战应用。学生将学习STM32 ADC的基本架构、12位分辨率及高精度特性。通过详细解析ADC操作相关寄存器，将掌握如何通过软件配置ADC模块进行高精度的模数转换。此外，项目还包含实战部分，读取外部模拟电压和片内温度传感器数据，并显示结果。

学习目标

◆ **知识目标**

- 熟练配置ADC相关寄存器，实现特定功能。
- 深入理解STM32 ADC模块的工作原理及应用场景。

◆ **技能目标**

- 能够将ADC模块集成到更复杂的系统中，解决实际问题。
- 能够使用中断和DMA来提高数据处理的效率和实时性。

◆ **素质目标**

- 引导学生直面困难，学会解决问题。
- 鼓励学生在模拟数字转换应用中探索新方法，激发创新潜能。

思政目标

- 鼓励学生将理论知识应用于实践，通过设计并实施实战任务，锻炼其创新思维和解决实际问题的能力，为未来的科技研发奠定坚实基础。
- 引导学生认识到技术对于社会进步的重要性，通过ADC模块在硬件监控等领域的应用，培养学生的社会责任感和服务意识，为社会的可持续发展贡献力量。

任务1 STM32 的 ADC 概述

任务描述

本任务旨全面介绍 STM32 的 ADC(模/数转换器)概述，包括其主要技术指标及工作过程分析。

任务分析

要完成此任务，首先，学生需要了解 STM32 ADC 的基本概念，包括其类型、分辨率、转换时间等关键技术指标。其次，学生需要掌握 STM32 ADC 的工作过程，包括输入信号的采样、模/数转换以及结果的存储和处理。此外，学生还需要了解 STM32 ADC 的配置方法，包括通道选择、触发方式、转换模式等，以及如何通过编程实现对 ADC 模块的控制和读取。

任务重点与实施

数/模转换器(DAC)是一种将数字信号转换为模拟信号(以电流、电压或电荷的形式)的设备。模/数转换器(ADC)则是以相反的方向工作。

STM32 拥有 1~3 个 ADC，多个 ADC 可以独立使用，也可以使用双重模式(提高采样率)。STM32 的 ADC 是 12 位逐次逼近型的模/数转换器。它有 18 个通道，可测量 16 个外部和 2 个内部信号源。各通道的 A/D 转换可以单次、连续、扫描或间断模式执行。ADC 的结果可以左对齐或右对齐方式存储在 16 位数据寄存器中。

STM32F072 系列最少都拥有 2 个 ADC，STM32 的 ADC 最大的转换频率为 1 MHz，也就是转换时间为 1 μs(在 ADCCLK=14 MHz，采样周期为 1.5 个 ADC 时钟下得到)，使用时不要让 ADC 的时钟超过 14 MHz，否则将导致结果准确度下降。

STM32 将 ADC 的转换分为 2 个通道组：规则通道组和注入通道组。规则通道组最多包含 16 个转换，注入通道组最多包含 4 个通道。规则通道相当于正常运行的程序，注入通道相当于中断。注入通道的转换可以打断规则通道的转换，在注入通道被转换完成之后，规则通道才得以继续转换。在工业应用领域中有很多检测和监视探头需要较快地处理，对 A/D 转换的分组将简化事件处理的程序并提高事件处理的速度。

STM32 的 ADC 可以进行多种不同的转换模式，本任务实训使用规则通道的单次转换模式。在单次转换模式下，只执行一次转换，该模式可以通过 ADC_CR2 寄存器的 ADON 位(只适用于规则通道)启动，也可以通过外部触发启动(适用于规则通道和注入通道)，这时 CONT 位为 0。一旦所选择的通道转换完成，转换结果将被存在 ADC_DR 寄存器中，EOC(转换结束)标志将被置位，如果设置 EOCIE，则会产生中断，然后 ADC 将停止，直到下次启动。

7.1.1 STM32 的 ADC 主要技术指标

ADC 原理嵌入式

对于 ADC 来说，最主要的就是分辨率、转换速度、ADC 类型、参考电压范围。

1. 分辨率

STM32 的 ADC 具有 12 位分辨率。由于不能直接测量负电压，所以没有符号位，即其最小量化单位为

$$LSB=\frac{V_{REF+}}{2^{12}}$$

2. 转换时间

转换时间是可编程的。采样一次至少要用 14 个 ADC 时钟周期，而 ADC 的时钟频率最高为 14 MHz，其采样时间最短为 1 μs，足以胜任中、低频数字示波器的采样工作。

3. ADC 类型

ADC 的类型决定了其性能的极限，STM32 中是逐次比较型 ADC。

4. 参考电压范围

STM32 的 ADC 输入参考电压见表 7-1，V_{DDA} 和 V_{SSA} 应该分别连接到 V_{DD} 和 V_{SS}。

表 7-1 ADC 输入参考电压

名称	信号类型	注　解
V_{REF+}	输入，模拟参考正极	ADC 使用的高端/正极参考电压，2.4 V≤V_{REF+}≤V_{DDA}
V_{DDA}	输入，模拟电源	等效于 VDD 的模拟电源且：2.4 V≤V_{DDA}≤V_{DD}(3.6 V)
V_{REF-}	输入，模拟参考负极	ADC 使用的低端/负极参考电压，V_{REF-} = V_{SSA}
V_{SSA}	输入，模拟电源地	等效于 V_{SS} 的模拟电源地
ADC_IN[15：0]	模拟输入信号	16 个模拟输入通道

参考电压负极要接地，即 V_{REF-}=0 V。而参考电压正极的范围为 2.4 V≤V_{REF+}≤3.6 V，所以 STM32 的 ADC 是不能直接测量负电压的，而且其输入电压信号的范围为 V_{REF-}≤V_{IN}≤V_{REF+}。当需要测量负电压或测量的电压信号超出范围时，要先经过运算电路进行平移或利用电阻分压。

7.1.2　ADC 工作过程分析

ADC 工作原理

STM32 的 ADC 电路结构如图 7-1 所示。

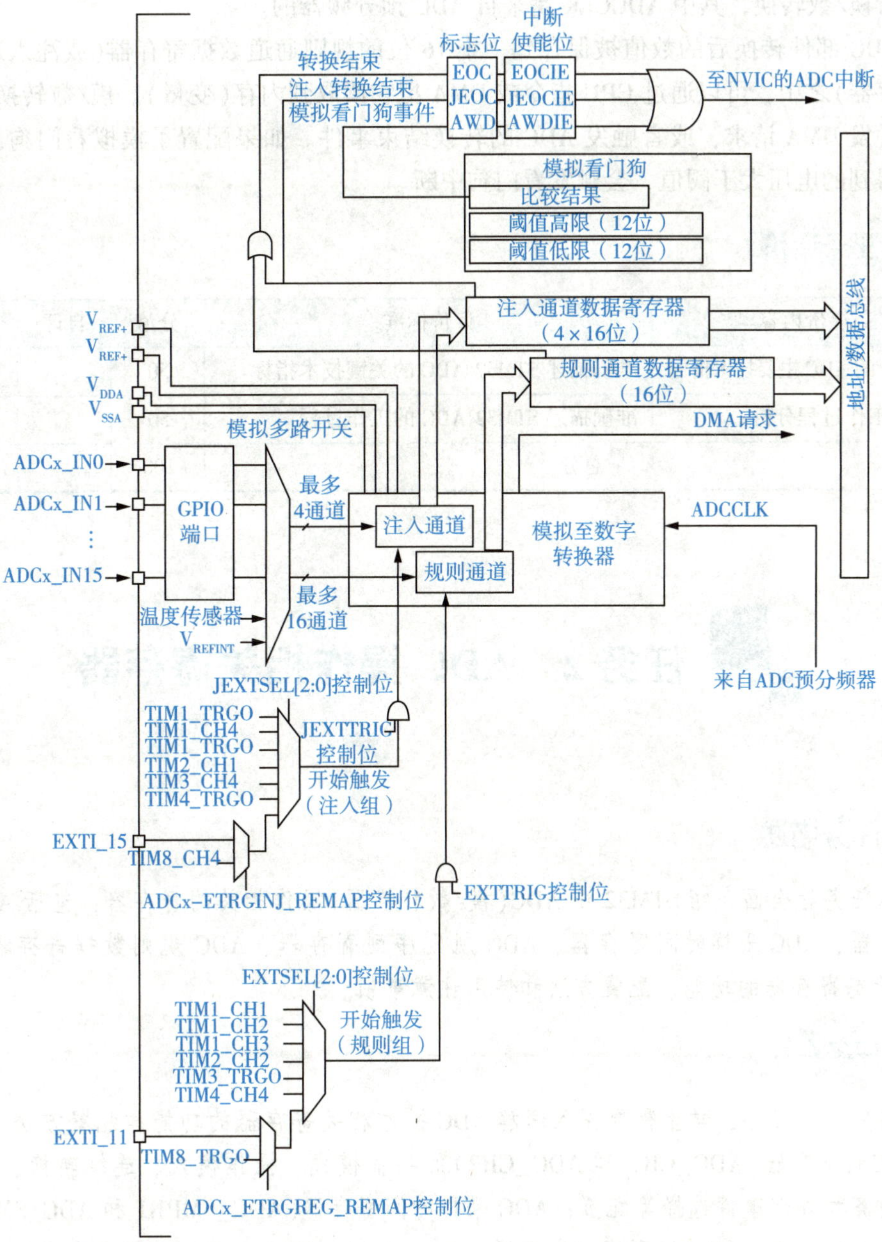

图 7-1　STM32 的 ADC 电路结构示意图

所有的器件都是围绕中间的模拟至数字转换器部分(下面简称 ADC 部件)展开的。它的左端为 V_{REF+}、V_{REF-} 等 ADC 参考电压，ADCx_IN0 ~ ADCx_IN15 为 ADC 的输入信号通道，即某些 GPIO 引脚。输入信号经过这些通道被送到 ADC 部件，ADC 部件需要受到触发信号才开始进行转换，如 EXTI 外部触发、定时器触发，也可以使用软件触发。ADC 部件接收到触发信号之后，在 ADCCLK 时钟的驱动下对输入通道的信号进行采样，并进行模/数转换，其中 ADCCLK 是来自 ADC 预分频器的。

ADC 部件转换后的数值被保存到一个 16 位的规则通道数据寄存器(或注入通道数据寄存器)之中，可以通过 CPU 指令或 DMA 把它读取到内存(变量)。模/数转换之后，可以触发 DMA 请求，或者触发 ADC 的转换结束事件。如果配置了模拟看门狗，并且采集得到的电压大于阈值，会触发看门狗中断。

任务评价

评价内容	评价标准	分值	自评	师评
STM32 的 ADC 主要技术指标	准确描述 STM32 ADC 的关键技术指标	50		
ADC 工作过程分析	准确描述 STM32 ADC 的工作过程	50		
总分		100		

任务 2　ADC 操作相关寄存器

任务描述

本任务旨全面介绍 STM32 中 ADC(模/数转换器)操作相关的寄存器，包括 ADC 控制寄存器、ADC 采样时间寄存器、ADC 规则序列寄存器、ADC 规则数据寄存器以及 ADC 状态寄存器的功能、配置方法和使用注意事项。

任务分析

要完成此任务，学生需要深入理解 ADC 操作相关寄存器的功能和配置方法，包括 ADC 控制寄存器(ADC_CR1 和 ADC_CR2)的扫描模式、操作模式、连续转换、校准、数据对齐和外部事件选择等配置；ADC 采样时间寄存器(ADC_SMPR1 和 ADC_SMPR2)的采样时间设置；ADC 规则序列寄存器(ADC_SQR1 ~ ADC_SQR3)的规则序列长度和通道编号配置；ADC 规则数据寄存器(ADC_DR)的转换结果存储和读取；ADC 状态寄存器(ADC_SR)的转换状态判断和中断触发等。

任务重点与实施

7.2.1 ADC 控制寄存器(ADC_CR1 和 ADC_CR2)

1. ADC_CR1 寄存器

ADC_CR1 寄存器为 32 位寄存器，偏移地址为 0x04，复位值为 0x0000 0000，位 31 ~ 24、21、20 设置扫描模式，由软件设置和清除，如果设置为 1，则使用扫描模式；如果为 0，则关闭扫描模式，如图 7-2 所示；各位描述见表 7-2。在扫描模式下，由 ADC_SQRx 或 ADC_JSQRx 寄存器选中的通道被转换。如果设置了 EOCIE 或 JEOCIE，则只在最后一个通道转换完成后才会产生 EOC 或 JEOC 中断。ADC_CR1[19：16]用于设置 ADC 的操作模式。

31	30	29	28	27	26	25	24	23	22	21	20	19	18	17	16
保留								AWDEN	JAWDEN	保留		DUALMOD[3:0]			
								rw	rw			rw	rw	rw	rw

15	14	13	12	11	10	9	8	7	6	5	4	3	2	1	0
DISCNUM[2:0]			JDISCEN	DISCEN	JAUTO	AWDSGL	SCAN	JEOCIE	AWDIE	EOCIE		AWDCH[4:0]			
rw	rw	rw	rw	rw	rw	rw	rw	rw	rw	rw	rw	rw	rw	rw	rw

图 7-2 ADC_CR1 寄存器

表 7-2 ADC_CR1 寄存器部分位描述

寄存器位	描述
位 31：24	保留。必须保持为 0
位 23	AWDEN：在规则通道上开启模拟看门狗，该位由软件设置和清除 0：在规则通道上禁用模拟看门狗；1：在规则通道上使用模拟看门狗
位 22	JAWDEN：在注入通道上开启模拟看门狗该位由软件设置和清除 0：在注入通道上禁用模拟看门狗；1：在注入通道上使用模拟看门狗
位 21：20	保留。必须保持为 0
位 19：16	DUALMOD[3：0]：双模式选择。软件使用这些位选择操作模式 0000：独立模式　0101：注入同步模式 0001：混合的同步规则+注入同步模式　0110：规则同步模式 0010：混合的同步规则+交替触发模式　0111：快速交替模式 0011：混合同步注入+快速交替模式　1000：慢速交替模式 0100：混合同步注入+慢速交替模式　1001：交替触发模式

（续表）

寄存器位	描　述
位 15：13	DISCNUM[2：0]：间断模式通道计数。软件通过这些位定义在间断模式下，收到外部触发后转换规则通道的数目 000：1 个通道；001；2 个通道；…；111；8 个通道

在 ADC2 中，DUALMOD[3：0]为保留位。在双模式中，改变通道的配置会产生一个重新开始的条件，这将导致同步丢失。建议在任何配置改变之前关闭双模式。

2. ADC_CR2 寄存器

ADC_CR2 寄存器为 32 位寄存器，偏移地址为 0x08，复位值为 0x0000 0000，位 31 ~ 24、16、10、9、7 ~ 4 保留，其余各位可读写，如图 7-3 所示；各位描述见表 7-3，ADON 位用于开关 A/D 转换器。而 CONT 位用于设置是否进行连续转换，这里使用单次转换，所以 CONT 位必须为 0。CAL 和 RSTCAL 用于 A/D 校准。ALIGN 用于设置数据对齐，这里使用右对齐，该位设置为 0。EXTSEL[2：0]用于选择启动规则转换组转换的外部事件。

31	30	29	28	27	26	25	24	23	22	21	20	19	18	17	16
保留								TS VREFE	SW START	JSW START	EXT TRIG	EXTSEL[2:0]			保留
								rw	rw	rw	rw	rw	rw	rw	

15	14	13	12	11	10	9	8	7	6	5	4	3	2	1	0
JEXT TRIG	JEXTSEL[2:0]			ALIGN	保留		DMA	保留				RST CAL	CAL	CONT	ADON
rw	rw	rw	rw	rw			rw					rw	rw	rw	rw

图 7-3　ADC_CR2 寄存器

表 7-3　ADC_CR2 寄存器各位描述

寄存器位	描　述
位 31：24	保留。必须保持为 0
位 23	TSVREFE：温度传感器和 V_{REFINT} 使能。该位由软件设置和清除，用于开启或禁止温度传感器和 V_{REFINT} 通道。在双 ADC 的器件中，该位出现在 ADC1 中； 0：禁止温度传感器和 V_{REFINT}；1：启用温度传感器和 V_{REFINT}
位 22	SWSTART：开始转换规则通道。由软件设置该位以启动转换，转换开始后硬件马上清除此位。如果在 EXTSEL[2：0]位中选择了 SWSTART 为触发事件，该位用于启动一组规则通道的转换； 0：复位状态；1：开始转换规则通道
位 21	JSWSTART：开始转换注入通道。由软件设置该位以启动转换，软件可清除此为或在转换开始后硬件马上清除此位。如果在 JEXTSEL[2：0]位中选择了 JSWSTART 为触发事件，该位用于启动一组注入通道的转换； 0：复位状态；1：开始转换注入通道

（续表 1）

寄存器位	描　述
位 20	EXTTRIG：规则通道的外部触发转换模式。该位由软件设置和清除，用于开启或禁止可以启动规则通道组转换的外部触发信号 0：不用外部触发信号启动转换；1：使用外部触发信号启动转换
位 19：17	EXTSEL[2：0]：选择启动规则通道组转换的外部事件 000：定时器 1 的 CC1 事件　001：定时器 1 的 CC2 事件 010：定时器 1 的 CC3 事件　011：定时器 2 的 CC2 事件 100：定时器 3 的 TRGO 事件　101：定时器 4 的 CC4 事件 110：EXTI 线 11　111：SWSTART
位 16	保留。必须保持为 0
位 15	JEXTTRIG：注入通道的外部触发转换模式。该位由软件设置和清除，用于开启或禁止可以启动注入通道组转换的外部触发信号； 0：不用外部触发信号启动转换；1：使用外部触发信号启动转换
位 14：12	JEXTSEL[2：0]：选择启动注入通道组转换的外部事件 000：定时器 1 的 TRGO 事件　001：定时器 1 的 CC4 事件 010：定时器 2 的 TRGO 事件　011：定时器 2 的 CC1 事件 100：定时器 3 的 CC4 事件　101：定时器 4 的 TRGO 事件 110：EXTI 线 15　111：JSWSTART
位 11	ALIGN：数据对齐。该位由软件设置和清除。0：右对齐；1：左对齐
位 10：9	保留。必须保持为 0
位 8	DMA：直接数据访问模式该位由软件设置和清除； 0：不使用 DMA 模式；1：使用 DMA 模式； 注：在多于一个 ADC 的器件中，只有 ADC1 能产生 DMA 请求
位 7：4	保留。必须保持为 0
位 3	RSTCAL：复位校准。该位由软件设置并由硬件清除，在校准寄存器被初始化后该位将被清除； 0：校准寄存器已初始化；1：初始化校准寄存器； 注：正在进行转换时，如果设置 RSTCAL，则清除校准寄存器需要额外的周期
位 2	CAL：A/D 校准。该位由软件设置以开始校准，并在校准结果时由硬件清除； 0：校准完成；1：开始校准
位 1	CONT：连续转换。该位由软件设置和清除。如果设置了此位，则转换将连续进行直到该位被清除； 0：单次转换模式；1：连续转换模式

（续表 2）

寄存器位	描　述
位 0	ADON：开关 ADC 转换器。该位由软件设置和清除。当该位为 0 时，写入 1 将把 ADC 从断电模式下唤醒；当该位为 1 时，写入 1 将启动转换。在转换器上电至转换开始有一个延时 t_{STAB} 0：关闭 ADC 转换/校准，并进入断电模式；1：开启 ADC 并启动转换 注：如果在这个寄存器中与 ADON 一起还有其他位被改变，则转换不被触发，这是为了防止触发错误的转换

软件触发(SWSTART)可以设置位 19～17 为 111。ADC_CR2 的 SWSTART 位用于开始规则通道的转换，每次转换(单次转换模式下)都需要向该位写 1，AWDEN 位用于使能温度传感器和 VREFINT。

7.2.2　ADC 采样时间寄存器(ADC_SMPR1 和 ADC_SMPR2)

ADC_SMPR1 和 ADC_SMPR2 这两个寄存器用于设置通道 0～17 的采样时间，每个通道占用 3 位。

1. ADC_SMPR1 寄存器

ADC_SMPR1 寄存器为 32 位寄存器，偏移地址为 0x0C，复位值为 0x0000 0000，位 31～24 保留，其余各位可读写，如图 7-4 所示，各位描述见表 7-4，ADC1 的模拟输入通道 16 和通道 17，在芯片内部分别连到了温度传感器和 V_{REFINT}，ADC2 的模拟输入通道 16 和通道 17 在芯片内部连到了 V_{SS}。

31	30	29	28	27	26	25	24	23	22	21	20	19	18	17	16
保留								SMP17[2:0]			SMP16[2:0]			SMP15[2:1]	
								rw	rw	rw	rw	rw	rw	rw	rw

15	14	13	12	11	10	9	8	7	6	5	4	3	2	1	0
SMP 15_0	SMP14[2:0]			SMP13[2:0]			SMP12[2:0]			SMP11[2:0]			SMP10[2:0]		
rw	rw	rw	rw	rw	rw	rw	rw	rw	rw	rw	rw	rw	rw	rw	rw

图 7-4　ADC_SMPR1 寄存器

表 7-4　ADC_SMPR1 寄存器各位描述

寄存器位	描　述
位 31：24	保留。必须保持为 0
位 24：0	SMPx[2：0]：选择通道 x 的采样时间。这些位用于独立地选择每个通道的采样时间。在采样周期中通道选择位必须保持不变 000：1.5 周期　　100：41.5 周期 001：7.5 周期　　101：55.5 周期 010：13.5 周期　　110：71.5 周期 011：28.5 周期　　111：239.5 周期

2. ADC_SMPR2 寄存器

该寄存器为 32 位寄存器，偏移地址为 0x10，复位值为 0x0000 0000，位 31、30 保留，其余各位可读写，如图 7-5 所示，各位描述见表 7-5。

31	30	29	28	27	26	25	24	23	22	21	20	19	18	17	16
保留		SMP9[2:0]			SMP8[2:0]			SMP7[2:0]			SMP6[2:0]			SMP5[2:1]	
		rw	rw	rw	rw	rw	rw	rw	rw	rw	rw	rw	rw	rw	rw

15	14	13	12	11	10	9	8	7	6	5	4	3	2	1	0
SMP5_0	SMP4[2:0]			SMP3[2:0]			SMP2[2:0]			SMP1[2:0]			SMP0[2:0]		
rw	rw	rw	rw	rw	rw	rw	rw	rw	rw	rw	rw	rw	rw	rw	rw

图 7-5　ADC_SMPR2 寄存器

表 7-5　ADC_SMPR2 寄存器各位描述

寄存器位	描　述
位 31：30	保留。必须保持为 0
位 29：0	SMPx[2：0]：选择通道 x 的采样时间。这些位用于独立地选择每个通道的采样时间。在采样周期中通道选择位必须保持不变 000：1.5 周期　　100：41.5 周期 001：7.5 周期　　101：55.5 周期 010：13.5 周期　　110：71.5 周期 011：28.5 周期　　111：239.5 周期

对于每个要转换的通道，采样时间建议尽量长一点，以获得较高的准确度，但是这样会降低 ADC 的转换速率。ADC 的转换时间可以由下式计算

$$T_{covn}=\text{采样时间}+12.5\text{ 个周期}$$

其中，T_{covn} 为总转换时间，采样时间根据每个通道的 SMP 位的设置来决定。

7.2.3　ADC 规则序列寄存器(ADC_SQR1～ADC_SQR3)

ADC_SQR 寄存器共 3 个，功能相似。以 ADC_SQR1 寄存器为例，该寄存器为 32 位寄存器，偏移地址为 0x2C，复位值为 0x0000 0000，位 31～24 保留，其余各位可读写，如图 7-6 所示，各位描述见表 7-6。L[3：0]用于存储规则序列的长度，SQ13～16 存储了规则序列中第 13～16 通道的编号(编号范围：0～17)。选择单次转换，只有一个通道在规则序列里面，就是 SQ1，可以通过 ADC_SQR3 的最低 5 位(也就是 SQ1)来设置。

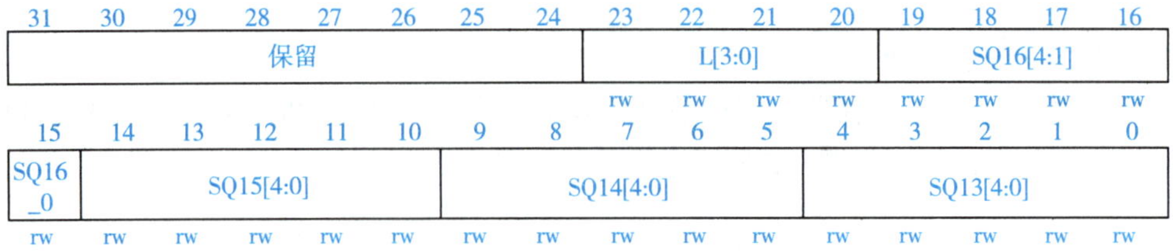

图 7-6　ADC_SQR1 寄存器

表 7-6　ADC_SQR1 寄存器各位描述

寄存器位	描　述
位 31：24	保留。必须保持为 0
位 23：20	L[3：0]：规则通道序列长度。这些位定义了在规则通道转换序列中的转换总数 0000：1 个转换；0001：2 个转换；……；1111：16 个转换
位 19：15	SQ16[4：0]：规则序列中的第 16 个转换。这些位定义了转换序列中的第 16 个转换通道的编号(0～17)
位 14：10	SQ15[4：0]：规则序列中的第 15 个转换
位 9：5	SQ14[4：0]：规则序列中的第 14 个转换
位 4：0	SQ13[4：0]：规则序列中的第 13 个转换

7.2.4　ADC 规则数据寄存器(ADC_DR)

规则序列中的 ADC 转化结果都将被存在 ADC_DR 寄存器，注入通道的转换结果被保存在 ADC_JDRx。该寄存器为 32 位寄存器，偏移地址为 0x4C，复位值为 0x0000 0000，各位可读，如图 7-7 所示，各位描述见表 7-7。该寄存器的数据可以通过 ADC_CR2 的 ALIGN 位来设置是左对齐还是右对齐。

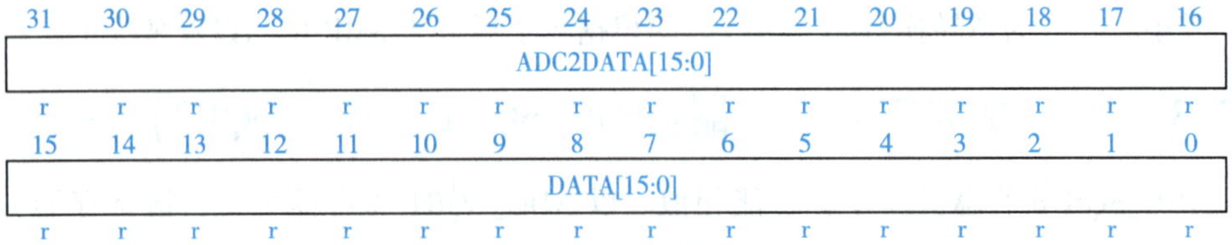

图 7-7　ADC_DR 寄存器

表 7-7　ADC_DR 寄存器各位描述

寄存器位	描　述
位 31：16	ADC2DATA[15：0]：ADC2 转换的数据。在 ADC1 中，双模式下，这些位包含了 ADC2 转换的规则通道数据。在 ADC2 中，不用这些位

（续表）

寄存器位	描　述
位15：0	DATA[15：0]：规则转换的数据。这些位为只读，包含了规则通道的转换结果

7.2.5 ADC状态寄存器(ADC_SR)

ADC_SR寄存器保存了ADC转换时的各种状态。该寄存器为32位寄存器，偏移地址为0x00，复位值为0x0000 0000，位31～5保留，其余各位可读写，如图7-8所示，各位描述见表7-8，通过判断EOC位来决定是否此次规则通道的ADC转换已经完成，如果完成就从ADC_DR中读取转换结果，否则等待转换完成。

31	30	29	28	27	26	25	24	23	22	21	20	19	18	17	16
保留															

15	14	13	12	11	10	9	8	7	6	5	4	3	2	1	0
保留											STRT	JSTRT	JEOC	EOC	AWD
											rw	rw	rw	rw	rw

图7-8　ADC_SR寄存器

表7-8　ADC_SR寄存器各位描述

寄存器位	描　述
位31：5	保留。必须保持为0
位4	STRT：规则通道开始位。该位由硬件在规则通道转换开始时设置，由软件清除； 0：规则通道转换未开始；1：规则通道转换已开始
位3	JSTRT：注入通道开始位。该位由硬件在注入通道组转换开始时设置，由软件清除； 0：注入通道转换未开始；1：注入通道转换已开始
位2	JEOC：注入通道转换结束位。该位由硬件在所有注入通道组转换结束时设置，由软件清除； 0：转换未完成；1：转换完成
位1	EOC：转换结束位。该位由硬件在(规则或注入)通道组转换结束时设置，由软件清除或由读取ADC_DR时清除； 0：转换未完成；1：转换完成
位0	AWD：模拟看门狗标志位。该位由硬件在转换的电压值超出了ADC_LTR和ADC_HTR寄存器定义的范围时设置，由软件清除； 0：没有发生模拟看门狗事件；1：发生模拟看门狗事件

任务评价

评价内容	评价标准	分值	自评	师评
ADC 控制寄存器	熟悉 ADC_CR1 寄存器位和各部位描述	15		
	熟悉 ADC_CR2 寄存器位和各部位描述	15		
ADC 采样时间寄存器	熟悉 ADC_SMPR1 寄存器位和各部位描述	15		
	熟悉 ADC_SMPR2 寄存器位和各部位描述	15		
ADC 规则序列寄存器	熟悉 ADC_SQR1 寄存器位和各部位描述	15		
ADC 规则数据寄存器	熟悉 ADC_DR 寄存器位和各部位描述	15		
ADC 状态寄存器	熟悉 ADC_SR 寄存器位和各部位描述	10		
总分		100		

任务 3　ADC 模块

任务描述

本任务旨在全面介绍 STM32F072VBT6 微控制器中的 ADC(模数转换器)模块，包括其内部结构、校准过程、启动与关闭操作以及时钟配置。

任务分析

要完成此任务，学生需要了解 STM32F072VBT6 微控制器中 ADC 模块的基本功能和特性。在此基础上，需要深入掌握 ADC 模块的内部结构、理解各组成部分的功能和相互之间的关系。同时，还需要学习 ADC 模块的校准过程，以确保转换结果的准确性。此外，还需要掌握 ADC 模块的启动与关闭操作，以及时钟配置方法，以满足不同应用场景的需求。

任务重点与实施

7.3.1　ADC 的内部结构

ADC 模块的内部结构如图 7-9 所示。

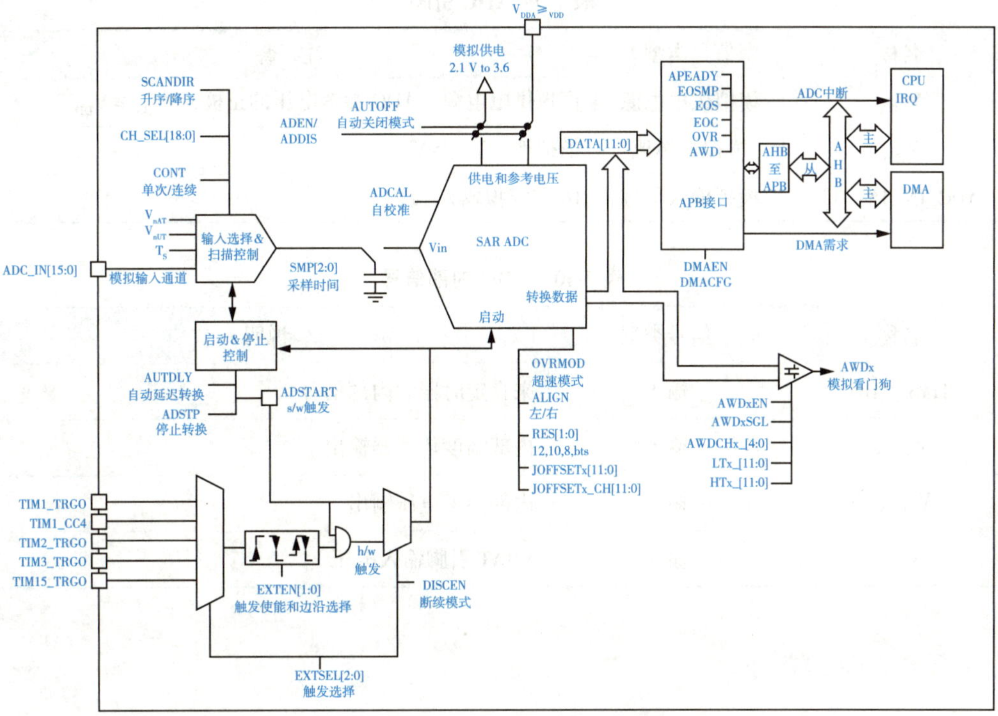

图 7-9　ADC 模块的内部结构

STM32F072VBT6 微控制器片内的 ADC 模块是逐次逼近型模拟数字转换器，具有 19 个模拟量输入通道，其中 ADC_IN[15：0]是 16 个外部转换通道，这些外部通道分别与 GPIO 口相连接，可以对外部输入信号进行 A/D 转换。另外 ADC 模块还有 3 个内部转换通道，分别与片内的温度传感器(temperature sensor，TS)、内部参考电压(V_{REF})和外部电池(V_{BAT})供电引脚相连接，用于对这些模拟量进行测量。各通道的 A/D 转换可以以单次、连续、扫描或间断模式执行。

转换完成后，转换结果可以左对齐或右对齐的方式存储在 16 位的数据寄存器中。ADC 模块具有可编程的转换精度，其分辨率可以设定为 6 位、8 位、10 位或 12 位。与大多数逐次逼近型模拟数字转换器一样，STM32F0 系列微控制器的 ADC 模块的转换精度与转换时间是成正比的，转换精度越高，需要的转换时间也越长。

来自模拟量输入通道的模拟信号经输入选择及扫描控制开关控制后，进入转换通道并对采样电容充电。ADC 模块由专用的引脚 V_{DDA} 和 V_{SSA} 供电，供电电压在 2.4 ~ 3.6 V，模拟输入电压不应高于 ADC 模块的供电电压。模块具有可编程的软件或硬件启动方式。当 A/D 转换由硬件触发时，来自 TIM1、TIM2、TIM3 和 TIM15 的内部定时器事件均可以触发 A/D 转换。ADC 模块可以使用中断及 DMA 来增加对数据和事件的处理能力，当一个单次转换或序列转换完成、模拟看门狗、转换溢出事件发生后，都可以产生相应的中断，转换结果可以通过 DMA 进行传输。ADC 模块的引脚及内部信号类型详见表 7-9 和表 7-10。

表 7-9　ADC 引脚

名称	信号类型	注　释
V_{DDA}	模拟供电电源	模拟供电电源，ADC 参考电压的正极，$V_{DDA} \geq V_{DD}$
V_{SSA}	模拟电源地	模拟地，$V_{SSA}=V_{SS}$
ADC_IN[15：0]	模拟输入信号	16 路模拟输入

表 7-10　ADC 内部信号

名称	信号类型	说明
TIMx_TRG	输入	来自定时器的内部信号
V_{SENSE}	输入	内部温度传感器输出
V_{REFINT}	输入	内部参考电压输出
V_{BAT}	输入	VBAT 引脚输入电压

7.3.2　ADC 校准

ADC 模块自身具有校准功能，用于消除各芯片 A/D 转换的偏移误差。为了保证转换精度，在 A/D 转换前应执行校准操作，在校准期间 ADC 模块自动计算一个用于 ADC 校准的 7 位校准因子，校准完成后，校准因子保存于 ADC_DR 寄存器中，可从 ADC_DR 寄存器的[6：0]位读出该校准因子。ADC 模块在校准期间不能进行 A/D 转换。

校准操作是通过软件将 ADC_CR 寄存器的 ADCAL 位置“1”来实现的，该操作只能在 ADC 模块禁用(ADEN=0)时启动，在校准期间 ADCAL 位必须保持为 1，当校准完成后 ADCAL 位硬件清 0。校准完成后，校准因子会保持原值，直至 ADC 模块断电。当 ADC 模块长时间禁用时，需要在启动 ADC 模块之前重新做一次 ADC 校准操作。ADC 模块的校准时序如图 7-10 所示。

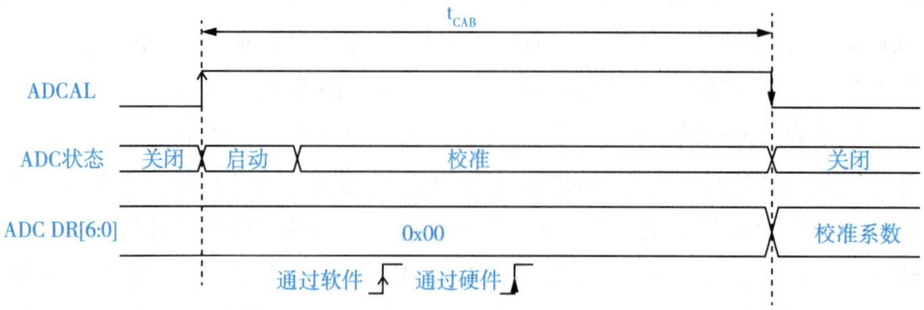

图 7-10　ADC 模块的校准时序

校准 ADC 模块步骤如下。

(1)确认 ADEN=0。

(2)设置 ADCAL=1。

(3)等待 ADCAL=0。

(4)如果需要，校准因子可以从 ADC_DR 寄存器的6：0位读取。

校准 ADC 模块可以参考以下代码。

```
if ((ADC1->CR & ADC_CR_ADEN) != 0) /* 确保 ADEN = 0 */
{
ADC1->CR |= ADC_CR_ADDIS; /* 通过设置 ADDIS 位清除 ADEN 位 */
}
while ((ADC1->CR & ADC_CR_ADEN) != 0)
{
/* 为了增强代码的鲁棒性,可以在此增加超时管理 */
}
ADC1->CFGR1 &= ~ADC_CFGR1_DMAEN; /* 清除 DMAEN 位 */
ADC1->CR |= ADC_CR_ADCAL; /* 通过设置 ADCAL 位启动校准 */
while ((ADC1->CR & ADC_CR_ADCAL) != 0) /* 等待直至 ADCAL = 0 */
{
/* 为了增强代码的鲁棒性,可以在此增加超时管理 */
}
```

7.3.3 ADC 的启动和关闭

当 STM32F0 系列微控制器复位后，ADC 模块被禁用，模块处于断电模式(ADEN=0)。ADC 模块的开启和关闭是通过2个控制位实现的。当软件将 ADC_CR 寄存器 ADEN 位置1时，ADC 模块开启，这时模块需要一个稳定时间(t_{STAB})以等待模块准备完成，在此期间 A/D 转换的精度无法保证。ADC 模块准备好后，ADRDY 标志位置1。当软件将 ADC_CR 寄存器 ADDIS 位置1时，会使 ADC 模块置于断电模式，直至 ADC 模块完全关断后，硬件自动将 ADEN 位和 ADDIS 位清0。ADC 模块的启动和关闭时序如图7-11所示。

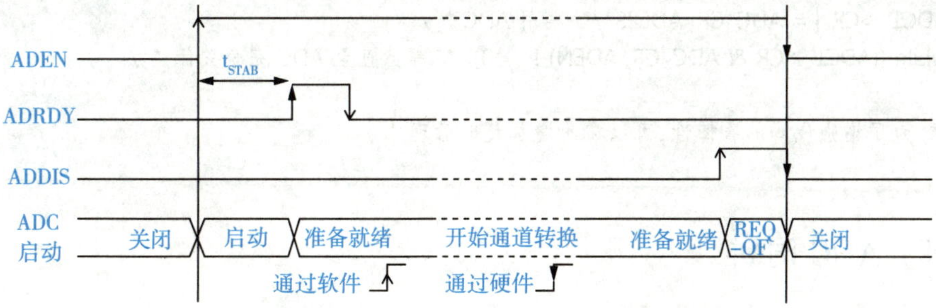

图7-11 ADC 模块的启动和关闭时序

开启 ADC 模块可以参考以下步骤。

(1)在 ADC_CR 寄存器中设置 ADEN=1。

(2)等待 ADC 模块准备就绪(ADC_CR 寄存器中 ADRDY=1)，如果使能了 ADC 准备好中断(ADC_IER 寄存器中 ADRDYIE=1)，将引发中断并可以在中断服务程序中做相应处理。

开启 ADC 模块可以参考以下代码。

```
if ((ADC1->ISR & ADC_ISR_ADRDY) != 0) /* 确保 ADRDY = 0 */
{
ADC1->ISR |= ADC_CR_ADRDY; /* 清除 ADRDY 位 */
}
ADC1->CR |= ADC_CR_ADEN; /* 使能 ADC */
while ((ADC1->ISR & ADC_ISR_ADRDY) == 0) /* 等待直至 ADC 准备好 */
{
/* 为了增强代码的鲁棒性,可以在此增加超时管理 */
}
```

关闭 ADC 模块可以参考以下步骤。

(1)检查 ADC_CR 寄存器的 ADSTART 位是否为 0，以确保 ADC 模块不在转换过程中。如果需要，可以将 ADC_CR 寄存器中的 ADSTP 位置 1 来停止当前正在进行的 A/D 转换，并等待 ADSTP 位被硬件清 0(A/D 转换已停止)。

(2)设置 ADC_CR 寄存器中的 ADDIS=1。

(3)如果需要，可以等待 ADC_CR 寄存器中的 ADEN 位清 0，表明 ADC 模块已经完全关闭(一旦 ADEN 位清 0，ADDIS 位也自动清 0)。

关闭 ADC 模块可以参考以下代码。

```
ADC1->CR |= ADC_CR_ADSTP; /* 停止当前正在进行的转换 */
while ((ADC1->CR & ADC_CR_ADSTP) != 0) /* 等待直至 ADSTP 位硬件复位 */
{
/* 为了增强代码的鲁棒性,可以在此增加超时管理 */
}
ADC1->CR |= ADC_CR_ADDIS; /* 禁用 ADC */
while ((ADC1->CR & ADC_CR_ADEN) != 0) /* 等待直至 ADC 完全关闭 */
{
/* 为了增强代码的鲁棒性,可以在此增加超时管理 */
}
```

7.3.4 ADC 时钟

ADC 模块具有双时钟域架构。ADC 时钟(ADC_CLK)可以由两种可能的时钟源产生，一种是片内 ADC 专用的 14 MHz 内部高速 RC 振荡器(HSI14)，另一种是来自 APB 时钟(PCLK)的 2 或 4 分频，当使用 APB 分频时钟作为 ADC 时钟时，最高频率不应超过 14 MHz。ADC 模块的时钟域架构如图 7-12 所示。

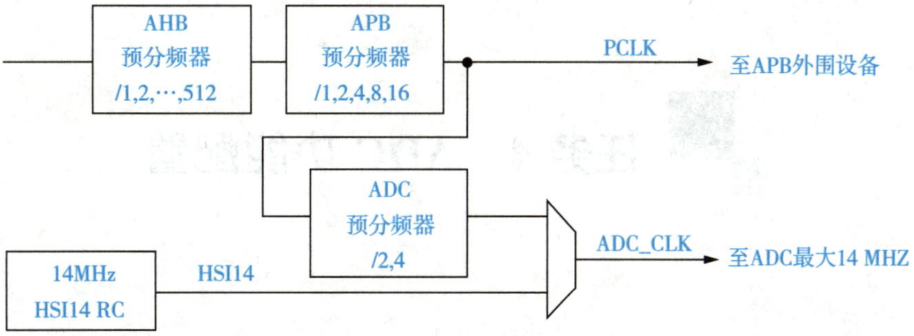

图 7-12 ADC 模块的时钟域架构

使用 ADC 专用时钟(HSI14)作为时钟源的优势在于 ADC 模块可以稳定地工作在其最佳的时钟频率(14 MHz)上，而不用考虑 HCLK/PCLK 的时钟方案是如何选择的，而且还支持 ADC 模块的低功耗自关断模式，在需要时可以自动打开或关闭 14 MHz 时钟源。

使用 APB 分频时钟的优势在于延迟时间的可控性。当 ADC 模块设定为由定时器触发时，触发事件的产生和开始转换之间存在一个延迟时间。这个延迟时间在使用 HSI14 时是不可预见的，而在使用 APB 分频时钟时，通过合理设置 ADC_CFGR2 寄存器的 JITOFF_D4 和 JITOFF_D2 位，可以得到确定的延迟时间，这在对时间要求较高的应用中是非常有价值的。触发事件和开始转换之间的延迟详见表 7-11。

表 7-11 触发事件和开始转换之间的延迟

ADC 时钟源	JITOFF_D4 位	JITOFF_D2 位	延迟时间
专用 14 MHz 时钟	0	0	延迟的不确定性(抖动)
PCLK/2	0	1	延迟是确定的(无抖动)，等于 2.75 个 ADC 时钟周期
PCLK/4	1	0	延迟是确定的(无抖动)，等于 2.625 个 ADC 时钟周期

任务评价

评价内容	评价标准	分值	自评	师评
ADC 的内部结构	了解 ADC 模块的内部结构	25		
ADC 校准	熟悉 ADC 模块的校准时序	25		
ADC 的启动和关闭	能够启动和关闭 ADC	25		
ADC 时钟	熟悉 ADC 模块的时钟域架构	25		
总分		100		

任务 4 ADC 功能配置

任务描述

本任务旨全面介绍 STM32F072VBT6 微控制器中 ADC 模块的功能配置，包括基础配置、转换模式的选择、A/D 转换的启动与停止、转换时序以及转换数据的管理。

任务分析

要完成此任务，学生需要掌握通道选择、采样时间设置、转换精度配置以及数据对齐等基础配置；理解单次转换模式、连续转换模式和断续转换模式等 ADC 的转换模式；学会 A/D 转换的启动与停止操作，以及转换时序的分析；最后，学生还需要掌握如何通过软件或 DMA 方式管理转换数据，确保数据的准确性和完整性。

任务重点与实施

7.4.1 ADC 的基础配置

ADC 模块的配置是通过相应寄存器来完成的，对于 ADC_IER、ADC_CFGRi、ADC_SMPR、ADC_TR、ADC_CHSELR 和 ADC_CCR 寄存器，软件必须在 ADC 开启(ADEN=1)且无转换期间(ADSTART=0)才能进行改写，否则 ADC 会进入不确定状态。

1. 通道选择

ADC 模块共有 19 个复用的通道，其中有 16 个通道是从 GPIO 引脚引入的模拟输入(ADC_IN0 ~ ADC_IN15)，另外 3 个是内部模拟输入，即温度传感器、内部参考电压和备用电池通道。对于这些通道，ADC 模块可以进行单一或序列转换。待转换的通道序列必须在通道选择寄存器 ADC_CHSELR 中预先编程选择，每个模拟输入通道有专门的选择位(CHSEL0 ~ CHSEL18)进行选择。ADC 通道的扫描顺序由 ADC_CFGR1 中 SCANDIR 位的配置来设置，当 SCANDIR=0 时为向前扫描，即从通道 0 到通道 18，而当 SCANDIR=1 时为回退扫描，即从通道 18 到通道 0。

2. 采样时间

在启动 A/D 转换之前，ADC 模块需要在被测电压源和内嵌采样电容间建立一个直接连接，用于给 ADC 模块内部的采样电容充电，为了保证采样精度，采样时间必须足够长以便输入电压源可以对采样电容完全充电到输入电压的水平。当采样结束后，中断和状态寄存器 ADC_ISR 的 EOSMP 位会置“1”，表明采样结束。

ADC 模块的采样时间是可编程的，采样时间可以根据输入电压的阻抗、转换精度以及转换时间来综合考虑。采样时间一旦确定，即对所有通道都适用，必要情况下可以根据不同通道的转换需求来更改采样时间。采样时间以 ADC 时钟周期为单位，通过设置 ADC_SMPR 寄存器的 SMP[2：0]位来修改。可以将采样时间设置为 1.5～239.5 个 ADC 时钟周期。采样时间的设置详见表 7-12。

采样时间直接关系到 ADC 模块的转换速率，其总转换时间可以用以下公式计算

总转换时间 t_{ADC}=采样时间 t_{SMPL}+逐次逼近时间 t_{SAR}(12 位分辨率下固定为 12.5 个 ADC 时钟周期)

例如，当 ADC 时钟为 14 MHz 时，如果采样时间为 1.5 个 ADC 时钟周期，则总的转换时间为 14 个 ADC 时钟周期，换算成转换时间为 1 μs。

表 7-12　采样时间设置

SMP[2：0]	采样时间
000	1.5 ADC 时钟周期
001	7.5 ADC 时钟周期
010	13.5 ADC 时钟周期
011	28.52 ADC 时钟周期
100	41.5 ADC 时钟周期
101	55.5 ADC 时钟周期
110	71.5 ADC 时钟周期
111	239.5 ADC 时钟周期

3. 转换精度

ADC 模块的逐次逼近时间与转换精度是密切相关的，转换精度越高，所需的转换时间也越长，必要时可以通过降低转换精度的方法来提高 A/D 转换的速度。ADC 模块的转换精度是通过设置转换分辨率来实现的，即通过编程 ADC_CFGR1 寄存器的 RES[1：0]位可以将 ADC 的转换分辨率配置为 6～12 位，具体见表 7-13。

表 7-13　逐次逼近时间设置

RES	分辨率	逐次逼近时间 t_{SAR}(ADC 时钟周期)
00	12	12.5
01	10	11.5
10	8	9.5

（续表）

RES	分辨率	逐次逼近时间 t_{SAR}（ADC 时钟周期）
11	6	7.5

4. 数据对齐

每次转换结束后，即 EOC 事件产生时，转换的结果都会被存放到 16 位的 ADC_DR 数据寄存器中。转换结果在 16 位的数据寄存器上的存放方式由 ADC_CFGR1 寄存器的 ALIGN 位设置，当 ALIGN 位为 0 时数据为右对齐，为 1 时数据为左对齐。数据对齐与分辨率的关系如图 7-13 所示。

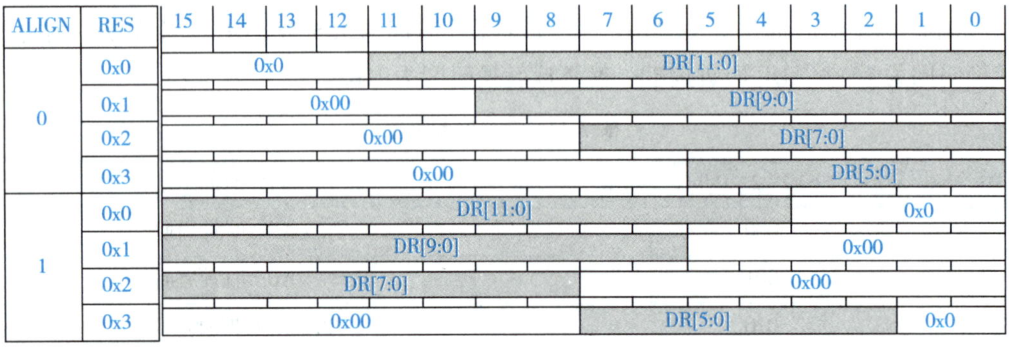

图 7-13　数据对齐与分辨率的关系

7.4.2　ADC 的转换模式

ADC 具有多个模拟输入通道。按照转换顺序的不同，ADC 的转换模式可以设置为单次转换模式、连续转换模式和断续转换模式 3 种。

1. 单次转换模式（CONT=0）

当 ADC_CFGR1 寄存器的 CONT=0 时，ADC 模块被设置为单次转换模式。在此模式下，软件设置 ADC_CR 寄存器的 ADSTART 位或硬件的触发事件将会启动 A/D 转换，ADC 模块依次执行一次序列转换，所有被选择的通道都会被转换一次。

当转换序列中的每一个通道转换完成后，转换的结果存放到 16 位的数据寄存器 ADC_DR 中，同时通道转换结束标志位 EOC 会置 1，如果此时 EOCIE 位置 1 则会产生中断；当序列中的所有通道转换完成后，序列转换结束标志位 EOS 会置 1，如果 EOSIE 位置 1 则同样会产生中断。序列中所有转换结束后，ADC 模块停止工作，直到新的触发事件或 ADSTART 位重新置 1。

2. 连续转换模式（CONT=1）

当 ADC_CFGR1 寄存器的 CONT=1 时，ADC 模块被设置为连续转换模式。在此模式下，软件设置 ADC_CR 寄存器的 ADSTART 位或硬件的触发事件同样可以启动 A/D

转换，ADC 模块依次执行一次序列转换，所有被选择的通道都会被转换一次。当转换序列中的每一个通道转换完成后，ADC 模块会自动重新开始执行相同的序列转换。在连续转换模式下，每次转换完成将产生一个 EOC 事件，当序列转换完成后，还将产生一个 EOS 事件。

3. 断续转换模式(DISCEN=1)

当 ADC_CFGR1 寄存器的 DISCEN=1 时，ADC 模块被设置为断续转换模式，在此模式下，序列中的每一次转换都需要有软件或硬件的触发事件来启动。相反，当 DISCEN=0 时，一个软件或硬件的触发事件就可以启动定义在一个序列中的所有转换。在断续转换模式下，每次转换完成将产生一个 EOC 事件，当最后一个通道转换完成后，还将产生一个 EOS 事件。之后再次出现的软件或硬件触发事件将会重新开始下一个序列转换。

注意事项如下。

(1)如果只想转换单一通道，则可以编程一个长度为 1 的转换序列。

(2)ADC 模块不能同时工作于断续转换模式和连续转换模式下，即 DISCEN 位和 CONT 位不能同时置 1，如果这两位同时置 1，ADC 模块要被设置为单次转换模式。

7.4.3 A/D 转换的启动和停止

A/D 转换的启动是通过软件设置 ADC_CR 寄存器的 ADSTART 位来启动的。当 ADC_CFGR1 寄存器的外部触发使能和极性选择位 EXTEN[1：0]值为 0 时，ADC 模块被设置为由软件启动，此时当 ADSTART 位置位时，A/D 转换立即开始。当 EXTEN[1：0]位值不为 0 时，A/D 转换由所选择的硬件触发。A/D 转换的触发方式及外部触发源选择详见表 7-14 和表 7-15。

注意事项如下。

(1)ADSTART 位也用于指示当前 A/D 转换操作是否正在进行，当 ADC 模块处于空闲时，ADSTART 位由硬件清除。

(2)ADC 模块在设置为由硬件触发且为单次转换模式时，EOS 置位后，ADSTART 不会被硬件清 0，目的是为了避免需要软件重新设置 ADSTART 位时错过硬件触发事件。

表 7-14 A/D 转换的触发方式

A/D 转换触发源	EXTEN[1：0]
硬件触发检测禁止(仅由软件触发)	00
在上升沿时检测(由硬件触发)	01
在下降沿时检测(由硬件触发)	10
在上升沿和下降沿都检测(由硬件触发)	11

表 7-15　外部触发源选择

名称	触发源	类型	EXTSEL[2：0]
EXT0	TIM1_TRGO	片内定时器产生的内部信号	000
EXT1	TIM1_CC4		001
EXT2	TIM2_TRGO		010
EXT3	TIM3_TRGO		011
EXT4	TIM15_TRGO		100
EXT5	保留		101
EXT6	保留		110
EXT7	保留	外部引脚	111

A/D 转换的停止是通过软件设置 ADC_CR 寄存器中的 ADSTP 位实现的。当 ADSTP 置位时，当前正在进行的转换被终止，当前的转换结果被丢弃，扫描序列也被中止并复位，ADSTP 和 ADSTART 位都由硬件清 0，ADC 模块被复位并进入空闲状态，为下次转换做准备。A/D 转换的终止时序如图 7-14 所示。

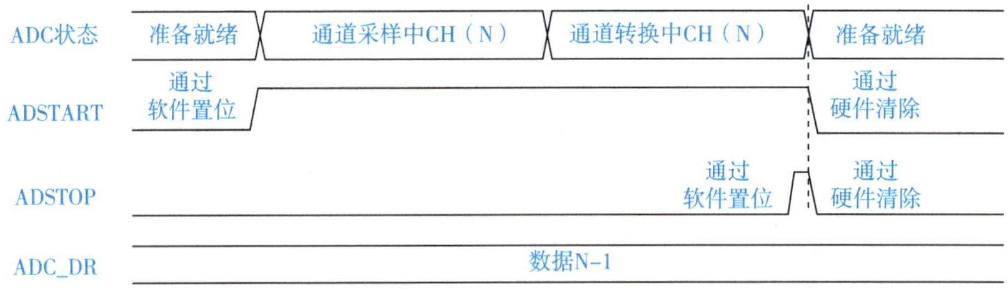

图 7-14　A/D 转换的终止时序

7.4.4　A/D 转换时序

每一次 A/D 转换所用的时间都是采样时间和逐次逼近时间之和。当 ADC 模块设置为由软件触发时，软件将 ADC_CR 寄存器的 ADSTART 置位后，A/D 转换启动并开始对输入的模拟电压进行采样，采样结束后 ADC_ISR 寄存器的采样结束标志位 EOSMP 置位。如果 ADC_IER 寄存器的 EOSMPIE 置位，则会产生 EOSMP 中断，EOSMP 标志位可以通过软件对其写 1 清除。当一次 A/D 转换完成后，转换的结果会硬件存储至 ADC_DR 寄存器中，这时 ADC_ISR 寄存器的转换结束标志位 EOC 位会硬件置位。如果 ADC_IER 寄存器的 EOCIE 位置 1，则会产生一个 EOC 中断。EOC 标志位是通过软件对该位写 1 或读取 ADC_DR 寄存器来清除的。A/D 转换的时序如图 7-15 所示。

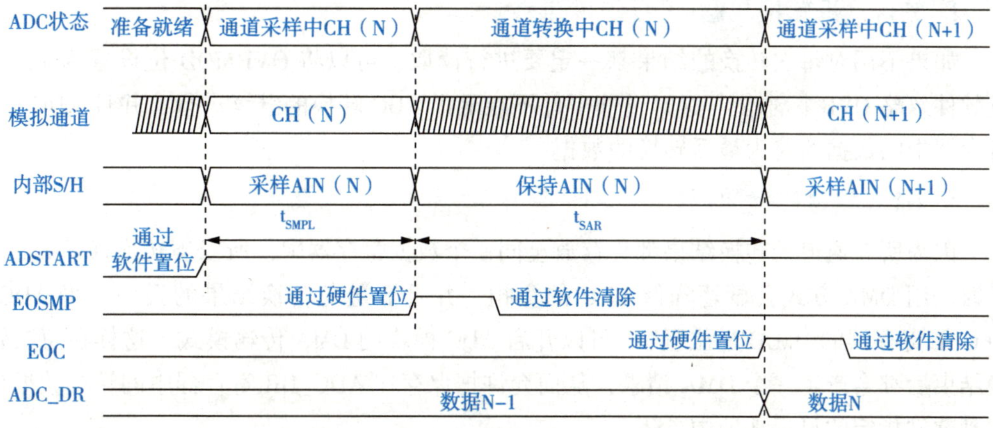

图 7-15　A/D 转换的时序

当一个转换序列中的最后一个通道转换完成并将数据写入 ADC_DR 寄存器后，ADC_ISR 寄存器的 EOS 标志位会硬件置位。当 ADC_IER 寄存器的 EOSIE 位置 1 时，则会产生 EOS 中断。EOS 标志位由软件写 1 来清除。由软件触发的序列单次转换时序如图 7-16 所示。

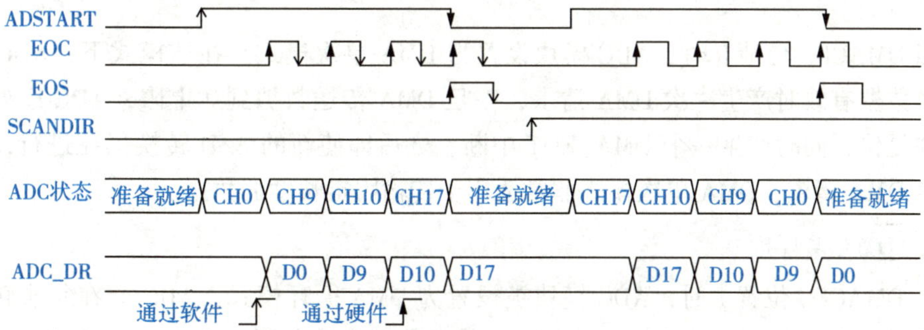

图 7-16　软件触发的序列单次转换时序

当 ADC 模块设置为由软件触发的连续模式时，如果想让正在进行的 A/D 转换停止，需要软件设置 ADC_CR 寄存器的 ADSTP 位来实现，由软件触发的序列连续转换时序如图 7-16 所示。

7.4.5　管理转换数据

1. 软件管理转换数据(处理过冲事件)

如果 ADC 的转换速率较低，转换序列可以直接由软件来控制，而无需 DMA 的参与。通过软件轮询 EOC 标志位或使能相应中断的方法确定 A/D 转换完成，之后软件读取 ADC_DR 寄存器获取转换值。另外，还可以将 ADC_CFGR1 寄存器的 OVRMOD 位清 0 来管理可能产生的过冲事件。

2. 软件管理转换数据(忽略过冲事件)

如果不用对每次转换的结果都一定要进行读取，可以将 OVRMOD 位设置为 1，并且软件忽略 OVR 标志位，这时过冲事件不能阻止 ADC 转换的继续进行，并且 ADC_DR 寄存器中的数据始终为最后转换的数据。

3. DMA 管理转换数据

因为所有通道的转换结果都会存放至同一个数据寄存器中，所以当转换通道超过 1 个时，用 DMA 方式会显著降低 CPU 的负担，并且能避免转换结果的丢失。将 ADC_CFGR1 寄存器的 DMAEN 位置“1”可以开启 ADC 模块的 DMA 传输模式，这样在每次转换结束后都会产生一个 DMA 请求，从而允许把保存在 ADC_DR 寄存器中的转换数据传送到软件指定的目标地址中。

当某种原因导致 DMA 不能及时处理传输请求而产生过冲时，ADC 会停止产生 DMA 请求，导致之后的转换数据也不能再通过 DMA 进行传输。当软件处理过冲事件后(OVR 位清 0)，DMA 传输会继续，这样做的好处是可以确保所有传输到 RAM 中的数据都是有效的。另外，ADC_CFGR1 寄存器的 DMACFG 位用于配置 ADC 模块的 DMA 传输特性，这两种模式用于设定当 DMA 传输数量达到上限时是否产生 DMA 请求。

(1) DMA 单次模式

当 DMACFG 位清 0 时，ADC 模块设置为 DMA 单次模式。在该模式下，ADC 在每次转换数据有效时产生一次 DMA 请求，一旦 DMA 传送数据到达上限，ADC 序列扫描停止并复位，同时产生一个 DMA_EOT 中断，之后即使新的 A/D 转换仍在进行，也不再产生 DMA 请求，DMA 单次模式非常适用于传输固定长度的数据。

(2) DMA 循环模式

当 DMACFG 位置 1 时，ADC 模块被设置为 DMA 循环模式，ADC 会在每次转换数据有效时产生一次 DMA 请求，即使 DMA 传送数据到达上限也不例外。该模式用于在 DMA 模块配置为循环模式或双缓冲模式时处理连续的转换数据流。

任务评价

评价内容	评价标准	分值	自评	师评
ADC 的基础配置	了解 ADC 的基础配置包含的内容	15		
ADC 的转换模式	能够区分 ADC 的转换模式	25		
A/D 转换的启动和停止	准确描述 A/D 转换的启动和停止方法	15		
A/D 转换时序	能够根据时序关系优化 ADC 的配置	25		
管理转换数据	学会根据实际需求选择合适的数据管理方式	20		
总分		100		

任务 5 实战-数字显示电压值

任务描述

本任务旨在通过实战操作，利用 STM32 微控制器实现数字显示电压值的功能。学生需要配置 STM32CubeMX 软件，使能 ADC 模块的通道 0 来检测外部的模拟电压，并将检测到的电压值动态地显示在四位数码管上。程序运行后，数码管将根据输入电压的不同，在 0.000 至 3.299 的范围内显示相应的数值。

任务分析

要完成此任务，学生需要掌握 STM32CubeMX 软件的使用，包括引脚配置、时钟配置以及 ADC 模块的参数配置。学生需要了解如何设置 ADC 模块为单次转换模式，并通过软件循环启动 A/D 转换。此外，学生还需要掌握如何将 ADC 转换得到的数字值转换为电压值，并将该值显示在数码管上。这要求学生具备基本的 STM32 编程和硬件接口知识。

任务重点与实施

在本任务中，通过使能 ADC 模块的通道 0 来检测外部的模拟电压，模块被设置成单次转换模式，通过软件来循环启动 A/D 转换，并且将模拟电压值动态地显示在显示模块的四位数码管上。程序运行后，按照输入电压的不同，数码管的显示值在 0.000 ~ 3.299。在使用 STM32CubeMX 软件生成项目时，在“Pinout”视图中对引脚的配置如图 7-17 所示，这些引脚用于驱动数码管和晶体振荡器。

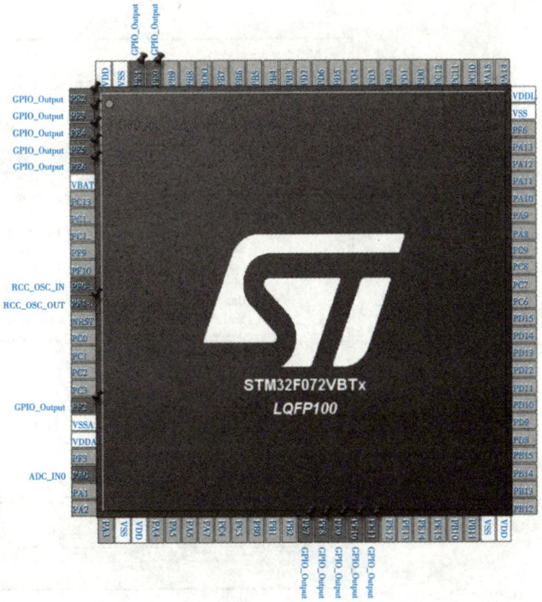

图 7-17 ADC 模块驱动配置

在“Clock Configuration”视图中，对时钟的配置是使用外部晶体振荡器作为锁相环输入时钟源，经 6 倍频后为系统提供时钟，具体配置如图 7-18 所示。

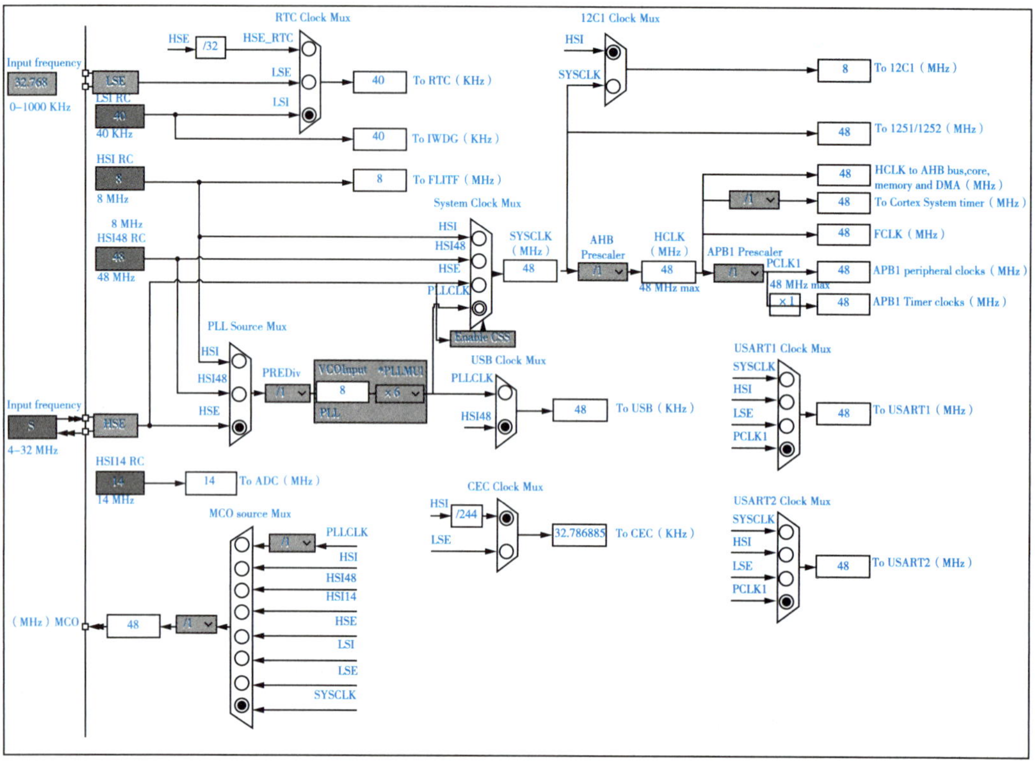

图 7-18　系统提供时钟

在“Configuration”视图中，单击“Analog”按钮，完成 ADC 模块的参数配置，如图 7-19 所示。

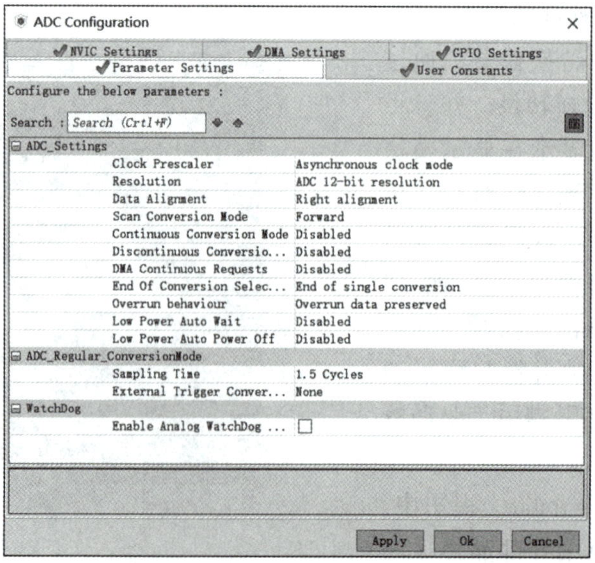

图 7-19　配置 ADC 模块参数

任务评价

评价内容	评价标准	分值	自评	师评
数字显示电压值	数码管能够正确显示输入的模拟电压值，且在0.000至3.299范围内变化时，显示值准确无误	30		
	正确配置STM32CubeMX中的ADC模块参数	30		
	正确配置引脚以驱动数码管和晶体振荡器	40		
总分		100		

任务6　实战-读取温度传感器

任务描述

本任务旨在通过实战操作，全面介绍如何使用STM32微控制器的内置温度传感器读取温度值，并将读取到的温度值显示在四位数码管上。同时，任务要求配置模拟看门狗功能，当温度值超出设定的范围(高于30 ℃或低于20 ℃)时，能够产生中断并点亮LED灯以示警告。

任务分析

要完成此任务，学生需要掌握STM32CubeMX软件的使用，包括引脚配置、时钟配置、ADC模块参数配置以及中断配置。其次，需要了解如何使能片内的温度传感器，并读取其转换结果。此外，还需要掌握如何使用片内存储器中温度传感器在特定温度下的标定值进行运算，以得出当前的温度值。同时，需要配置模拟看门狗功能，并设置相应的温度阈值，以便在温度超出范围时产生中断。

任务重点与实施

读取温度值的方法重点是使能片内的温度传感器，并且将读取到的转换结果以及保存在片内存储器中温度传感器在110 ℃、30 ℃的标定值进行运算得出当前的温度值，并显示在四位数码管上。另外，在温度传感器所在的通道16上使能了模拟看门狗，当温度值上限高于30 ℃，或下限低于20 ℃时，会产生中断并将PC13引脚置低，点亮与之相连的LED灯。在使用STM32CubeMX软件生成项目时，在“Pinout”视图中，对引脚的配置如

图 7-20 所示，其中 PC13 引脚用于驱动 LED 灯。在这里需要特别注意的是，在 ADC 外设的配置窗口中需要勾选“Temperature Sensor Channel”，打开温度传感器的转换通道。

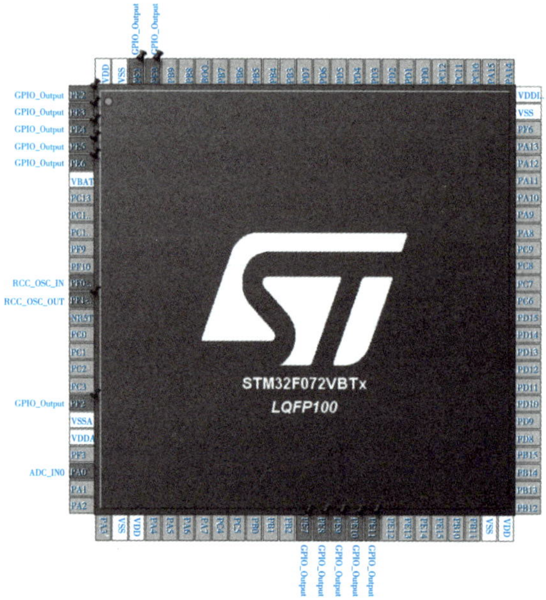

图 7-20　引脚的配置

在“Clock Configuration”视图中对时钟的配置如图 7-21 所示。

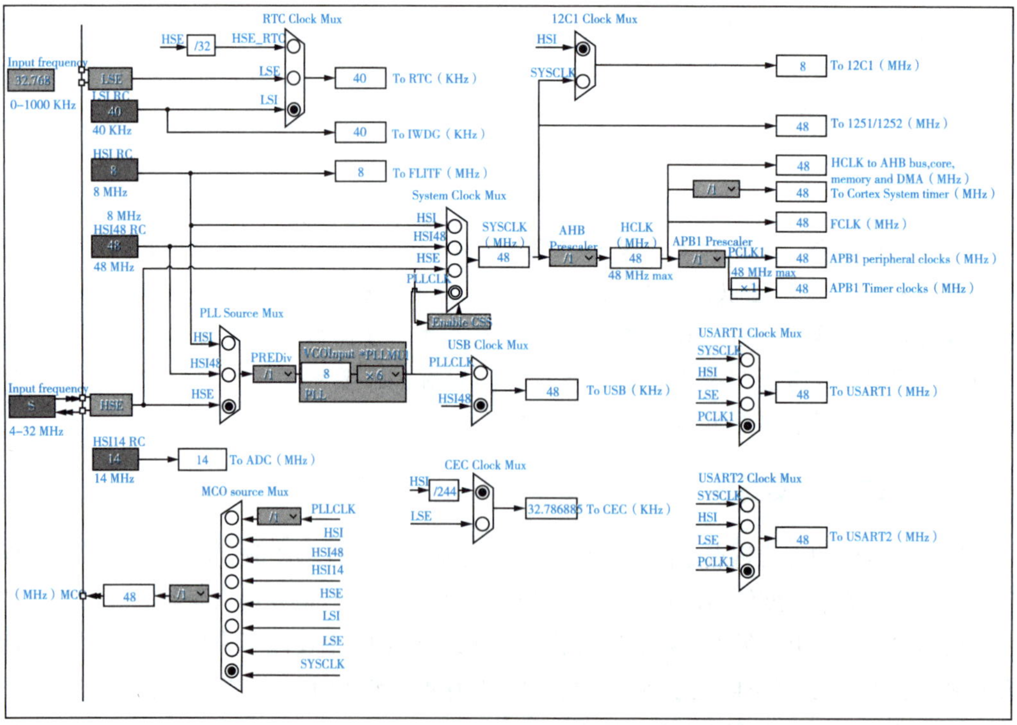

图 7-21　时钟的配置

在“Configuration”视图中，单击“Analog”按钮，打开 ADC 配置对话框。将 ADC 的采样时间设置为“239.5 Cycles”，并且使能模拟看门狗，将高阈值设置为“1812”（20 ℃），低阈值设置为“1757”（30 ℃）。这里需要说明的是，30 ℃的低阈值可能通过读取保存在器件存储器中的校准值得到，并由此计算出 20 ℃的高阈值，而且这 2 个数值会因器件不同而不同。具体设置如图 7-22 所示。

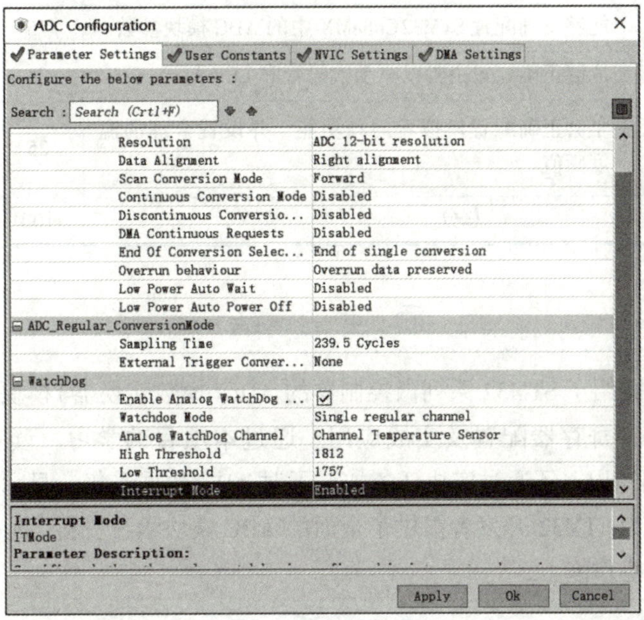

图 7-22　ADC 配置对话框

同样在“Configuration”视图中，单击“NVIC”按钮，打开“NVIC Configuration”配置对话框，在“NVIC”选项卡下，使能“ADC and COMP interrupts（COMP……）”中断，具体设置如图 7-23 所示。

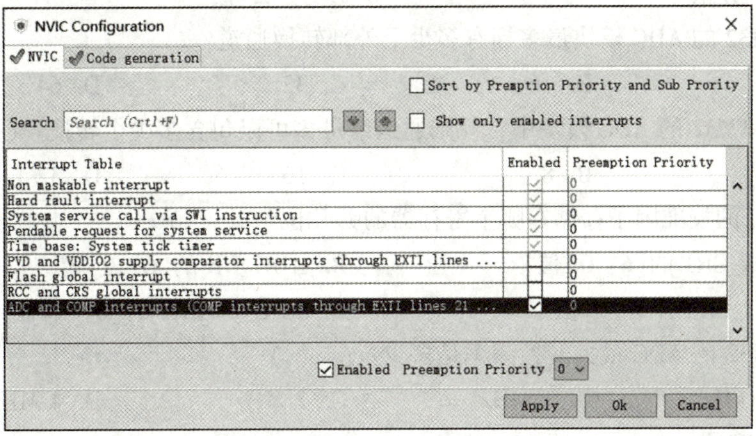

图 7-23　“NVIC”选项卡

任务评价

评价内容	评价标准	分值	自评	师评
读取温度传感器	能够正确读取温度传感器的值，并将其转换为实际的温度值	25		
	能够正确配置 STM32CubeMX 中的 ADC 模块参数	25		
	能够正确配置引脚以驱动数码管和 LED 灯	25		
	学会正确配置模拟看门狗功能，并设置合理的温度阈值	25		
总分		100		

项 目 小 结

本项目主要介绍了 STM32 系列微控制器的 ADC(模数转换器)模块，涵盖了其工作原理、技术规格、寄存器配置及实战应用。通过本项目的学习，读者不仅能够掌握 ADC 模块的基础知识，还通过实战任务加深了对 ADC 数据采集、显示及硬件监控功能的理解。本项目为 STM32 开发者提供了全面的 ADC 模块学习资料，有助于提升其实践创新能力和团队协作能力。

项 目 习 题

一、选择题

1. STM32 的 ADC 通常是哪种类型的 ADC？(　　)

A. 并行比较型　　B. 逐次逼近型

C. 双积分型　　D. $\Sigma-\Delta$ 型

2. STM32 的 ADC 模块最多拥有多少个外部转换通道？(　　)

A. 8　　B. 16　　C. 32　　D. 64

3. 在 STM32 的 ADC 模块中，规则通道组最多可以包含多少个转换？(　　)

A. 4　　B. 8　　C. 16　　D. 32

4. ADC 的校准因子存储在哪个寄存器的哪几位？(　　)

A. ADC_CR1 的[6：0]位　　B. ADC_DR 的[6：0]位

C. ADC_SR 的[6：0]位　　D. ADC_SMPR1 的[6：0]位

5. STM32 的 ADC 最大转换频率是多少？(　　)

A. 500 kHz　　B. 1 MHz　　C. 2 MHz　　D. 4 MHz

二、填空题

1. STM32 的 ADC 模块具有________位的转换精度。